建筑施工组织设计与实训

主　编　李源清
副主编　刘小丽　唐伏章
参　编　钟　月　赖惠玲

北京大学出版社
PEKING UNIVERSITY PRESS

内 容 简 介

本书共分两篇，主要内容包括建筑施工组织概论、建筑工程流水施工、网络计划技术、工程概况、施工部署及施工准备、施工方案的设计、单位工程施工进度计划的编制、单位工程施工平面图设计、单位工程施工组织设计的技术经济分析等内容。突出了实用性、实践性。通过本书的学习，学生能够掌握施工组织方法，具备组织现场施工和独立编制单位工程施工组织设计的能力。

本书主要供高职高专土建类专业和工程管理类专业使用，也可作为土建类工程技术人员的培训教材或自学用书。

图书在版编目（CIP）数据

建筑施工组织设计与实训/李源清主编. —北京：北京大学出版社，2014.2
（全国高职高专规划教材·土建物管系列）
ISBN 978-7-301-23699-4

Ⅰ.①建… Ⅱ.①李… Ⅲ.①建筑工程—施工组织—设计—高等职业教育—教材
Ⅳ.①TU721

中国版本图书馆 CIP 数据核字（2013）第 321216 号

书　　　名：建筑施工组织设计与实训
著作责任者：李源清　主编
策划编辑：桂　春
责任编辑：桂　春
标准书号：ISBN 978-7-301-23699-4/TU·0382
出版发行：北京大学出版社
地　　　址：北京市海淀区成府路 205 号　100871
网　　　址：http://www.pup.cn　新浪官方微博：@北京大学出版社
电子信箱：zyjy@pup.cn
电　　　话：邮购部 62752015　发行部 62750672　编辑部 62765126　出版部 62754962
印　刷　者：三河市博文印刷有限公司
经　销　者：新华书店
　　　　　　787 毫米×1092 毫米　16 开本　21.5 印张　550 千字
　　　　　　2014 年 2 月第 1 版　2021 年 8 月第 4 次印刷
定　　　价：40.00 元

前　　言

本书是根据《建筑与市政工程施工现场专业人员职业标准》的职业岗位要求，依据《建筑施工组织设计规范》（GB/T 50502—2009）、《施工现场临时建筑物技术规范》（JGJ/T 188—2009）和《工程网络计划技术规程》（JGJ/T 121—1999），并参考了许多国内大型建筑施工企业先进的施工组织和管理方法编写而成。

本书主要围绕建筑施工组织设计的基本理论知识，以及编制建筑施工组织设计的方法和步骤，针对基层施工一线技术人员（含土建施工员、技术员、质安员、监理员等）岗位技能要求出发组织材料，知识以"够用"为度，"实用"为准，加强实践性。本书引进了两项框架结构工程为案例，运用"能力迁移训练模式"对学生进行"教、学、做"一体化的项目化教学，培养学生独立编制施工组织设计的能力。通过本书的学习，学生能够掌握施工的组织方法，具备组织现场施工和独立编制单位工程施工组织设计的能力。

本书由广州南洋理工职业学院李源清任主编，刘小丽、唐伏章任副主编，钟月、赖惠玲参与编写，全书由李源清负责统稿。

本书在编写过程中，参考了部分同类教材、有关专业论著以及相关单位施工组织设计资料，引用了与此相关的规范、专业文献等资料，在此谨向审稿者及所列参考书目的作者表示诚挚的谢意！

由于时间仓促及编者水平所限，书中不妥之处在所难免，恳请同行和读者批评指正。

编　者

2014 年 1 月

目　　录

第一篇　建筑施工组织基础知识

项目一　建筑施工组织概论 ······················· 2
  课题1　建设项目的组成及其施工程序 ··············· 2
  课题2　建筑产品及其施工特点 ····················· 5
  课题3　建筑施工组织设计的概念、作用和分类 ········ 7
  课题4　施工组织总设计简介 ······················· 9
  课题5　单位工程施工组织设计的编制内容与程序 ······ 20
    实训一　建筑工程施工报建实训 ················· 23
  小结 ··· 24

项目二　建筑工程流水施工 ······················· 25
  课题1　流水施工的基本概念 ······················· 25
  课题2　流水施工的基本原理 ······················· 31
  课题3　流水施工的组织方法设计 ··················· 39
    实训二　流水施工的应用 ······················· 54
  小结 ··· 58

项目三　网络计划技术 ··························· 64
  课题1　网络计划概述 ····························· 64
  课题2　双代号网络图的组成及其绘制 ··············· 66
    实训三　双代号网络图的绘制 ··················· 72
  课题3　双代号网络计划时间参数的计算 ············· 82
    实训四　双代号网络图时间参数的计算 ··········· 96
  课题4　双代号时标网络计划 ······················· 100
    实训五　双代号时标网络计划 ··················· 103
  小结 ··· 106

第二篇　单位工程施工组织设计

项目四　工程概况 ······························· 112
  课题1　编制依据的编写 ··························· 112
  课题2　工程概况的编写 ··························· 114
    实训六　工程概况编写实训 ····················· 120
  小结 ··· 121

项目五　施工部署及施工准备 ………………………………………………… 123
　课题1　施工部署的编写 ………………………………………………… 123
　课题2　施工准备的编写 ………………………………………………… 127
　小结 ……………………………………………………………………… 132

项目六　施工方案的设计 …………………………………………………… 133
　课题1　施工方案的设计步骤 …………………………………………… 133
　课题2　施工方案的设计 ………………………………………………… 135
　　　实训七　分部工程施工方案设计 …………………………………… 143
　小结 ……………………………………………………………………… 189

项目七　单位工程施工进度计划的编制 ………………………………… 192
　课题1　工程施工定额及其应用 ………………………………………… 193
　课题2　单位工程施工进度计划概述 …………………………………… 196
　课题3　单位工程施工进度计划的编制内容和步骤 …………………… 198
　课题4　单位工程施工进度计划的技术经济评价 ……………………… 203
　课题5　各项资源需要量计划的编制 …………………………………… 204
　课题6　计算机绘制横道图与网络图 …………………………………… 206
　　　实训八　单位工程施工进度计划的编制 …………………………… 206
　小结 ……………………………………………………………………… 217

项目八　单位工程施工平面图设计 ……………………………………… 219
　课题1　单位工程施工平面图设计概述 ………………………………… 219
　课题2　垂直运输机械的布置 …………………………………………… 222
　课题3　临时建筑设施的布置 …………………………………………… 227
　课题4　临时供水设计 …………………………………………………… 234
　　　实训九　单位工程施工临时供水设计 ……………………………… 243
　课题5　临时供电设计 …………………………………………………… 247
　　　实训十　单位工程施工临时供电设计 ……………………………… 256
　课题6　CAD绘制单位工程施工平面图 ………………………………… 262
　小结 ……………………………………………………………………… 262

项目九　单位工程施工组织设计的技术经济分析 ……………………… 266
　小结 ……………………………………………………………………… 269

附录A　施工平面图图例 ………………………………………………… 270

附录B　某职工宿舍JB型工程施工图 …………………………………… 275

附录C　职工宿舍（JB型）工程土建工程量清单 ……………………… 294

附录D　某住宅楼施工图 ………………………………………………… 298

附录E　某住宅楼工程施工组织设计实训指导书 ……………………… 327

附录F　某职工宿舍施工总平面图 ……………………………………… 334

附录G　某职工宿舍主体工程施工进度表 ……………………………… 335

参考文献 ……………………………………………………………………… 336

第一篇

建筑施工组织基础知识

建筑施工组织概论

学习目标

1. 了解建设项目的组成及其施工程序；
2. 了解建筑产品及其施工特点；
3. 掌握建筑施工组织设计的概念、作用和分类；
4. 了解施工组织总设计的内容和编制方法；
5. 掌握单位工程施工组织设计的编制内容和程序。

技能目标

能够熟知建筑工程施工程序，学会如何办理报建手续。

问题引入

现代建筑工程施工的综合特点表现为复杂性，要使施工全过程有条不紊地顺利进行，以期达到预定的目标，就必须用科学的方法加强施工管理，精心组织施工全过程。

建筑施工组织的核心是施工组织与计划管理，关键方法是施工组织设计，因此施工组织设计是施工管理的重要组成部分，是施工前就整个施工过程如何进行而做出的全面计划安排，它对统筹建筑施工全过程，推动企业技术进步及优化建筑施工管理起到核心作用。下面就来学习建筑施工组织的基础知识。

知识课堂

课题 1　建设项目的组成及其施工程序

1.1　建设项目及其组成

基本建设项目简称建设项目，是指有独立计划和总体设计文件，并能按总体设计要求组织施工，工程完工后可以形成独立生产能力或使用功能的工程项目。在工业建设中，一般以拟建厂矿企业单位为一个建设项目，如一个钢铁厂、一个纺织厂等；在民用建设中，一般以拟建机关事业单位为一个建设项目，如一所学校、一所医院等。

建设项目按其复杂程度由高到低可分为以下几类工程。

1. 单项工程

单项工程是指具有独立的设计文件，能独立组织施工，竣工后可以独立发挥生产能力和效益的工程，又称为工程项目。一个建设项目可以由一个或几个单项工程组成。例如，一所学校中的教学楼、实验楼和办公楼等。

2. 单位工程

单位工程是指具有单独设计图纸，可以独立施工，但竣工后一般不能独立发挥生产能力和经济效益的工程。一个单项工程通常都由若干个单位工程组成。例如，一个工厂车间通常由建筑工程、管道安装工程、设备安装工程、电气安装工程等单位工程组成。

3. 分部工程

分部工程一般是指按单位工程的部位、构件性质、使用的材料或设备种类等不同而划分的工程。例如，一幢房屋的土建单位工程，按其部位可以划分为基础、主体、屋面和装修等分部工程；按其工种可以划分为土方工程、砌筑工程、钢筋混凝土工程、防水工程和抹灰工程等。

4. 分项工程

分项工程一般是按分部工程的施工方法、使用材料、结构构件的规格等不同因素划分的，用简单的施工过程就能完成的工程。例如，房屋的基础分部工程可以划分为挖土方、混凝土垫层、砌毛石基础和回填土等分项工程。

综上所述，一个建设项目可由一个或几个单项工程组成，一个单项工程可由若干个单位工程组成，一个单位工程可由若干个分部工程组成，一个分部工程可由若干个分项工程组成。建设项目的组成和各组成部分之间的关系，如图 1-1 所示。

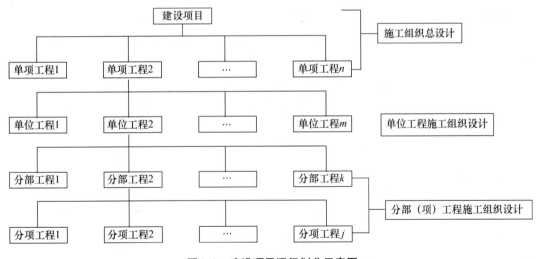

图 1-1　建设项目逐级划分示意图

1.2　建筑工程施工程序

建筑工程施工程序是指工程建设项目在整个施工阶段所必须遵循的先后顺序，它是经多年施工实践总结的客观规律，一般是指从接受施工任务直到交工验收所包括的各主要阶段的先后次序。它通常可分为 5 个阶段：确定施工任务阶段、施工规划阶段、施工准备阶段、组织施工阶段和竣工验收阶段。其先后顺序和内容如下。

1. 投标与签订施工合同，落实施工任务

建筑施工企业承接施工任务的方式主要有 3 种：一是国家或上级主管单位统一安排，直接下达任务；二是建筑施工企业自己主动对外接受的任务或是建设单位主动委托的任务；三是参加社会公开的投标后，中标而得到的任务。在市场经济条件下，建筑施工企业和建设单位自行承接和委托的方式较多，实行招投标的方式发包和承包建筑施工任务是建筑业和基本建设管理体制改革的一项重要措施。

无论以哪种方式承接施工项目，施工单位都必须同建设单位签订施工合同。签订了施工合同的施工项目，才算是落实的施工任务。当然，签订合同的施工项目，必须是经建设单位主管部门正式批准的，有计划任务书、初步设计和总概算，已列入年度基本建设计划，落实了投资的建筑项目，否则不能签订施工合同。

施工合同是建设单位与施工单位根据《中华人民共和国经济合同法》、《建筑安装工程承包合同条例》以及有关规定而签订的具有法律效力的文件。双方必须严格履行合同，任何一方不履行合同，给对方造成的损失，都要负法律责任和进行赔偿。

2. 统筹安排，做好施工规划

施工企业与建设单位签订施工合同后，施工总承包单位在调查分析资料的基础上，选定项目经理，组建项目经理部，编制"项目管理实施规划"或编制"施工组织总设计"，部署施工力量，安排施工总进度，确定主要工程施工方案，规划整个施工现场，统筹安排，做好全面施工规划，经批准后，安排组织施工先遣人员进入现场，与建设单位密切配合，做好施工规划中确定的各项全局性施工准备工作，为建筑项目的全面正式开工创造条件。

3. 做好施工准备工作，提出开工报告

施工准备工作是建筑施工顺利进行的根本保证。施工准备工作主要有技术准备、物资准备、劳动组织准备、施工现场准备和施工场外准备。当一个施工项目进行了图纸会审，编制和批准了单位工程的施工组织设计、施工图预算和施工预算，组织好材料、半成品和构配件的生产和加工运输，组织好施工机具进场，搭设了临时建筑物，建立了现场管理机构，调遣施工队伍，拆迁原有建筑物，搞好"三通一平"，进行了场区测量和建筑物定位放线等准备工作后，施工单位即可向主管部门提出开工报告。

4. 组织全面施工

组织拟建工程的全面施工是建筑施工全过程中最重要的阶段。它必须在开工报告批准后，才能开始。它是把设计者的意图、建设单位的期望变成现实的建筑产品的加工制作过程，必须严格按照设计图样的要求，采用施工组织规定的方法和措施，完成全部的分部分项工程施工任务。这个过程决定了施工工期、产品的质量和成本以及建筑施工企业的经济效益。因此，在施工中要跟踪检查，进行进度、质量、成本和安全控制，保证达到预期的目的。施工过程中，往往需要多单位、多专业进行共同协作，故要加强现场指挥、调度，进行多方面的平衡和协调工作，在有限的场地上投入大量的材料、构配件、机具和人力，应进行全面统筹安排，组织均衡连续的施工。

5. 竣工验收、交付使用

竣工验收是对建设项目的全面考核。建筑项目施工完成了设计文件所规定的内容，就可以组织竣工验收。

课题2 建筑产品及其施工特点

2.1 建筑产品的概念

建筑业生产的各种建筑物或构筑物等统称为建筑产品。它与其他工业生产的产品相比，具备一系列特有的技术经济特点，这也是建筑产品与其他工业产品的本质区别。

2.2 建筑产品的特点

由于建筑产品的使用功能、平面与空间组合、结构与构造形式以及所用材料的物理力学性能等各不相同，决定了建筑产品的特殊性。其具体特点如下。

1. 固定性

一般的建筑产品均由自然地面以下的基础和自然地面以上的主体两部分组成（地下建筑全部在自然地面以下）。基础承受主体的全部荷载（包括基础的自重），并传给地基；同时将主体固定在地球上。建筑产品都是在选定的地点上建造和使用，与选定地点的土地不可分割，从建造开始直至拆除一般不能移动。所以，建筑产品的建造和使用地点在空间上是固定的。

2. 多样性

建筑产品不但要满足各种使用功能的要求，而且还要体现出地区的民族风格、物质文明和精神文明，同时也受到地区的自然条件诸多因素的限制，使建筑产品在规模、结构、构造、形式、基础和装饰等诸多方面变化纷繁，因此建筑产品的类型多样。

3. 庞大性

建筑产品无论是复杂还是简单，为了满足其使用功能的需要，需要大量的物质资源，占据广阔的平面与空间，因而建筑产品的体形比较庞大。

4. 综合性

建筑产品是一个完整的实物体系，它不仅综合了土建工程的艺术风格、建筑功能、结构构造、装饰做法等多方面的技术成就，而且综合了工艺设备、采暖通风、供水供电、通信网络、安全监控、卫生设备等各类设施，具有较强的综合性。

2.3 建筑产品生产（施工）的特点

建筑产品地点的固定性、类型的多样性和体形庞大性三大主要特点，决定了建筑产品生产（施工）具有自身的特殊性。其具体特点如下。

1. 流动性

建筑产品地点的固定性决定了产品生产的流动性。一般的工业产品都是在固定的工厂、车间内进行生产；而建筑产品的生产是在不同的地区，或同一地区的不同现场，或同一现场的不同单位工程，或同一单位工程的不同部位，组织工人、机械围绕着同一建筑产品进行生产。因此，这使得建筑产品的生产在地区之间、现场之间和单位工程不同部位之间流动。

2. 单件性

建筑产品地点的固定性和类型的多样性决定了产品生产的单件性。一般的工业产品是在一定的时期里，统一的工艺流程中进行批量生产；而具体的一个建筑产品应在国家或地区的统一规划内，根据其使用功能，在选定的地点上单独设计和单独施工。即使是选用标准设计、采用通用构件或配件，也会由于建筑产品所在地区自然、技术、经济条件的不同，导致各建筑产品生产具有单件性。

3. 地区性

建筑产品的固定性决定了同一使用功能的建筑产品会因其建造地点的不同必然受到建设地区的自然、技术、经济和社会条件的约束，使其结构、构造、艺术形式、室内设施、材料、施工方案等方面均各异。因此建筑产品的生产具有地区性。

4. 工期长

建筑产品的固定性和体形庞大的特点决定了建筑产品生产周期长。建筑产品体形庞大，使得最终建筑产品的建成必然耗费大量的人力、物力和财力。同时，建筑产品的生产全过程还要受到工艺流程和生产程序的制约，使各专业、工种间必须按照合理的施工顺序进行配合和衔接。又由于建筑产品地点的固定性，使施工活动的空间具有局限性，从而导致建筑产品生产具有生产周期长、占用流动资金大的特点。

5. 露天作业多

建筑产品地点的固定性和体形庞大的特点，决定了建筑产品生产露天作业多。因为体形庞大的建筑产品不可能在工厂、车间内直接进行施工，即使建筑产品生产达到了高度的作业化水平，也只能在工厂内生产其部分的构件或配件，仍然需要在施工现场内进行总装配后才能形成最终建筑产品。因此建筑产品的生产具有露天作业多的特点。

6. 高空作业多

由于建筑产品体形庞大，决定了建筑产品生产具有高空作业多的特点。特别是随着城市现代化的发展，高层建筑物的施工任务日益增多，使得建筑产品生产高空作业的特点日益明显。

7. 复杂性

由上述建筑产品生产的特点可以看出，建筑产品生产的涉及面广。在建筑企业内部，它涉及工程力学、建筑结构、建筑构造、地基基础、水暖电、机械设备、建筑材料和施工技术等学科的专业知识，要在不同时期、不同地点和不同产品上组织多专业、多工种的综合作业。在外部，它涉及各个不同种类的专业施工企业，以及城市规划、征用土地、勘察设计、消防、环境保护、质量监督、科研试验、交通运输、银行财政、机具设备、物质材料、电、水、热、气的供应等社会各部门和各领域的复杂协作配合，从而使建筑产品生产的组织协作关系综合复杂。

课题 3　建筑施工组织设计的概念、作用和分类

3.1　建筑施工组织设计的概念

根据《建筑施工组织设计》（GB/T 50502—2009）规定，施工组织设计是以施工项目为对象编制的，用于指导施工的技术、经济和管理的综合性文件。它是施工前编制的，用来规划和指导拟建工程从投标、签订施工合同、施工准备到竣工验收全过程的综合性技术经济文件；是对整个施工活动实行科学管理的有力手段。

建筑施工组织设计的基本任务是根据业主对建设项目的各项要求，选择经济、合理、有效的施工方案；确定紧凑、均衡、可行的施工进度；拟订有效的技术组织措施；优化配置和节约使用劳动力、材料、机械设备、资金和技术等生产要素（资源）；合理利用施工现场的空间等。据此，施工就可以有条不紊地进行，并将达到多、快、好、省的目的。

3.2　建筑施工组织设计的作用和分类

1. 建筑施工组织设计的作用

建筑施工组织设计的作用主要有以下几个方面。

（1）施工组织设计作为投标书的核心内容和合同文件的一部分，用于指导工程投标与签订施工合同。

（2）施工组织设计是施工准备工作的重要组成部分，同时又是做好施工准备工作的依据，进而保证各施工阶段的准备工作及时地进行。

（3）施工组织设计是根据工程各种具体条件拟订的施工方案、施工顺序、劳动组织和技术组织措施等，是指导开展紧凑、有序施工活动的技术依据，明确施工重点和影响工期进度的关键施工过程，并提出相应的技术、质量、安全、文明等各项目标及技术组织措施，提高综合效益。

（4）施工组织设计所提出的各项资源需要量计划，直接为组织材料、机具、设备、劳动力需要量的供应和使用提供数据，协调各总包单位与分包单位、各工种、各类资源、资金、时间等方面在施工程序、现场布置和使用上的相应关系。

（5）通过编制施工组织设计，可以合理利用和安排为施工服务的各项临时设施，可以合理地部署施工现场，确保文明施工和安全施工。

（6）通过编制施工组织设计，可以将工程的设计与施工、技术与经济、施工全局性规律和局部性规律、土建施工与设备安装、各部门各专业之间有机结合，统一协调。

（7）通过编制施工组织设计，可分析施工中的风险和矛盾，及时研究解决问题的对策、措施，从而提高了施工的预见性，减少了盲目性。

2. 建筑施工组织设计的分类

1）按编制对象范围的不同分类

施工组织设计按编制对象范围的不同可分为施工组织总设计、单位工程施工组织设计、分部分项工程施工组织设计 3 种。

（1）施工组织总设计。施工组织总设计是以若干单位工程组成的群体工程或特大型项目为主要对象编制的施工组织设计，对整个项目的施工过程起统筹规划、重点控制的作用。施

工组织总设计最主要的作用是为施工单位进行全场性的施工准备和组织人员、物质供应等提供依据。施工组织总设计的主要内容有工程概况、总体施工部署、总体施工准备与主要资源配置计划、施工总进度计划、主要施工方法、施工总平面图布置、主要施工管理计划。

（2）单位工程施工组织设计。单位工程施工组织设计是以一个单位工程为对象编制的施工组织设计。用于直接指导其施工全过程的各项施工活动的技术、经济文件，是指导施工的具体文件，是施工组织总设计的具体化设计，内容详细。由于它是以单位工程为对象编制的，可以在施工方法、人员、材料、机械设备、资金、时间、空间等方面进行科学合理的规划，使施工在一定的时间、空间和资源供应条件下，有组织、有计划、有秩序地进行，实现质量好、工期短、资金省、消耗少、成本低的良好效果。

根据《建筑施工组织设计规范》（GB/T 50502—2009），单位工程施工组织设计的主要内容有工程概况、施工部署、施工进度计划、施工准备与资源配置计划、主要施工方案、施工现场平面布置、主要施工管理计划。

（3）分部分项工程施工组织设计或施工方案。分部分项工程施工组织设计或施工方案是以分部（或分项）工程或专项工程为对象编制的施工技术与组织方案，用于具体指导其施工过程。通常是针对某些较重要的、技术复杂、施工难度大或采用新工艺、新材料、新技术施工的分部分项工程，如深基础、无黏结预应力混凝土、大型安装、高级装修工程等，是用来直接指导分部（分项）工程施工的技术计划，包括施工方案、进度计划、技术组织措施等，其内容具体详细，可操作性强。一般在单位工程施工组织设计确定施工方案后，由项目部技术负责人编制。

施工组织总设计是对整个建设项目的全局性战略部署，其范围和内容大而概括，属规划和控制型；单位工程施工组织设计是在施工组织总设计的控制下，考虑企业施工计划编制的，针对单位工程，把施工组织总设计的内容具体化，属实施指导型；分部分项工程施工组织设计是以单位工程施工组织设计和项目部施工计划为依据编制的，针对特殊的分部分项工程，把单位工程施工组织设计进一步详细化，属实施操作型。因此，它们之间是同一建设项目不同广度与深度和控制与被控制的关系。它们的目标和编制原则是一致的，主要内容是相通的。不同的是编制的对象和范围、编制的依据、参与编制的人员、编制的时间及所起的作用。

2）按中标前后分类

施工组织设计按中标前后的不同可分为投标前的施工组织设计（简称标前施工组织设计）和中标后的施工组织设计（简称标后施工组织设计）两种。

投标前的施工组织设计是在投标前编制的施工组织设计，是对项目各目标实现的组织与技术保证。标前施工组织设计的目的是竞争承揽工程任务。签订工程承包合同后，应依据标前设计、施工合同、企业施工计划，在开工前由中标后成立的项目经理部负责编制详细的中标后的施工组织设计，它是针对企业的，目的是保证合约和承诺的实现。因此，两者之间有先后次序和单向制约的关系，其区别如表1-1所示。

表1-1　标前、标后施工组织设计的区别

种类	服务范围	编制时间	编制者	主要特性	主要追求目标
标前设计	投标与签约	投标前	经营管理层	规划性	中标与经济效益
标后设计	施工准备与验收	签约后开工前	项目管理层	作业性	施工效率与效益

另外，对于大型项目、总承包的"交钥匙"工程项目，往往是随着项目设计的深入而编制不同广度、深度和作用的施工组织设计。例如，当项目按三阶段设计时，在初步设计完成后，可编制施工组织设计大纲（施工组织条件设计）；技术设计完成后，可编制施工组织总设计；在施工图设计完成后，可编制单位工程施工组织设计。当项目按两阶段设计时，对应于初步设计和施工图设计，分别编制施工组织总设计和单位工程施工组织设计。施工组织设计按编制内容的繁简程度不同，可划分为完整的施工组织设计和简明的施工组织设计。对于小型和熟悉的工程项目，施工组织设计的编制内容可以简化。

课题4 施工组织总设计简介

4.1 施工组织总设计的概念

1. 施工组织总设计的作用

施工组织总设计是施工单位在施工前所编制的用以指导施工的策划设计。该设计针对施工全过程进行总体策划，是指导施工准备工作和组织施工的十分重要的技术、经济文件，是施工所必须遵循的纲领性综合文件。施工组织总设计的主要作用如下。

（1）确定施工设计方案的可能性和经济合理性。

（2）为建设单位主管机构编制基本建设规划提供依据。

（3）为施工单位主管部门编制建设安装工程计划提供依据。

（4）为组织物资技术供应提供依据。

（5）保证及时进行施工准备工作。

（6）解决有关建筑生产和生活基地组织或发展的问题。

2. 施工组织总设计的编制依据

施工组织总设计是为大中型建设项目或群体建筑施工而进行的规划设计，是一种综观全局的战略性部署，其编制依据应包括以下内容。

（1）中标文件及施工总承包合同。

（2）国家（当地政府）批准的基本建设文件。

（3）已经批准的工程设计、工程总概算。

（4）建设区域以及工程场地的有关调查资料，如地形、交通状况、气象统计资料、水文地质资料、物质供应状况、周边环境及社会治安状况等。

（5）国家现行规范、规程、规定以及当地的概算、施工预算定额、与基本建设有关的政策性文件（如税收、投资调控、环境保护、对于物资及施工队伍的市场准入规定等）。

（6）设计单位提交的施工图设计供应计划。

3. 施工组织总设计的内容和编制程序

施工组织总设计要从统筹全局的高度对整个工程的施工进行战略部署，因而不仅涉及范围广泛，而且要突出重点、提纲挈领。它是施工单位编制年度计划和单位工程施工组织设计的依据。

1）施工组织总设计内容

（1）工程概况。工程概况包括项目主要情况和项目主要施工条件等，编写时应注意以下三点。

　　①介绍工程所在地的地理位置、工程规模、结构形式及结构特点、建筑风格及装修标准、电气、给排水、暖通专业的配套内容及特点；

　　②阐述工程的重要程度以及建设单位对工程的要求。分析工程特点，凡涉及与质量和工期有关的部分应予特别强调，以引起管理人员以及作业层在施工中给予特别重视；

　　③介绍当地的气候、交通、水电供应、社会治安状况等情况。

　　（2）总体施工部署。施工部署是对项目做出宏观部署，包括：确定施工总目标（含进度、质量、安全、环境和成本目标）；确定项目分阶段（期）交付计划；确定项目分阶段（期）施工的合理顺序及空间组织；施工的重点、难点分析；项目管理组织机构以及施工队伍选择、总分包项目划分及相互关系（责任、利益和权利）、新技术、新工艺开发和使用部署等。

　　（3）主要工程项目的施工方案。

　　（4）施工总进度计划。

　　（5）主要资源配置计划。主要资源配置计划包括主要工程的实物工程量、资金工作量计划以及机械、设备、构配件、劳动力、主要材料的分类调配及供应计划。

　　（6）施工准备工作。包括技术准备、现场准备和资金准备等。其中，现场准备工作包括直接为工程施工服务的附属单位以及大型临时设施规划、场地平整方案、交通道路规划、雨期排洪、施工排水以及施工用水、用电、供热、动力等的需要计划和供应实施计划。

　　（7）主要施工管理计划。主要施工管理计划包括施工进度、工程质量、安全生产、消防、环境保护、文明施工、工程成本管理计划等。

　　（8）施工组织总平面布置图。

　　2）施工组织总设计编制程序

　　施工组织总设计由工程建设总承包单位负责编制，编制程序如图1-2所示。

4.2　施工组织总设计的编制方法

1. 工程概况的编写

　　工程概况及特点分析是对整个建设项目的总说明和总分析，是对整个建设项目或建筑群所做的一个简单扼要、突出重点的文字介绍。有时为了补充文字介绍的不足，还可以附有建设项目总平面图，主要建筑物的平面、立面、剖面示意图及辅助表格。

　　1）建设项目与建设场地的特点

　　（1）建设项目特点。建设项目特点主要包括工程性质、建设地点、建设总规模、总工期、总占地面积、总建筑面积、分期分批投入使用的项目和工期、总投资、主要工种工程量、设备安装及其吨数、建筑安装工程量、生产流程和工艺特点、建筑结构类型、新技术、新材料、新工艺的复杂程度和应用情况等。

　　（2）建设场地特点。建设场地特点主要包括地形、地貌、水文、地质、气象等情况，以及建设地区资源、交通、运输、水、电、劳动力、生活设施等情况。

　　2）工程承包合同目标

　　工程承包合同是以完成建设工程为内容的，它确定了工程所要达到的目标以及和目标相关的所有具体问题。合同确定的工程目标主要有以下3个方面。

　　（1）工期：包括工程开始、工程结束以及过程中的一些主要活动的具体日期等。

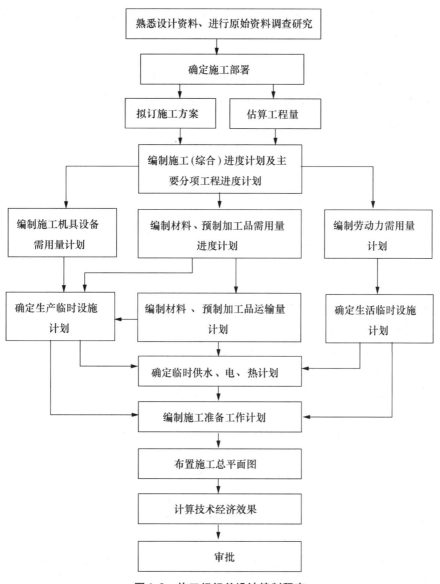

图1-2 施工组织总设计编制程序

（2）质量：包括详细、具体的工作范围、技术和功能等方面的要求，如建筑材料、设备、施工等的质量标准、技术规范、建筑面积、项目要达到的生产能力等。

（3）费用：包括工程总造价、各分项工程的造价、支付形式、支付条件和支付时间等。

3）施工条件

施工条件主要包括施工企业的生产能力、技术装备、管理水平、主要设备、材料和特殊物资供应状况；土地征用范围、数量和居民搬迁时间等情况。

2. 施工部署和施工方案的编写

施工部署是对整个建设项目全局做出的统筹规划和全面安排，主要解决影响建设项目全局的组织问题和技术问题。

施工部署由于建设项目的性质、规模和施工条件等不同，其内容也有所区别，主要包括项目经理部的组织结构和人员配备、确定工程开展程序、拟订主要工程项目的施工方案、明确施工任务划分与组织安排、编制施工准备工作计划等。

1）项目经理部的组织结构和人员配备

绘制项目经理部组织结构图，表明相互之间信息传递和沟通方法；人员的配备数量和岗位职责要求。项目经理部各组成人员的资质要求，应符合国家有关规定。

2）确定工程开展程序

确定建设项目中各项工程施工的程序合理性是关系到整个建设项目能否顺利完成投入使用的重要问题。

对于一些大中型工业建设项目，一般要根据建设项目总目标的要求，分期分批建设，既可使各具体项目尽快建成，尽早投入使用，又可在全局上实现施工的连续性和均衡性，减少暂设工程数量，降低工程成本。至于分几期施工，各期工程包含哪些项目，则需要根据生产工艺的要求、建设部门的要求、工程规模的大小和施工的难易程度、资金、技术等情况由建设单位和施工单位共同研究确定。

对于大中型民用建设项目（如居民小区），一般也应分期分批建设。除考虑住宅以外，还应考虑幼儿园、学校、商店和其他公共设施的建设，以便交付使用后能及早发挥经济效益、社会效益和环境保护效益。

对于小型工业与民用建筑或大型建设项目的某一系统，由于工期较短或生产工艺的要求，也不必分期分批建设，采取一次性建设投产。

在安排各类项目施工时，要保证重点、兼顾其他，其中应优先安排工程量大、施工难度大、工期长的项目；或按生产工艺要求，先期投入生产或起主导作用的工程项目等。

3）拟订主要工程项目的施工方案

施工组织设计中要拟订一些主要工程项目的施工方案，这与单位工程施工组织设计中的施工方案所要求的内容和深度有所不同。前者相当于设计概算，后者相当于施工图预算。施工组织总设计拟订主要工程项目施工方案的目的是为了进行技术和资源的准备工作，同时也为了能使施工顺利进行和现场的布局合理，它的内容包括施工方法、施工工艺流程、施工机械设备等。

施工方法的确定要考虑技术工艺的先进性和经济上的合理性；对施工机械的选择，应使主导机械的性能既能满足工程的需要，又能发挥其效能。

4）明确施工任务的划分与组织安排

在已明确施工项目管理体制、机构的条件下，且在确定了项目经理部领导班子后，划分施工阶段，明确参与建设的各施工单位的施工任务；明确总包单位与分包单位的关系，各施工单位之间协作配合关系；确定各施工单位分期分批的主导项目和穿插施工项目。

5）编制施工准备工作计划

要提出分期施工的规模、期限和任务分工；提出"三通一平"的完成时间；土地征用、居民拆迁和障碍物的清除工作，要满足开工的要求；按照建筑总平面图做好现场测量控制网；了解和掌握施工图出图计划、设计意图和拟采用的新结构、新材料、新技术、新工艺，并组织进行试验和试制工作；安排编制施工组织设计和研究有关施工技术措施；安排临时工程的设置；组织材料、设备、构件、加工品、机具等的申请、订货、生产和加工工作。

6）全场临时设施的规划

根据工程开展程序和施工项目施工方案的要求，对施工现场临时设施进行规划，主要内容包括：安排生产和生活性临时设施的建设；安排原材料、成品、半成品、构件的运输和储存方式；安排场地平整方案和全场排水设施；安排场内道路、水、电、气引入方案；安排场地内的测量标志等。

3. 施工总进度计划的编写

1）基本要求

施工总进度计划是施工现场各项施工活动在时间上和空间上的具体体现。编制施工总进度计划是根据施工部署中的施工方案和工程项目开展的程序，对整个工程的所有工程项目做出时间和空间上的安排。其作用在于确定各个建筑物及其主要工程和全工地性工程的施工期限及开、竣工的日期，从而确定建筑施工现场劳动力、材料、成品、半成品、构配件、施工机械的需要数量和调配情况，以及现场临时设施的数量、水电供应数量和能源、交通的需要数量等。因此，正确地编制施工总进度计划是保证各项目以及整个建设工程按期交付使用，充分发挥投资效益，降低建筑工程成本的重要条件。

编制施工总进度计划的基本要求是：保证拟建工程在规定的期限内完成，采用合理的施工方法保证施工的连续性和均衡性，发挥投资效益，节约施工费用。

要根据施工部署中拟建工程分期分批投产的顺序，将每个系统的各项工程分别划出，在控制的期限内进行各项工程的具体安排。例如，建设项目的规模不大，各系统工程项目不多时，也可不按分期分批投产顺序安排，而直接安排总进度计划。

2）施工总进度计划的编制依据与原则

（1）施工总进度计划的编制依据。

① 经过审批的建筑总平面图、地质地形图、工艺设计图、设备与基础图、采用的各种标准图集等，以及与扩大初步设计有关的技术资料。

② 合同工期要求及开、竣工日期。

③ 施工条件、劳动力、材料、构件等供应条件、分包单位情况等。

④ 确定的重要单位工程的施工方案。

⑤ 劳动定额及其他有关的要求和资料。

（2）施工总进度计划的编制原则。

① 合理安排施工顺序，保证在人力、物力、财力消耗最少的情况下，按规定工期完成施工任务。

② 采用合理的施工组织方法使建设项目的施工保持连续、均衡、有节奏地进行。

③ 在安排全年度工程任务时，要尽可能按季度均匀分配建设投资。

3）施工总进度计划的编制内容

施工总进度计划的编制内容一般包括：计算各主要项目的实物工程量；确定各单位工程的施工期限；确定各单位工程开、竣工时间和相互搭接关系，以及施工总进度计划表的编制。

4）施工总进度计划的编制步骤

（1）列出工程项目一览表并计算工程量。施工总进度计划主要起控制总工期的作用，因此项目划分不宜过细，可按确定的主要工程项目的开展顺序排列，一些附属项目、辅助工程及临时设施可以合并列出。

在列出工程项目一览表的基础上，计算各主要项目的实物工程量。计算工程量可按初步（或扩大初步）设计图纸并根据各种定额手册进行计算。常用的定额资料有以下几种。

① 每万元或十万元投资的工程量、劳动力及材料消耗扩大指标。这种定额规定了某一种结构类型建筑，每万元或十万元投资中劳动力、主要材料等的消耗数量。根据设计图纸中的结构类型，即可计算出拟建工程各分项工程需要的劳动力和主要材料的消耗数量。

② 概算指标或扩大概算定额。查定额时，首先查找与本建筑物结构类型、跨度、高度相类似的部分，然后查出这种建筑物按定额单位所需要的劳动力和各项主要材料消耗量，从而推算出拟计算建筑物所需要的劳动力和材料的消耗数量。

③ 标准设计或已建房屋、构筑物的资料。在缺少上述几种定额手册的情况下，可采用与标准设计或已建成的类似房屋实际所消耗的劳动力及材料进行类比，按比例估算。但是，由于和拟建工程完全相同的已建工程是极为少见的，因此在采用已建工程资料时，一般都要进行折算、调整。

除房屋建筑外，还必须计算主要的、全工地性工程的工程量，如场地平整、铁路及道路和地下管线的长度等，这些可以根据建筑总平面图来计算。

将按上述方法计算的工程量填入统一的工程量汇总表中，如表 1-2 所示。

表 1-2　工程项目工程量汇总表

工程项目分类	工程项目名称	结构类型	建筑面积	幢（跨）数	概算投资	主要实物工程量							
						场地平整	土方工程	桩基工程	…	砖石工程	钢筋混凝土工程	…	装饰工程	…
			$1\ 000\ m^2$	个	万元	$1\ 000\ m^2$	$1\ 000\ m^3$	$1\ 000\ m^3$		$1\ 000\ m^3$	$1\ 000\ m^3$		$1\ 000\ m^3$	
全工地性工程														
主体项目														
辅助项目														
永久住宅														
临时建筑														
合计														

（2）确定各单位工程的施工期限。单位工程的施工期限应根据建设单位要求和施工单位的具体条件（施工技术与施工管理水平、机械化程度、劳动力和材料供应等）及单位工程的建筑结构类型、体积大小和现场地形地质、施工条件、现场环境等因素加以确定。此外，也可参考有关的工期定额来确定各单位工程的施工期限。

（3）确定各单位工程的开、竣工时间和相互之间的搭接关系。根据施工部署及单位工程施工期限，就可以安排各单位工程的开、竣工时间和相互之间的搭接关系。通常应考虑以下几个因素。

① 保证重点、兼顾一般。在安排进度时，要分清主次，抓住重点，同时期进行的项目不宜过多，以免分散有限的人力和物力。

② 要满足连续、均衡的施工要求。应尽量使劳动力和材料、施工机械消耗在全工地上，达到均匀，避免出现高峰或低谷，以利于劳动力的调配和材料供应。

③ 要满足生产工艺要求，合理安排各个建筑物的施工顺序，以缩短建设周期，尽快发挥投资效益。

④ 要全面考虑各种条件的限制。在确定各建筑物施工顺序时，应考虑各种客观条件

的限制，如施工单位的施工力量、各种原材料、机械设备的供应情况、设计单位提供图纸的时间、各年度建设投资数量等，对各项建筑物的开工时间和先后顺序予以调整。同时，由于建筑施工受季节、环境影响较大，经常会对某些项目的施工时间提出具体要求，从而对施工的时间和顺序安排产生影响。

（4）安排施工总进度计划。施工总进度计划可以用横道图和网络图表达。由于施工总进度计划只是起控制性作用，而且施工条件复杂，因此项目划分不必过细。当用横道图表达施工总进度计划时，项目的排列可按施工总体方案所确定的工程展开程序排列。横道图上应表达出各施工项目开、竣工时间及其施工持续时间，如表 1-3 所示。

表 1-3　施工总进度计划

序号	工程项目名称	工程量	建筑面积	总工日	施工进度计划					
					××××年		××××年		××××年	

近年来，随着网络技术的推广，采用网络图表达施工总进度计划已经在实践中得到广泛应用。采用时间坐标网络图表达施工总进度计划，比横道图更加直观明了，还可以表达出各施工项目之间的逻辑关系。同时，由于网络图可以应用计算机进行计算和分析，便于对进度计划进行调整、优化、统计资源数量等。

5）施工总进度计划的调整和修正

施工总进度计划表绘制完成后，将同一时期各项工程的工作量加在一起，用一定的比例画在施工总进度计划的底部，即可得出建设项目工作量的动态曲线。若曲线上存在较大的高峰和低谷，则表明在该时间内各种资源的需求量变化较大，需要调整一些单位工程的施工速度或开、竣工时间，以便消除高峰和填平低谷，使各个时间的工作量尽可能达到均衡。

4. 各项资源需要量计划

1）综合劳动力需要量计划

劳动力需要量计划是规划暂设工程和组织劳动力进场的依据。编制时首先根据工程量汇总表中分别列出的各个建筑物的主要实物工程量。查预算定额或有关资料，便可得到各个建筑物主要工种的劳动量，再根据施工总进度计划表中各单位工程分工种的持续时间，即可得到某单位工程在某段时间里的平均劳动力数量。按同样方法可计算出各个建筑物各主要工种在各个时期的平均工人数。将施工总进度计划表纵坐标方向上各单位工程同工种的人数叠加在一起并连成一条曲线，即为某工种的劳动力动态曲线图。其他工种也可用同样方法汇成曲线图，从而根据劳动力曲线图列出主要工种劳动力需要量计划表，如表 1-4 所示。

表 1-4　劳动力需要量计划

序号	工种	劳动量	施工高峰人数	××××年		××××年		现有人数	多余或不足

2）材料、构件及半成品需求量计划

根据工程量汇总表所列各建筑物的工程量，查定额或有关资料，便可得出各建筑物所需的建筑材料、构件和半成品的需要量。然后根据施工总进度计划表，大致算出某些建筑材料在某一时间内的需要量，从而编制出建筑材料、构件和半成品的需要量计划，如表 1-5 所示。这是材料供应部门和有关加工厂准备所需的建筑材料、构件和半成品并及时供应的依据。

表 1-5　主要材料、构件和半成品需要量计划

序号	工程名称	水泥	砂	砖	……	混凝土	砂浆	……	木结构
		t	m^3	块		m^3	m^3		m^2

3）施工机具需要量计划

主要施工机具的需要量，根据施工总进度计划、主要建筑物施工方案和工程量，并套用机械产量定额求得。辅助机械可根据建筑安装工程每十万元扩大概算指标求得。运输机具的需要量根据运输量计算。施工机具需要量计划，如表 1-6 所示。

表 1-6　施工机具需要量计划

序号	机具名称	型号	需用数量	进退场时间		
				××××年	××××年	××××年

5. 施工总平面图的绘制

施工总平面图是拟建项目施工场地的总布置图。它是按照施工方案和施工总进度计划的要求，将施工现场的交通道路、材料仓库、附属企业、临时房屋、临时水电管线等做出合理的规划布置，从而正确处理全工地施工期间所需各项设施与永久性建筑以及拟建项目之间的空间关系。

1）施工总平面图设计的原则

（1）尽量减少施工用地、少占农田、使平面布置紧凑合理。

（2）合理组织运输、减少运输费用，保证运输方便通畅。

（3）施工区域的划分和场地的确定，应符合施工流程要求，尽量减少专业工种和各工程之间的干扰。

（4）充分利用各种永久性建筑物、构筑物和原有设施为施工服务，降低临时设施费用。

（5）各种临时设施应便于生产和生活需要。

（6）满足安全防火、劳动保护、环境保护等要求。

2）施工总平面图设计的内容

（1）工程项目建筑总平面图上一切地上和地下建筑物、构建物及其他设施的位置和尺寸。

（2）一切为全工地施工服务的临时设施的布置，包括：施工用地范围、施工用的各种道路；加工厂、搅拌站及有关机械的位置；各种建筑材料、构件、半成品的仓库和堆场，取土弃土位置；行政管理用房、宿舍、文化生活和福利设施等；水源、电源、变压器位置，临时给排水管线和供电、动力设施；机械站、车库位置；安全、消防设施等。

（3）永久性测量放线标桩位置。许多规模巨大的建设项目，其建设工期往往很长。随着工程的进展，施工现场的面貌将不断改变。在这种情况下，应设置永久性的测量放线标桩位置，或按不同阶段分别绘制若干张施工总平面图，或根据工地的实际变化情况，及时对施工总平面图进行调整和修正，以便适应不同时期的需要。

3）施工总平面图的设计方法

（1）场外交通的引入。设计全工地性施工总平面图时，首先应从大宗材料、成品、半成品、设备等进入工地的运输方式入手。当大批材料由铁路运入工地时，首先要解决铁路的引入问题；当大批材料由水路运入工地时，应首先考虑原有码头的运输能力和是否增设专用码头的问题；当大批材料由公路运入工地时，由于汽车线路可以灵活布置，因此一般先布置场内仓库和加工厂，然后再引入场外交通。

（2）仓库与材料堆场的布置。通常考虑设置在运输方便、位置适中、运距较短及安全防火的地方，并应根据不同材料、设备和运输方式来设置。

① 当采用铁路运输时，仓库应沿铁路线布置，并且要有足够的装卸作业面。如果没有足够的装卸作业面，必须在附近设置转运仓库。布置铁路沿线仓库时，应将仓库设置在靠近工地一侧，避免运输跨越铁路。同时仓库不宜设置在弯道或坡道上。

② 当采用水路运输时，一般应在码头附近设置转运仓库，以缩短船只在码头上的停留时间。

③ 当采用公路运输时，仓库的布置比较灵活。一般中心仓库布置在工地中央或靠近使用的地方，也可以布置在靠近与外部交通连接处。水泥、砂、石、木材等仓库或堆场宜布置在搅拌站、预制场和加工厂附近；砖、预制构件等应该直接布置在施工项目附近，避免二次搬运。工业项目建筑工地还应考虑主要设备的仓库或堆场，一般较重设备应尽量放在车间附近，其他设备可布置在外围空地上。

（3）加工厂和搅拌站的布置。各种加工厂布置，应以方便使用、安全防火、运输费用少、不影响建筑安装工程施工的正常进行为原则。一般应将加工厂与相应的仓库或材料堆场布置在同一地区，且多处于工地边缘。

① 预制加工厂的布置。尽量利用建设地区永久性加工厂，只有在运输困难时才考虑现场设置预制加工厂，一般设置在建设场地空闲地带上。

② 钢筋加工厂的布置。一般采用分散或集中布置。对于需要进行冷加工、对焊、点焊的钢筋或大片钢筋网，宜集中布置在中心加工厂；对于小型加工件，利用简单机具成型的钢筋加工，宜分散在钢筋加工棚中进行。

③ 木材加工厂的布置。应视木材加工的工作量、加工性质和种类决定是集中设置还是分散设置。

④ 混凝土供应站。根据城市管理条例的规定，并结合工程所在地点的情况，可选择两种：有条件的地区尽可能采用商品混凝土供应方式；若有些地区不具备商品混凝土供应条件，且现浇混凝土量大时，宜在工地设置搅拌站；当运输条件好时，宜采用集中搅拌；当运输条件较差时，宜采用分散搅拌。

⑤ 砂浆搅拌站。宜采用分散就近布置。

⑥ 金属结构、锻工、电焊和机修等车间。由于它们在生产上联系密切，应尽可能布置在一起。

（4）场内道路的布置。根据各加工厂、仓库及各施工对象的相对位置，考虑货物运转，区分主要道路和次要道路，进行道路的规划。

① 合理规划临时道路与地下管网的施工程序。应充分利用拟建的永久性道路，提前修建永久性道路或先修路基和简易路面，作为施工所需的临时道路，以达到节约投资的目的。

② 保证运输畅通。应采用环形布置，主要道路宜采用双车道，宽度不小于 6 m，次要道路宜采用单车道，宽度不小于 3.5 m。

③ 选择合理的路面结构。根据运输情况和运输工具的不同类型而定，一般场外与省、市公路相连的干线，宜建成混凝土路面；场区内的干线宜采用碎石级配路面；场内支线一般为砂碎石路面。

（5）临时设施布置。临时设施包括办公室、汽车库、休息室、开水房、食堂、俱乐部、厕所、浴室等。根据工地施工人数，可计算临时设施的建筑面积。应尽量利用原有建筑物，不足部分另行建造。

一般全工地性行政管理用房宜设在工地入口处，以便对外联系；也可设在工地中间，便于工地管理。工人用的福利设施应设置在工人较集中的地方或工人必经之处。生活区应设在场外，距工地 500～1 000 m 为宜。食堂可布置在工地内部或工地与生活区之间。临时设施的设计，应以经济、适用、拆装方便为原则，并根据当地的气候条件、工期长短确定其结构形式。

（6）临时水电管网及其他动力设施的布置。当有可以利用的水源、电源时，可以将水、电直接接入工地。临时的总变电站应设置在高压电引入处，不应放在工地中心。临时水池应放在地势较高处。

当无法利用现有水、电时，为获得电源，可在工地中心或附近设置临时发电设备；为获得水源，可利用地下水或地面水设置临时供水设备（水塔、水池）。施工现场供水管网有环状、枝状和混合式三种形式。过冬的临时水管必须埋在冰冻线以下或采取保温措施。

消防栓应设置在易燃建筑物附近，并有通畅的出口和车道，其宽度不小于 6 m，与拟建房屋的距离不得大于 25 m，也不得小于 5 m，消防栓间距不应大于 100 m，到路边的距离不应大于 2 m。

临时配电线路的布置与供水管网相似。工地电力网，一般 3～10 kV 的高压线采用环状，沿主干道布置；380 V/220 V 低压线采用枝状布置。通常采用架空布置方式，距路面或建筑物不小于 6 m。

上述布置应采用标准图例绘制在总平面图上，比例为 1:1 000 或 1:2 000。上述各设计步骤不是独立的，而是相互联系、相互制约的，需要综合考虑、反复修改才能确定下来。若有几种方案时，应进行方案比较。

图 1-3 为某高层建筑工程施工总平面图。

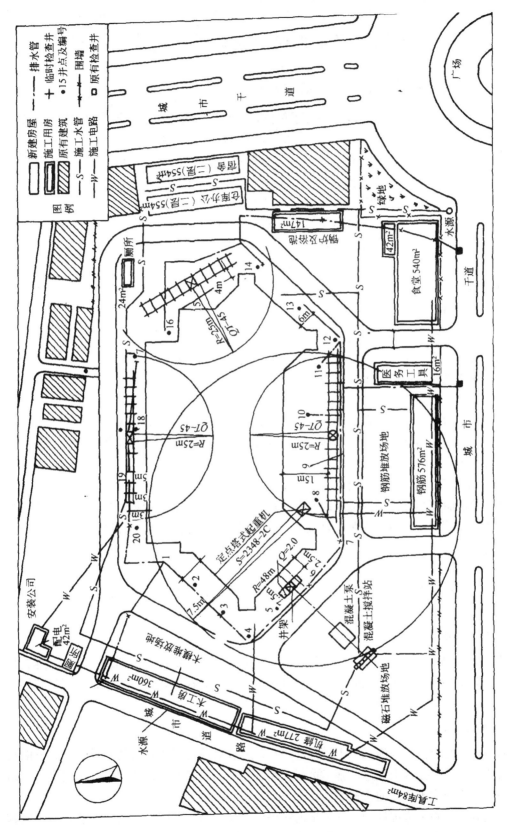

图1-3　施工总平面图

课题5 单位工程施工组织设计的编制内容与程序

5.1 单位工程施工组织设计的内容

单位工程施工组织设计是以单位（子单位）工程为对象编制的，用于规划和指导单位（子单位）工程全部施工活动的技术、经济和管理的综合性文件。

按照《建筑施工组织设计规范》（GB/T 50502—2009）的规定，单位工程施工组织设计编制的基本内容主要包括编制依据、工程概况、施工部署、施工进度计划、施工准备与资源配置计划、主要施工方案、主要施工管理计划、施工现场平面布置八大部分内容。过去习惯上称为"一案"——施工方案；"一图"——施工平面布置图；"四表"——施工进度计划表、机械设备表、劳动力表、材料计划表；"四项措施"——进度、质量、安全、成本。如果工程规模较小，可以编制简单的施工组织设计，其内容包括施工方案、施工进度计划、施工平面图，简称"一案一表一图"。下面对编制的各部分内容分述如下。

1. 工程概况

编写工程概况主要是对拟建工程的工程特点、建设地区特征与施工条件、施工特点等做出简要明了、突出重点的文字介绍。通过对项目整体面貌重点突出的阐述，可为选择施工方案、组织物资供应、配备技术力量等提供基本的依据。

1）工程特点

工程特点应说明拟建工程的建设概况和建筑、结构与设备安装的设计特点，包括工程项目名称、工程性质和规模、工程地点和占地面积、工程结构要求和建筑面积、工程期限和投资等内容。

2）建设地区特征与施工条件

建设地区特征与施工条件主要说明建设地点的气象、水文、地形、地质情况，施工现场与周围环境情况，材料、预制构件的生产供应情况，劳动力、施工机械设备落实情况，水电供应、交通情况等。

3）施工特点

通过分析拟建工程的施工特点，可把握施工过程的关键问题，说明拟建工程施工的重点所在。

2. 施工部署

施工部署的内容包括：施工管理目标，施工部署原则，项目经理部组织机构，施工任务划分，对主要分包施工单位的选择要求及确定的管理方式，计算主要项目工程量和施工组织协调与配合等。

3. 施工方案

施工方案是单位工程施工组织设计的核心，通过对项目可能采用的几种施工方案的技术经济比较，选定技术上先进、施工可行、经济合理的施工方案，从而保证工程进度、施工质量、工程成本等目标的实现。

施工方案是施工进度计划、施工平面图等设计和编制的基础，其内容一般包括确定施工程序、施工流水段的划分、施工起点流向及施工顺序，选择主要分部分项工程的施工方法和施工机械，制定施工技术组织措施等。

4. 施工进度计划

施工进度计划是施工方案在时间上的体现，编制时应根据工期要求和技术物资供应条件，按照既定施工方案来确定各施工过程的工艺与组织关系，并采用图表的形式说明各分部分项工程作业起始时间及相互搭接与配合的关系。施工进度计划是编制各项资源需要量计划的基础。

施工进度计划的内容包括编制依据说明、明确工期总目标、分阶段目标控制计划和施工进度计划表。

5. 资源需要量计划

资源需要量计划包括劳动力需要量计划、主要材料需要量计划、预制加工品需要量计划、施工机械和大型设备需要量计划及运输计划等，应在施工进度计划编制完成后，依照进度计划、工程量等要求进行编制。资源需要量计划是各项资源供应、调配的依据，也是进度计划顺利实施的物质保证。

6. 施工准备工作计划

施工准备工作计划的内容包括技术准备、现场准备、劳动力和物质准备、资金准备、冬雨期施工准备以及施工准备工作的管理组织、时间安排等。施工准备工作计划依照施工进度计划进行编制，是工程项目开工前的全面施工准备和施工过程中各分部分项工程施工作业准备的工作依据。

7. 主要施工管理计划

主要施工管理计划内容包括进度管理计划、质量管理计划、安全管理计划、环境管理计划、成本管理计划和其他管理计划。

8. 施工平面图

施工平面图是拟建单位工程施工现场的平面规划和空间布置图，体现了施工期间所需的各项设施与永久建筑、拟建工程之间的空间关系，是施工方案在空间上的体现。施工平面图的设计以工程的规模、施工方案、施工现场条件等为依据，是现场组织文明施工的重要保证。

施工平面图包括基础、主体结构、装饰工程施工各阶段平面布置图，同时要对各阶段平面布置图配以文字说明。

9. 技术经济指标

施工组织设计中，技术经济指标是从技术和经济两个方面对设计内容所做的优劣评价。它以施工方案、施工进度计划、施工平面图为评价中心，通过定性或定量计算分析来评价施工组织设计的技术可行性、经济合理性。

技术经济指标包括工期指标、质量和安全指标、劳动生产率指标、设备利用率指标、降低成本和节约材料指标等，是提高施工组织设计水平和选择最优施工组织设计方案的重要依据。

5.2　单位工程施工组织设计的编制程序

单位工程施工组织设计的工程项目各不相同，其所要求编制的内容也会有所不同，但一般可按以下几个步骤来进行。

第一步，收集编制依据的文件和资料，包括工程项目的设计施工图样，工程项目所要求的施工进度和要求，施工定额、工程概预算及有关技术经济指标，施工中可配备的劳动力、材料和机械设备情况，施工现场的自然条件和技术经济资料等。

第二步，计算工程量：计算分部分项工程量。

第三步，编写工程概况，主要阐述工程的概貌、特征和特点以及有关要求等。

第四步，选择施工方案，主要确定各分项工程施工的先后顺序，选择施工机械类型及其合理布置，明确工程施工的流向及流水参数的计算，确定主要项目的施工方法等。

第五步，编制施工进度计划，其中包括劳动量和工作延续时间的计算、绘制施工进度图表、对进度计划的调整优化等。

第六步，计算施工现场所需要的各种资源需要量及其供应计划（包括各种劳动力、材料、机械及其加工预制品等）。

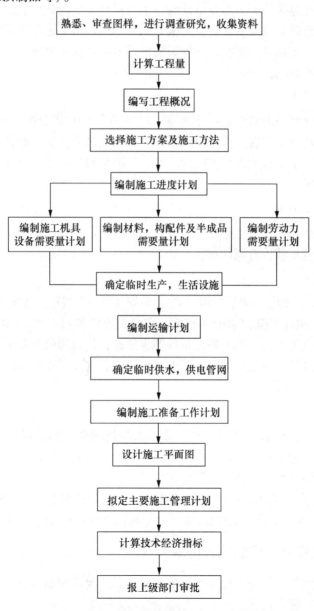

图1-4 单位工程施工组织设计的编制程序

第七步,设计施工平面图。

第八步,拟定主要施工管理计划:主要是拟订进度控制、成本控制、质量保证及安全防火措施。

第九步,计算技术经济指标。

以上步骤可用如图 1-4 所示的单位工程施工组织设计的编制程序来表示。

 实训课堂

实训一 建筑工程施工报建实训

1. 知识链接:建设工程开工办证流程,如图 1-5 所示。

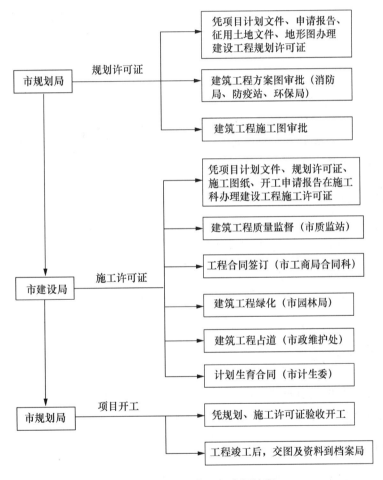

图 1-5 建设工程开工办证流程

2. 情景模拟:某建筑公司中标某 30 层商住楼后,需要收集和整理相关资料,到建设行政主管部门办理该工程施工报建,请模拟报建过程。

提示:由教师扮演办事员,将学生分成若干个报建小组,各小组提前做好相关资料准备,熟悉报建程序等。

小   结

本项目对建设项目及其组成，建筑工程施工程序，建筑产品及其施工特点，建筑施工组织设计的基本概念、作用和分类，单位工程施工组织设计的编制内容和程序做了简单的介绍。

建设项目由单项工程、单位工程、分部工程和分项工程组成。

建设工程的施工程序分为 5 个阶段：确定施工任务阶段、施工规划阶段、施工准备阶段、组织施工阶段和竣工验收阶段。

建筑施工组织设计按阶段不同可分为标前和标后施工组织设计。针对不同的工程对象又可分为施工组织总设计、单位工程施工组织设计、分部分项工程施工组织设计。

施工组织总设计主要内容包括工程概况、总体施工部署、施工总进度计划、总体施工准备与主要资源配置计划、主要施工方法、施工总平面布置。

单位工程施工组织设计编制的基本内容主要包括编制依据、工程概况、施工部署、施工进度计划、施工准备与资源配置计划、主要施工方案、主要施工管理计划、施工现场平面布置图等八大部分内容。

单位工程施工组织设计步骤是：收集编制依据的文件和资料；计算工程量；编写工程概况；选择施工方案；编制施工进度计划；计算施工现场需要的各种资源需要量及其供应计划；设计施工平面图；拟订主要施工管理计划；计算技术经济指标等。

推荐阅读资料

1. 中华人民共和国国家标准《建筑施工组织设计规范》（GB/T 50502—2009）。
2. 《建筑施工手册（之施工组织设计）》第五版，中国建筑工业出版社。
3. 《建筑施工组织》，刘邦兴主编，化学工业出版社。

学习鉴定

1. 解释建设项目的概念。
2. 简述建设项目的组成。
3. 简述建筑工程施工程序。
4. 简述建筑产品的特点及建筑产品生产（施工）的特点。
5. 简述施工组织设计的重要作用、任务与分类。

练习作业

请用流程图归纳表示建筑施工的程序。

建筑工程流水施工

学习目标

1. 熟悉组织施工的三种方式及其特点；
2. 熟悉流水施工的基本概念、流水施工的特点；
3. 掌握流水施工基本参数及其计算方法；
4. 熟悉流水施工的基本方法，掌握有节奏流水和无节奏流水的计算方法。

技能目标

掌握组织流水施工的技能；能熟练地运用横道图绘制流水施工进度计划表。

问题引入

建筑工程"流水施工"来源于工业生产中的"流水作业"，但二者又有所区别。工业生产中，原料、配件或工业产品在生产线上流动，工人和生产设备的位置保持相对固定；而建筑产品生产过程中，工人和生产机具在建筑物的空间上进行移动，而建筑产品的位置是固定不动的。

在长期的生产实践中，"流水施工"已经发展成为一种十分有效的施工组织方式，建筑施工中的流水作业方式，极大地促进了建筑业劳动生产率的提高，缩短了工期，节约了施工费用，是一种科学的生产组织方式。下面就来学习有关流水施工的技术知识。

知识课堂

课题 1　流水施工的基本概念

1.1　组织施工的基本方式

建筑工程施工中常用的组织方式有三种：顺序施工、平行施工和流水施工。通过对这三种施工组织方式的比较，可以更清楚地看到流水施工的科学性所在。例如，现有三幢同类型建筑的基础工程施工，每一幢的基础工程施工包括开挖基槽、混凝土垫层、砌砖基础、回填土4个施工过程，每个施工过程的工作时间如表2-1所示。其施工顺序为A—B—C—D，试组织此基础工程的施工。

表2-1　某基础工程施工资料

序号	施工过程	工作时间/天
1	开挖基槽（A）	3
2	混凝土垫层（B）	2
3	砌砖基础（C）	3
4	回填土（D）	2

1. 顺序施工

顺序施工也称为依次施工，是按照建筑工程内部各分项、分部工程内在的联系和必须遵循的施工顺序，不考虑后续施工过程在时间上和空间上的相互搭接，而依照顺序组织施工的方式。顺序施工往往是前一个施工过程完成后，下一个施工过程才开始，一个工程全部完成后，另一个工程的施工才开始。其施工进度表安排如图2-1所示。

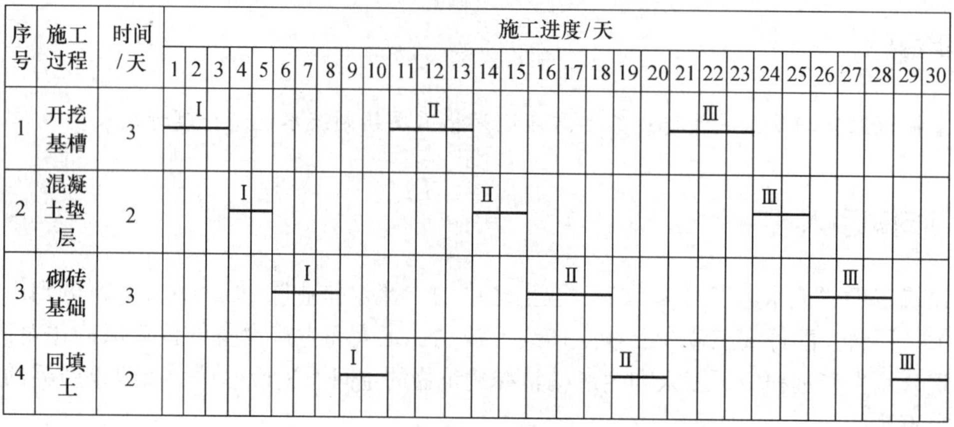

图2-1　顺序施工进度安排

注：Ⅰ、Ⅱ、Ⅲ为幢数

顺序施工的优点是：同时投入的劳动资源较少，机具、设备使用不是很集中，材料供应单一，施工现场管理简单，便于组织安排。

顺序施工的缺点是：劳动生产率低，工期较长，难以在短期内提供较多的产品，不能适应大型工程的施工。

【特别提示】 当工程规模较小，施工工作面有限时，顺序施工是适用的，也是常见的。

2. 平行施工

平行施工是将一个工作范围内的相同施工过程同时组织施工，完成以后再同时进行下一个施工过程的施工组织方式。其施工进度安排如图2-2所示。

平行施工的优点是：最大限度地利用了工作面，工期最短。

序号	施工过程	时间/天	施工进度/天									
			1	2	3	4	5	6	7	8	9	10
1	开挖基槽	3	Ⅰ/Ⅱ/Ⅲ	Ⅰ/Ⅱ/Ⅲ	Ⅰ/Ⅱ/Ⅲ							
2	混凝土垫层	2				Ⅰ/Ⅱ/Ⅲ	Ⅰ/Ⅱ/Ⅲ					
3	砌砖基础	3						Ⅰ/Ⅱ/Ⅲ	Ⅰ/Ⅱ/Ⅲ	Ⅰ/Ⅱ/Ⅲ		
4	回填土	2									Ⅰ/Ⅱ/Ⅲ	Ⅰ/Ⅱ/Ⅲ

图 2-2　平行施工进度安排

注：Ⅰ、Ⅱ、Ⅲ为幢数

平行施工的缺点是：在同一时间内需要提供的相同劳动资源成倍增加，这给实际施工管理带来一定的难度。从而造成组织安排和施工管理的困难，增加了施工管理费用。

【特别提示】 平行施工只有在工程规模较大或工期较紧的情况下采用才是合理的。

3. 流水施工

流水施工是把若干个同类型建筑或一幢建筑在平面上划分成若干个施工区段（施工段），组织若干个在施工工艺上有密切联系的专业班组相继进行施工，依次在各施工区段上重复完成相同的工作内容，不同的专业队伍利用不同的工作面尽量平行施工的施工组织方式。其施工进度安排如图 2-3 所示。

序号	施工过程	时间/天	施工进度/天																
			1	2	3	4	5	6	7	8	9	10	11	12	13	14	15	16	17	18
1	开挖基槽	3	Ⅰ	Ⅰ	Ⅰ	Ⅱ	Ⅱ	Ⅱ	Ⅲ	Ⅲ	Ⅲ									
2	混凝土垫层	2						Ⅰ	Ⅰ	Ⅱ	Ⅱ	Ⅲ	Ⅲ							
3	砌砖基础	3								Ⅰ	Ⅰ	Ⅰ	Ⅱ	Ⅱ	Ⅱ	Ⅲ	Ⅲ	Ⅲ		
4	回填土	2													Ⅰ	Ⅰ	Ⅱ	Ⅱ	Ⅲ	Ⅲ

图 2-3　流水施工进度安排

注：Ⅰ、Ⅱ、Ⅲ为幢数

由图 2-3 可以看出，流水施工方式具有以下特点。

（1）恰当地利用了工作，争取了时间，节省了工期，工期比较合理。

（2）各专业施工队的施工作业连续，避免或减少了间歇、等待时间。

（3）不同施工过程尽可能地进行搭接，时空关系处理得比较理想。

（4）各专业施工队实现了专业化施工，能够更好地保证质量和提高劳动生产率。

（5）资源消耗较为均衡，有利于资源供应的组织工作。

4. 三种施工方式的比较

由上面分析可知，顺序施工、平行施工和流水施工是组织施工的三种基本方式，其特点及适用的范围不尽相同，三者的比较如表 2-2 所示。

表 2-2　三种组织施工方式的比较

方式	工期	资源投入	评价	适用范围
顺序施工	最长	投入强度低	劳动力投入少，资源投入不集中，有利于组织工作。现场管理工作相对简单，可能会产生窝工现象	规模较小，工作面有限的工程适用
平行施工	最短	投入强度最大	资源投入集中，现场组织管理复杂，不能实现专业化生产	工程工期紧迫，有充分的资源保障及工作面允许情况下可采用
流水施工	较短，介于顺序施工与平行施工之间	投入连续均衡	结合了顺序施工与平行施工的优点，作业队伍连续，充分利用工作面，是较理想的组织施工方式	一般项目均可适用

由表 2-2 可以看出，流水施工综合了顺序施工和平行施工的优点，是建筑施工中最合理、最科学的一种施工组织方式。

1.2　"流水施工"与"流水作业"的区别

建筑生产的"流水施工"的实质是：由生产作业队伍并配备一定的机械设备，沿着建筑物的水平或垂直方向，用一定数量的材料在各施工段上进行生产，使最后完成的产品成为建筑物的一部分，然后再转移到另一个施工段上去进行同样的工作，所空出的工作面，由下一施工过程的生产作业队伍采用相同的形式继续进行生产。如此不断地进行确保了各施工过程生产的连续性、均衡性和节奏性。

建筑生产的"流水施工"来源于工业生产的"流水作业"，但二者之间又有所区别，"流水施工"具有如下主要特点。

（1）生产工人和生产设备从一个施工段转移到另一个施工段，代替了建筑产品的流动。

（2）建筑生产的流水施工既沿建筑物的水平方向流动（平面流水），又沿建筑物的垂直方向流动（层间流水）。

（3）在同一施工段上，各施工过程保持了顺序施工的特点，不同施工过程在不同的施工段上又最大限度地保持了平行施工的特点。

（4）同一施工过程保持了连续施工的特点，不同施工过程在同一施工段上尽可能保持连续。

（5）单位时间内生产资源的供应和消耗基本均衡。

1.3　"流水施工"的技术经济效果

"流水施工"的连续性和均衡性方便了各种生产资源的组织，使施工企业的生产能力可以得到充分的发挥，劳动力、机械设备可以得到合理的安排和使用，进而提高了生产的经济效益，具体归纳为以下几点。

（1）便于施工中的组织与管理。由于流水施工的均衡性，因此避免了施工期间劳动力和其他资源使用过分集中，有利于资源的组织。

（2）施工工期比较理想。由于流水施工的连续性，保证各专业队伍连续施工，减少了间歇，充分利用工作面，缩短了工期。

（3）有利于提高劳动生产率。由于流水施工实现了专业化的生产，为工人提高技术水平、改进操作方法以及革新生产工具创造了有利条件，因而改善了工作的劳动条件，促进了劳动生产率的不断提高。

（4）有利于提高工程质量。专业化的施工提高了工人的专业技术水平和熟练程度，为推行全面质量管理创造了条件，有利于保证和提高工程质量。

（5）有效降低工程成本。由于工期缩短、劳动生产率提高、资源供应均衡，各专业施工队连续均衡作业，减少了临时设施数量，从而节约了人工费、机械使用费、材料费和施工管理费等相关费用，有效降低了工程成本。

1.4　流水施工的表示方法

流水施工的表示方法有三种：水平图表（横道图）、垂直图表（斜线图）和网络图。网络图表示方法可参见后面的有关章节。这里仅介绍前两种方法。

1. 水平图表

水平图表由纵、横坐标两个方向的内容组成，图表左侧的纵坐标用以表示施工过程，图表下侧的横坐标用以表示施工进度，施工进度的单位可根据施工项目的具体情况和图表的应用范围来确定，可以是日、周、月、旬、季或年等，日期可以按自然数的顺序排列，还可以采用奇数或偶数的顺序排列，也可以采用扩大的单位数来表示，如以 5 天或 10 天为基数进行编排，以简洁、清晰为标准。用标明施工段的横线段来表示具体的施工进度。水平图表具有绘制简单，形象直观的特点。横道图形式如图 2-3 所示。

2. 垂直图表

垂直图表是以纵坐标由下往上表示出施工段数，以横坐标表示各施工过程在各施工段上的施工持续时间，若干条斜线段表示施工过程。垂直图表可以直观地从施工段的角度反映出各施工过程的先后顺序以及时空状况。通过比较各条斜线的斜率可以看出各施工过程的施工速度。垂直图表的实际应用不及水平图表普遍。流水施工垂直图表示实例如图 2-4 所示。

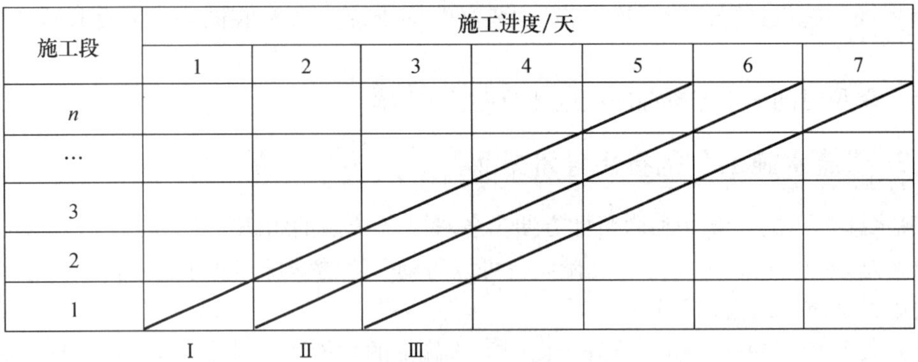

施工段	施工进度/天						
	1	2	3	4	5	6	7
n							
...							
3							
2							
1							
	Ⅰ		Ⅱ		Ⅲ		

图 2-4　流水施工垂直图表示实例

注：Ⅰ、Ⅱ、Ⅲ为幢数

1.5　流水施工分类

流水施工的分类是组织流水施工的基础，其分类方法是按不同的流水特征进行划分的。

1. 按流水施工组织范围（组织方法）划分

根据组织流水施工的工程对象的范围大小，流水施工可以划分为分项工程流水施工、分部工程流水施工、单位工程流水施工和群体工程流水施工。其中，最重要的是分部工程流水施工，它是组织流水施工的基本方法。单位工程或群体工程的流水施工常采用分别流水法，它是组织单位工程或群体工程流水施工的重要方法。

1）分项工程流水施工

分项工程流水施工又叫施工过程流水或细部流水。它是在一个专业施工队伍内部组织起来的流水施工。在施工进度计划表上，它是一条标有施工段或施工队编号的水平或斜向进度指示线段。它是组织流水施工的基本单元。

2）分部工程流水施工

分部工程流水施工又叫专业流水。它是在一个分部工程内部各分项工程（施工过程）之间组织起来的流水施工。在施工进度计划表上，它是一组标有施工段或施工队伍编号的水平或斜向进度指示线段。它是组织流水施工的基本方法。

3）单位工程流水施工

单位工程流水施工是在一个单位工程内部组织起来的流水施工。它一般由若干个分部工程流水组成。

4）群体工程流水施工

群体工程流水施工是在单位工程之间组织起来的流水施工。一般首先是针对其分部工程来组织专业大流水。

5）分别流水法

分别流水法是指将若干个分别组织的分部工程流水（专业流水或专业大流水），按照施工工艺的顺序和要求最大限度地搭接起来，组成一个单位工程或群体工程的流水施工。

在实际工程中，分别流水法是组织单位工程或群体工程流水施工的重要方法。

2. 按流水施工节奏特征划分（针对专业流水或专业大流水）

根据流水施工的节奏特征，流水施工（主要指专业流水或专业大流水）可以划分为有节奏流水和无节奏流水，其中有节奏流水又可分为等节奏流水和异节奏流水，具体叙述详见后面的相关内容。

课题2　流水施工的基本原理

2.1　组织流水施工的条件

1. 划分施工过程

划分施工过程就是把拟建工程的整个建造过程分解为若干个施工过程。划分施工过程的目的是为了对施工对象的建造过程进行分解，以便于逐一实现局部对象的施工，从而使施工对象整体得以实现。也只有这种合理的分解才能组织专业化施工和有效协作。

2. 划分施工段

根据组织流水施工的需要，将拟建工程在平面上或空间上，尽可能地划分为劳动量大致相同的若干个施工段。

3. 每个施工过程组织独立的施工班组

在一个流水组中，每个施工过程尽可能组织独立的施工班组，其形式可以是专业班组，也可以是混合班组。这样可使每个班组按施工顺序，依次、连续、均衡地从一个施工段转移到另一个施工段进行相同的操作。

4. 主要施工过程必须连续、均衡地施工

主要施工过程是指工程量较大、作业时间较长的施工过程。对于主要施工过程，必须连续、均衡地施工；对于其他次要施工过程，可考虑与相邻的施工过程合并。如不能合并，为缩短工期，可安排间断施工。

5. 不同施工过程尽可能组织平行搭接施工

根据施工顺序，不同的施工过程，在有工作面的条件下，除必要的技术和组织间歇时间外，应尽可能组织平行搭接施工。

2.2　流水施工参数

在组织流水施工时，用以表达流水施工在工艺流程、空间布置和时间安排等方面的特征和各种数量关系的参数，称为流水施工参数。流水施工参数，按其性质的不同，分为工艺参数、空间参数和时间参数三种。

1. 工艺参数

在组织流水施工时，用以表达流水施工在施工工艺上开展顺序及其特征的参数，称为工艺参数。它包括施工过程和流水强度。

1）施工过程

组织建筑工程流水施工时，根据施工组织及计划安排需要而将计划任务划分成的子项称为施工过程。参与流水施工的施工过程数目通常以符号"n"表示。

施工过程划分的数目多少、粗细程度一般与下列因素有关。

（1）施工计划的性质和作用。对长期计划及建筑群体、规模大、结构复杂、工期长的工程施工控制性进度计划，其施工过程划分可粗些，综合性大些。对中、小型单位工程及工期不长的工程施工实施性计划，其施工过程划分可细些，具体些，一般划分至分项工程。对月度作业性计划，有些施工过程还可分解为工序，如安装模板、绑扎钢筋等。

（2）施工方案及工程结构。厂房的柱基础与设备基础挖土，如同时施工，可合并为一个施工过程；如先后施工，可分为两个施工过程。承重墙与非承重墙的砌筑，也是如此。砖混结构、大墙板结构、装配式框架与现浇钢筋混凝土框架等不同结构体系，其施工过程划分及内容也各不相同。

（3）劳动组织及劳动量大小。施工过程的划分与施工习惯有关。例如，安装玻璃、油漆施工可合也可分，因为有的是混合班组，有的是单一工种的班组。施工过程的划分还与劳动量大小有关。劳动量小的施工过程，当组织流水施工有困难时，可与其他施工过程合并。例如，垫层劳动量较小时可与挖土合并为一个施工过程，这样可以使各个施工过程的劳动量大致相等，便于组织流水施工。

（4）劳动内容和范围。施工过程的划分与其劳动内容和范围有关。例如，直接在工程对象上进行的劳动过程，可以划入流水施工过程，而场外劳动内容（如预制加工、运输等）可以不划入流水施工过程。

综上所述，施工过程的划分不能太多、过细，否则将给计算增添麻烦，重点不突出；也不能太少、过粗，否则将过于笼统，失去指导作用。

所有施工过程应大致按施工顺序先后排列，所采用的施工项目名称可参考现行定额手册上的项目名称。

2）流水强度

某施工过程在单位时间内所完成的工程量，称为该施工过程的流水强度。

流水强度可用式（2-1）计算求得：

$$V = \sum_{i=1}^{x} R_i \cdot S_i \tag{2-1}$$

式中：V——某施工过程的流水强度；

R_i——投入该施工过程中的第 i 种资源量（施工机械台数或人员数）；

S_i——投入该施工过程中的第 i 种资源的产量定额；

X——投入该施工过程中的资源种类数。

2. 空间参数

在组织流水施工时，用来表达流水施工在空间布置上开展状态的参数，称为空间参数。空间参数一般包括施工段数、施工层数和工作面。

1）施工段和施工层

在组织流水施工时，拟建工程在平面上划分的若干个劳动量大致相等的施工区段，称为施工段。施工段的数目一般以"m"表示。

划分施工段的目的是为了组织流水施工，保证不同的施工班组能在不同的施工段上同时进行施工，并使各施工班组能按一定的时间间隔转移到另一个施工段进行连续施工，既消除等待、停歇现象，又互不干扰。

所谓施工层，是指为满足竖向流水施工的需要，在建筑物垂直方向上划分的施工区段，常用"c"表示。施工层的划分视工程对象的具体情况而定，其目的是为了满足操作高度和施工工艺的要求。一般以建筑物的结构层作为施工层。但是，有时为方便施工，也可按一定高度划分一个施工层。例如，单层工业厂房砌筑工程一般按$1.2\sim1.4\,m$（即一步脚手架的高度）划分一个施工层。

（1）划分施工段的原则。

① 施工段的数目要合理。施工段过多，会增加总的施工持续时间，而且工作面不能充分利用；施工段过少，则会引起劳动力、机械和材料供应的过分集中，有时还会造成"断流"的现象。

② 各施工段的劳动量（或工程量）一般应大致相等（相差宜在15%以内），以保证各施工班组连续、均衡地施工。

③ 施工段的划分界限要以保证施工质量且不违反操作规程要求为前提。例如，结构上不允许留施工缝的部位不能作为划分施工段的界限。

④ 当组织楼层结构的流水施工时，为使各施工班组能连续施工，上一层的施工必须在下一层对应部位完成后才能开始。即各施工班组做完第一段后，能立即转入第二段；做完第一层的最后一段后，能立即转入第二层的第一段。因此，每一层的施工段数m必须大于或等于其施工过程数n，即

$$m \geq n \tag{2-2}$$

当$m = n$时，施工班组连续施工，施工段上始终有施工班组，工作面能充分利用，无停歇现象，也不会产生窝工现象，比较理想。

当$m > n$时，施工班组仍是连续施工，虽然有停歇的工作面，但不一定是不利的，有时还是必要的，如利用停歇的时间做养护、备料、弹线等工作。

当$m < n$时，因施工班组不能连续施工而窝工。因此，对一个建筑物组织流水施工是不适宜的，但是在建筑群中可与另一些建筑物组织大流水。

【特别提示】 当无层间关系或无施工层（如某些单层建筑物、基础工程等）时，施工段数不受式（2-2）的限制，可按前面所述的划分施工段的原则进行确定。

（2）施工段划分的一般部位。施工段划分的部位要有利于结构的整体性，应考虑到施工工程对象的轮廓形状、平面组成及结构构造上的特点。在满足施工段划分基本要求的前提下，可按下述情况划分施工段的部位。

① 设置有伸缩缝、沉降缝的建筑工程，可按此缝为界划分施工段。

② 单元式的住宅工程，可按单元为界分段，必要时以半个单元处为界分段。

③ 道路、管线等按长度方向延伸的工程，可按一定长度作为一个施工段。

④ 多幢同类型建筑，可以一幢房屋作为一个施工段。

2）工作面

工作面是指供某专业工种的工人或某种施工机械进行施工的活动空间。工作面的大小，表明能安排施工人数或机械台数的多少。每个作业的工人或每台施工机械所需工作面的大小，取决于单位时间内完成的工程量和安全施工的要求。工作面确定的合理与否，直接影响专业工作队的生产效率，因此必须合理确定工作面。

有关主要工种的工作面可参考表2-3。

表 2-3　主要工种的工作面参考数据表

工作项目	每个技工的工作面	说明
砖基础	7.6 m/人	以 $1\frac{1}{2}$ 砖计，2 砖乘以 0.8，3 砖乘以 0.55
砌砖墙	8.5 m/人	以 1 砖计，$1\frac{1}{2}$ 砖乘以 0.71，2 砖乘以 0.57
混凝土柱、墙基础	8 m³/人	机拌、机捣
混凝土设备基础	7 m³/人	机拌、机捣
现浇钢筋混凝土柱	2.45 m³/人	机拌、机捣
现浇钢筋混凝土梁	3.20 m³/人	机拌、机捣
现浇钢筋混凝土墙	5 m³/人	机拌、机捣
现浇钢筋混凝土楼板	5.3 m³/人	机拌、机捣
预制钢筋混凝土柱	3.6 m³/人	机拌、机捣
预制钢筋混凝土梁	3.6 m³/人	机拌、机捣
预制钢筋混凝土屋架	2.7 m³/人	机拌、机捣
预制钢筋混凝土平板、空心板	1.91 m³/人	机拌、机捣
混凝土地坪及面层	40 m²/人	机拌、机捣
外墙抹灰	16 m²/人	—
内墙抹灰	18.5 m²/人	—
卷材屋面	18.5 m²/人	—
防水水泥砂浆屋面	16 m²/人	—
门窗安装	11 m²/人	

3. 时间参数

在组织流水施工时，用于表达流水施工在时间安排上所处状态的参数，称为时间参数。时间参数一般有流水节拍、流水步距和工期等。

1）流水节拍

流水节拍是指从事某一施工过程的施工班组在一个施工段上完成施工任务所需的时间，用符号 t_i 表示（$i = 1,2,3\cdots$）。

（1）流水节拍的确定。流水节拍的大小直接关系到投入的劳动力、材料和机械的多少，决定着施工进度和施工的节奏性。因此，合理确定流水节拍具有重要意义。通常有三种确定方法：定额计算法、经验估算法、工期计算法。

① 定额计算法。根据现有能够投入的资源（劳动力、机械台班和材料量）确定流水节拍，但须满足最小工作面的要求。流水节拍的计算式为：

$$t_i = \frac{P_i}{R_i b} = \frac{Q_i}{S_i R_i b} \tag{2-3}$$

或

$$t_i = \frac{P_i}{R_i b} = \frac{Q_i H_i}{R_i b} \tag{2-4}$$

式中：t_i——某施工过程在某施工段上的流水节拍；

$\quad\quad Q_i$——某施工过程在某流水段上的工作量；

$\quad\quad S_i$——某施工过程的每工日（或每台班）产量定额；

$\quad\quad R_i$——某施工过程的施工班组人数或机械台班数量；

$\quad\quad b$——每天工作班数；

$\quad\quad H_i$——某施工过程采用的时间定额；

$\quad\quad P_i$——在一个施工段上完成某施工过程所需的劳动量（工日数）或机械台班量（台班数）。

② 经验估算法。经验估算法是根据以往的施工经验进行估算。一般为了提高其准确程度，往往先估算出该流水节拍的最长、最短和正常（即最可能）三种时间值，然后据此求出期望时间值作为某专业工作队在某施工段上的流水节拍。经验估算表达式：

$$t = \frac{a + 4b + c}{6} \tag{2-5}$$

式中：t——某施工过程在某施工段上的流水节拍；

$\quad\quad a$——某施工过程在某施工段上的最短估算时间；

$\quad\quad b$——某施工过程在某施工段上的正常估算时间；

$\quad\quad c$——某施工过程在某施工段上的最长估算时间。

这种方法多适用于采用新工艺、新方法和新材料等没有时间定额可循的工程项目。

③ 工期计算法。对某些施工任务在规定日期内必须完成的工程项目，往往采用倒排进度法计算流水节拍，具体步骤如下。

第一步，根据工期倒排进度，确定某施工过程的工作持续时间。

第二步，确定某施工过程在某施工段上的流水节拍。

若同一施工过程的流水节拍不相等，则用经验估算法进行计算；若流水节拍相等，则按式（2-6）进行计算。

$$t = \frac{T}{m} \tag{2-6}$$

式中：t——流水节拍；

$\quad\quad T$——某施工过程的工作持续时间；

$\quad\quad m$——某施工过程划分的施工段数。

若流水节拍根据工期要求来确定时，必须检查劳动力和机械供应的可能性，物资供应能否相适应。

（2）确定流水节拍的要点。

① 施工班组人数应符合施工过程最少劳动组合人数的要求。例如，现浇钢筋混凝土施工过程，它包括上料、搅拌、运输、浇捣等施工操作环节，如果人数太少，是无法组织施工的。

② 要考虑工作面的大小或某种条件的限制。施工班组人数也不能太多，每个工人的工作面要符合最小工作面的要求。否则，就不能发挥正常的施工效率或不利于安全生产。工作面是表明施工对象上可能安置多少工人操作或布置施工机械场所的大小。主要工种的最小工作面可参考表 2-3 的有关数据。

③ 要考虑各种机械台班的效率（吊装次数）或机械台班产量的大小。

④ 要考虑各种材料、构件等施工现场堆放量、供应能力及其他有关条件的制约。

⑤ 要考虑施工及技术条件的要求。例如，不能留施工缝必须连续浇筑的钢筋混凝土工程，有时要按三班制工作的条件决定流水节拍，以确保工程质量。

⑥ 确定一个分部工程各施工过程的流水节拍时，首先应考虑主要的、工程量大的施工过程的节拍（它的节拍最大，对工程起主要作用），其次确定其他施工过程的节拍值。

⑦ 节拍值一般取整数，必要时可保留 0.5 天（台班）的小数值。

2）流水步距

在组织流水施工中，相邻两个施工班组先后开始进入施工的时间间隔，称为流水步距，通常以 $K_{i,i+1}$ 表示（i 表示前一个施工过程，$i+1$ 表示后一个施工过程）。

流水步距的大小对工期有着较大的影响。一般来说，在施工段不变的条件下，流水步距越大，工期越长；流水步距越小，则工期越短。

若参加流水施工的施工过程数为 n，则流水步距的数目为 $n-1$。

（1）确定流水步距的原则。确定流水步距的基本原则如下。

① 技术间歇的需要。有些施工过程完成后，后续施工过程不能立即投入作业，必须有足够的时间间歇，用 t_j 表示。例如，钢筋混凝土的养护、油漆的干燥等。

② 施工班组连续施工的需要。最小的流水步距，必须使主要施工班组进场以后，不发生停工、窝工的现象。

③ 保证每个施工段的正常作业程序，不发生前一施工过程尚未完成，而后一个施工过程就提前介入的现象。

有时为了缩短时间，在工艺技术条件许可的情况下，某些次要专业队伍也可以搭接进行，其搭接时间用 t_d 表示。

④ 组织间歇的需要。组织间歇是指由于考虑组织技术因素，两相邻施工过程在规定流水步距之外所增加的必要时间间歇，以便对前道工序进行检查验收，对下道工序做必要的准备工作，用 t_j 表示。

（2）确定流水步距（$K_{i,i+1}$）的方法。

① 分析计算法。在组织流水施工中，如果同一施工过程在各施工段上的流水节拍相等，则各相邻施工过程之间的流水步距可按下式计算：

$$K_{i,i+1} = t_i + (t_j - t_d) \qquad （当 t_i \leq t_{i+1} 时） \qquad (2\text{-}7)$$

$$K_{i,i+1} = mt_i - (m-1)t_{i+1} + (t_j - t_d) \qquad （当 t_i > t_{i+1} 时） \qquad (2\text{-}8)$$

式中：t_i——第 i 个施工过程的流水节拍；

t_{i+1}——第 $i+1$ 个施工过程的流水节拍；

t_j——第 i 个施工过程与第 $i+1$ 个施工过程之间的间歇时间；

t_d——第 $i+1$ 个施工过程与第 i 个施工过程之间的搭接时间。

② 取大差法（累加数列法）。计算步骤如下。

第一步，根据专业工作队在各施工段上的流水节拍，求累加数列。

第二步，根据施工顺序，对所求的相邻两累加数列，错位相减。

第三步，根据错位相减的结果，确定相邻专业工作队之间的流水步距，即相减结果中数值最大者为流水步距。

（3）确定流水步距案例解析。

【例 2-1】 某项目由 4 个施工过程组成，分别由 A、B、C、D 4 个专业工作队完成，在平面上划分成4个施工段，每个专业工作队在各施工段上的流水节拍如表2-4所示，试确定相邻专业工作队之间的流水步距。

表2-4 各专业工作队在各施工段上的流水节拍

施工段 工作队	①	②	③	④
A	4	3	2	3
B	3	3	2	2
C	3	2	3	2
D	2	2	3	3

【案例剖析】

① 求各专业工作队的累加数列（提示：以专业工作队或施工过程为基准，按各施工段进行数列的累加）。

A：4、7、9、12

B：3、6、8、10

C：3、5、8、10

D：2、4、7、10

② 错位相减（提示：指相邻两个施工过程之间的数列错位相减，如A只能跟B、B只能跟C等）

A与B

A		4	7	9	12	
B	−		3	6	8	10
相减结果		4	4	3	4	−10

（舍弃负数）取最大值得流水步距K_{AB}=4

B与C

B		3	6	8	10	
C	−		3	5	8	10
相减结果		3	3	3	2	−10

（舍弃负数）取最大值得流水步距K_{BC}=3

C与D

C		3	5	8	10	
D	−		2	4	7	10
相减结果		3	3	4	3	−10

（舍弃负数）取最大值得流水步距K_{CD}=4

③ 相邻专业工作队（4个）间的流水步距（3个）分别为：

$$K_{AB} = 4; K_{BC} = 3; K_{CD} = 4。$$

3）工期

工期是指完成一项工程任务或一个流水施工所需的时间，一般可采用式（2-9）计算：

$$T = \sum K_{i,i+1} + T_n \qquad (2-9)$$

式中：$\sum K_{i,i+1}$ ——流水施工中各流水步距之和；

T_n——流水施工中最后一个施工过程的持续时间。

在流水施工中，存在技术间歇、组织间歇，搭接施工时，其工期计算公式为：

$$T = \sum K_{i,i+1} + T_n + \sum t_j - \sum t_d \tag{2-10}$$

式中：$\sum t_j$——流水施工中各施工过程之间的间歇时间之和；

$\sum t_d$——流水施工中各施工过程之间的平行搭接时间之和。

【例 2-2】 某工程划分为 A、B、C、D 4 个施工过程，分三个施工段组织流水施工，各施工过程的流水节拍分别为 $t_A = 2$ 天、$t_B = 3$ 天、$t_C = 5$ 天、$t_D = 2$ 天，施工过程 B 完成后需有 1 天的技术间歇和组织间歇。试求各施工过程之间的流水步距及该工程的工期。

【案例剖析】 根据上述条件及式（2-7）和式（2-8），各流水步距计算如下：

因 $t_A < t_B, t_j = 0, t_{d_i} = 0$，故 $K_{A,B} = t_A + (t_j - t_d) = 2$（天）；

因 $t_B < t_C, t_j = 1, t_d = 0$，故 $K_{B,C} = t_B + (t_j - t_d) = 3 + 1 = 4$（天）；

因 $t_C > t_D, t_j = 0, t_d = 0$，

故 $K_{C,D} = mt_C - (m-1)t_D + (t_j - t_d) = 3 \times 5 - (3-1) \times 2 = 11$（天）；

由式（2-9）计算可得该工程的工期为：

$$
\begin{aligned}
T &= \sum K_{i,i+1} + T_n = K_{A,B} + K_{B,C} + K_{C,D} + mt_D \\
&= 2 + 4 + 11 + 3 \times 2 \\
&= 23（天）
\end{aligned}
$$

该工程的流水施工进度安排如图 2-5 所示。

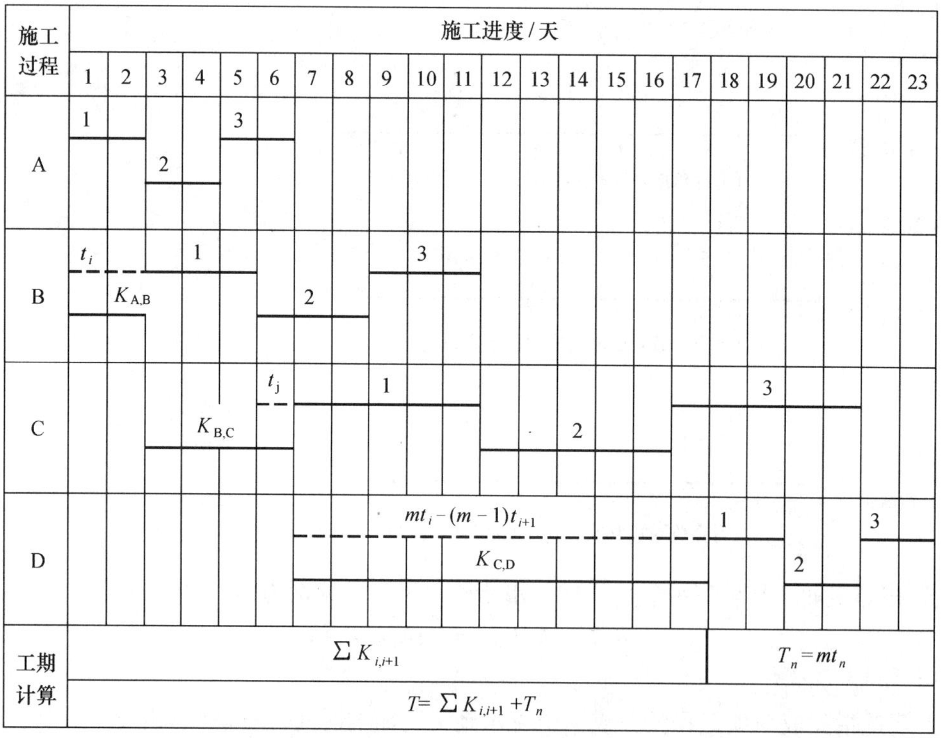

图 2-5 某工程流水施工进度安排

课题 3 流水施工的组织方法设计

流水施工的前提是节奏，没有节奏就无法组织流水施工，而节奏是由流水施工的节拍决定的。由于建筑工程的多样性，使得各分项工程的数量差异很大，从而要把施工过程在各施工段的工作持续时间都调整到一样是不可能的，经常遇到的大部分是施工过程流水节拍不相等，甚至一个施工过程在各流水段上流水节拍都不一样，因此形成了各种不同形式的流水施工。通常根据各施工过程的流水节拍不同，可分为无节奏流水施工和有节奏流水施工两大类，如图 2-6 所示。

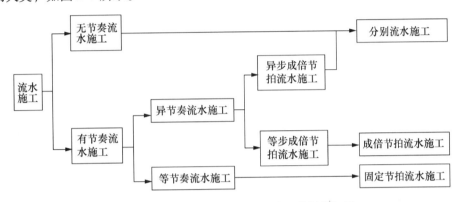

图 2-6 流水施工按流水节拍和步距的划分框图

从图 2-6 可知，流水施工可分为无节奏流水施工和有节奏流水施工两大类，而建筑工程流水施工中，常见的组织方式基本上可归纳为全等节奏流水施工、异节奏流水施工、成倍节拍流水施工和分别流水施工。

编制流水施工进度横道图，可以利用编制的建筑工程明细表，按照图 2-7 的框图步骤逐步深化，便很容易地完成一个单位工程流水施工进度图。

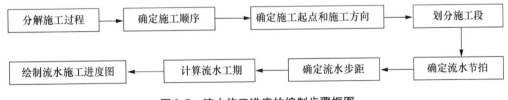

图 2-7 流水施工进度的编制步骤框图

3.1 等节奏流水施工

等节奏流水施工也称为全等节拍流水施工或固定节拍流水施工，是指所有施工过程在各施工段上的流水节拍全相等的一种流水施工组织方式。它是一种比较理想的、简单的流水组织方式，但并不普遍。为此在划分施工过程时，先确定主要施工过程的专业施工队的人数，进而计算出流水节拍。对劳动量较小的施工过程进行合并，使各施工过程的劳动量尽量接近，其他施工过程则据此流水节拍确定专业队的人数。同时进行上述调整时，还要考虑施工段的工作面和施工专业队的合理劳动组合，并适当加以调整，使其更加合理。

1. 等节奏流水施工的特点

（1）各施工过程的流水节拍均相等，有 $t_1 = t_2 = t_3 = \cdots = t_n =$ 常数。

（2）施工过程的专业施工队数等于施工过程数，因为每一施工段只有一个专业施工队。

（3）各施工过程之间的流水步距彼此相等，且等于流水节拍，即 $K_{i,i+1} = K = t$。

（4）专业施工队能够连续施工，没有闲置的施工段，使得施工在时间和空间上都连续。

（5）各施工过程的施工速度相等，均等于 mt。

2. 主要流水参数的确定

（1）流水步距等于流水节拍，不再赘述。

（2）施工段数 m 的划分。

① 以一层建筑为对象时，宜 $m = n$

② 多层建筑，有层间关系时：若无间歇时间，宜 $m = n$；若有间歇时间，为保证各施工过程的专业施工队都能连续施工，必须使 $m \geq n$。当 $m < n$ 时每施工层内施工过程窝工数为 $m - n$，若施工过程持续时间为 t，则每层的窝工时间 w 为：

$$w = (m - n)t = (m - n)K \tag{2-11}$$

若同一层楼内的各施工过程的技术和组织间歇时间为 t_{x1}，楼层间的技术和组织间歇时间为 t_{x2}，为保证施工专业队能连续施工，则必须使：

$$(m - n)K = t_{x1} + t_{x2} = \sum t_{j,i} + \sum t_{z,i} \tag{2-12}$$

由此可得出每层的施工段数的最小值，即：

$$m_{\min} = n + \frac{t_{x1} + t_{x2}}{K} = n + \frac{\sum t_{j,i} + \sum t_{z,i}}{K} \tag{2-13}$$

（3）流水段工期计算。若以 T 作为流水段的施工工期，则有

$$T = (m + n - 1)K + \sum t_{j,i} + \sum t_{z,i} - \sum t_{d,i} \tag{2-14}$$

式中：$\sum t_{j,i}$ ——各施工过程和楼层间的技术间歇时间之和；

$\sum t_{z,i}$ ——各施工过程和楼层间的组织间歇时间之和；

$\sum t_{d,i}$ ——各施工过程和楼层间的搭接时间之和。

提示：各公式代表符号下的脚标 j 表示技术间歇；z 表示组织间歇；d 表示搭接时间。

3. 等节奏流水施工的组织步骤

（1）确定项目施工起点流向，分解施工过程。

（2）确定施工顺序，划分施工段。（一般可取 $m = n$）

（3）确定流水节拍和流水步距。

（4）计算流水施工工期。

（5）绘制流水施工横道图。

4. 等节奏流水施工的适用范围

等节奏流水施工比较适用于分部工程流水（专业流水），不适用于单位工程，特别是大型的建筑群。因为等节奏流水施工虽然是一种比较理想的流水施工方式，它能保证专业班组的工作连续，工作面充分利用，实现均衡施工。但由于它要求划分的各分部、分项工程都采用相同的流水节拍，这对一个单位工程或建筑群来说，往往十分困难且不容易达

到。因此，实际应用范围不是很广泛。

5. 等节奏流水施工实例

【例2-3】 某分部工程划分为挖土（A）、垫层（B）、基础（C）、回填土（D）4个施工过程，每个施工过程分3个施工段，各施工过程的流水节拍均为4天，试组织等节奏流水施工。

【案例剖析】

（1）确定流水步距由等节奏流水的特征可知：

$$K = t = 4 \text{ 天}$$

（2）计算工期：

$$T = (m + n - 1) \times t = (4 + 3 - 1) \times 4 = 24 \text{（天）}$$

（3）用横道图绘制流水进度计划，如图2-8所示。

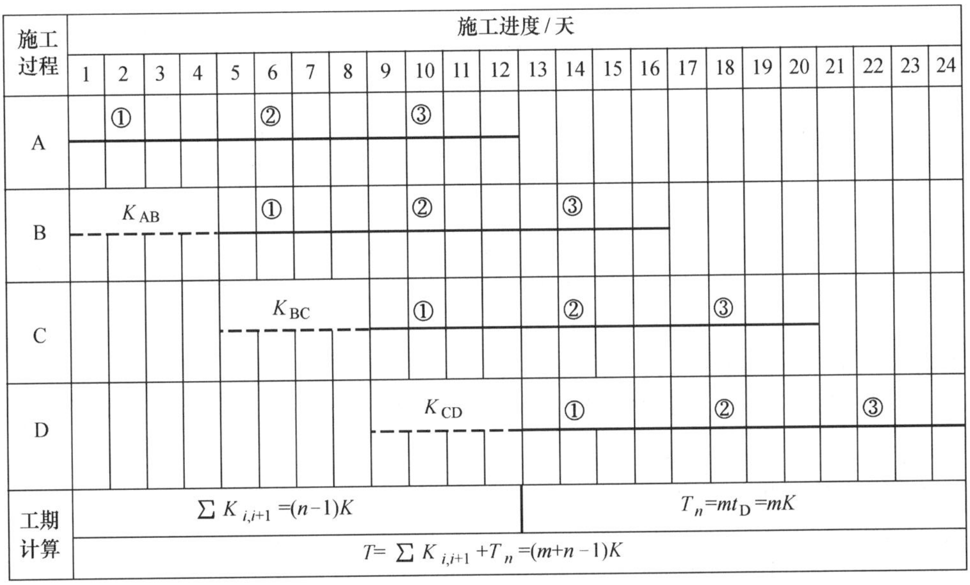

施工过程	施工进度／天																							
	1	2	3	4	5	6	7	8	9	10	11	12	13	14	15	16	17	18	19	20	21	22	23	24
A		①				②				③														
B	K_{AB}					①				②				③										
C					K_{BC}					①				②				③						
D							K_{CD}							①				②				③		
工期计算	$\sum K_{i,i+1} = (n-1)K$												$T_n = mt_D = mK$											
	$T = \sum K_{i,i+1} + T_n = (m+n-1)K$																							

图2-8 某分部工程无间歇等节奏流水施工进度横道图

【例2-4】 某分部工程组织流水施工，它由开挖基槽、绑扎钢筋、浇混凝土、基础砌砖4个施工过程组成，每个施工过程划分为5个流水段，流水节拍均为4天，无间歇时间。试确定流水段施工工期并绘制流水段施工进度横道图。

【解题分析】 本例属于无间歇时间与搭接时间的固定节拍流水施工问题。

【案例剖析】 由题意可知：施工段数 $m = 5$，施工过程数 $n = 4$，流水节拍 $t = 4$ 天，流水步距 $K = t = t_i = 4$ 天；间歇及搭接时间 $\sum t_{j,i} = \sum t_{z,i} = \sum t_{d,i} = 0$ 天

故计算工期：

$$T = (m + n - 1)K + \sum t_{j,i} + \sum t_{z,i} - \sum t_{d,i}$$
$$= (5 + 4 - 1) \times 4 + 0 + 0 - 0$$
$$= 32 \text{（天）}$$

按上述已知条件及解答可绘制成如图 2-9 所示的流水施工进度横道图。

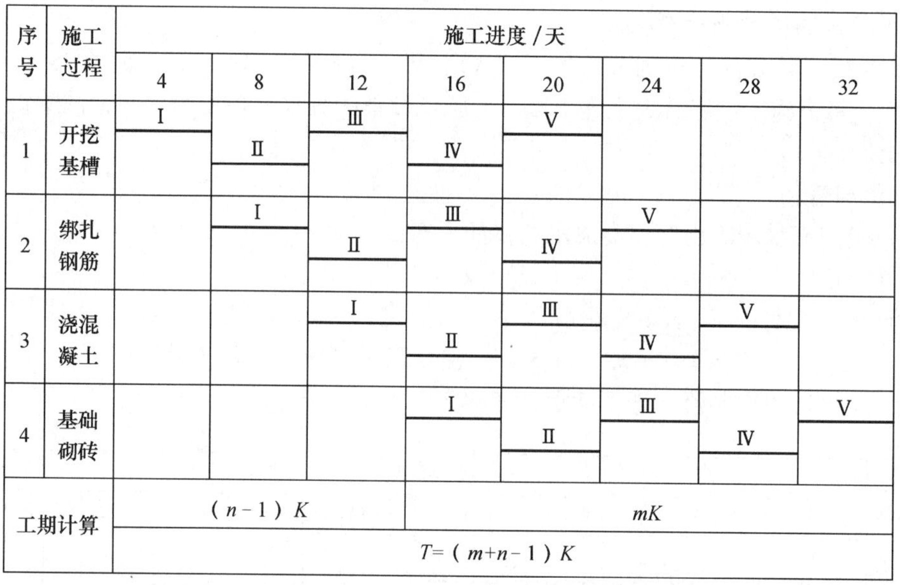

序号	施工过程	施工进度 / 天							
		4	8	12	16	20	24	28	32
1	开挖基槽	I	II	III	IV	V			
2	绑扎钢筋		I	II	III	IV	V		
3	浇混凝土			I	II	III	IV	V	
4	基础砌砖				I	II	III	IV	V
工期计算		$(n-1)K$				mK			
		$T=(m+n-1)K$							

图 2-9　流水施工进度横道图

【例2-5】　某分部工程组织流水施工，由 A、B、C、D 4 个施工过程来完成，划分为两个施工层（即二层楼层）组织流水施工，因施工过程 A 为混凝土浇筑，完成后需养护 1 天，且需层间组织间歇时间 1 天，流水节拍为 2 天。试确定施工段数，计算流水施工工期并绘制流水施工进度横道图。

【特别提示】　本例属于有间歇时间但无搭接时间的固定节拍流水施工问题。

【案例剖析】　由题意可知：$t = K = 2$ 天，（混凝土养护）技术间歇 $t_j = 1$ 天，组织间歇 $t_z = 1$ 天，搭接时间 $t_d = 0$，施工过程数 $n = 4$。

（1）确定施工段数目。

直接利用式（2-12），代入已知数据得：

$$m_{\min} = n + \frac{t_{x1} + t_{x2}}{K} = n + \frac{\sum t_{j,i} + \sum t_{z,i}}{K} = 4 + \frac{(1+1)}{2} = 5$$

（2）计算流水施工工期。

按式（2-14），因楼层数（r）为 2，有层间间歇，故变换式（2-14）得：

$$T = (m + n \times r - 1)K + \sum t_{j,i} + \sum t_{z,i} - \sum t_{d,i} \tag{2-15}$$

式中：r ——楼层数目。

将各已知数据代入式（2-15）得：

$$\begin{aligned} T &= (m + n \times r - 1)K + \sum t_{j,i} + \sum t_{z,i} - \sum t_{d,i} \\ &= (5 + 4 \times 2 - 1) \times 2 + 1 + 1 + 1 - 0 \\ &= 27 \text{（天）} \end{aligned}$$

（3）绘制流水施工进度横道图，如图 2-10 所示。

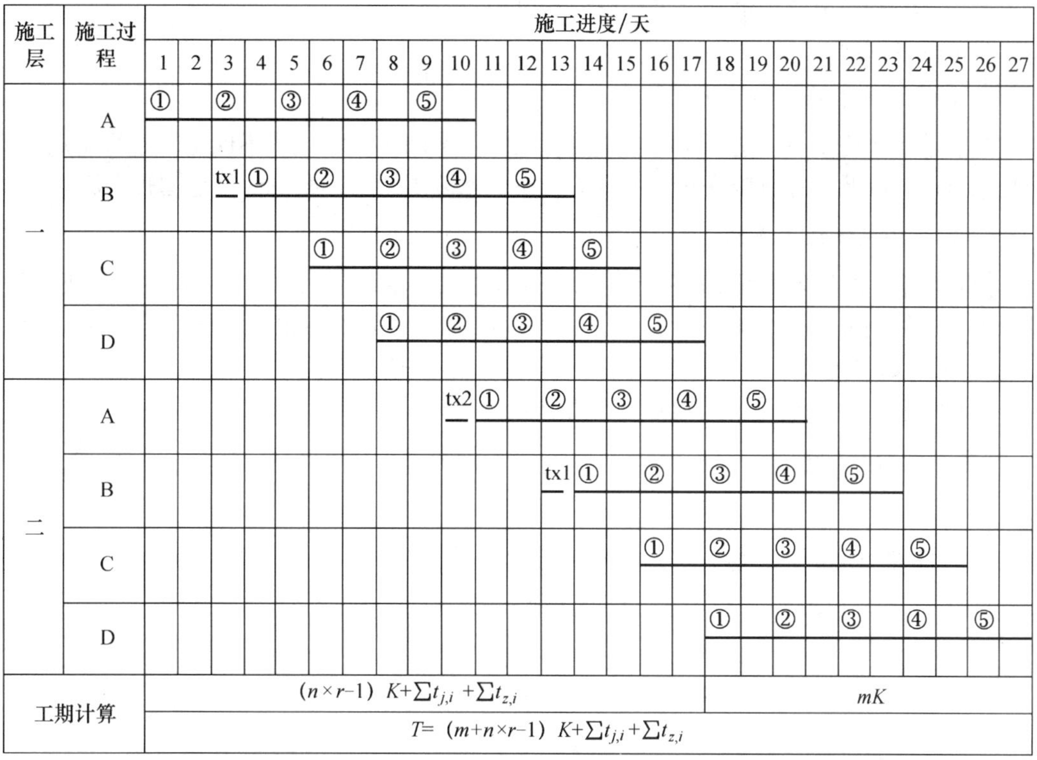

施工层	施工过程	施工进度/天																										
		1	2	3	4	5	6	7	8	9	10	11	12	13	14	15	16	17	18	19	20	21	22	23	24	25	26	27
一	A	①		②		③		④		⑤																			
	B			tx1 ①		②		③		④		⑤																	
	C						①		②		③		④		⑤														
	D								①		②		③		④		⑤												
二	A												tx2 ①		②		③		④		⑤								
	B														tx1 ①		②		③		④		⑤						
	C																①		②		③		④		⑤				
	D																		①		②		③		④		⑤		
工期计算		$(n\times r-1)\ K+\sum t_{j,i}+\sum t_{z,i}$																	mK										
		$T=\ (m+n\times r-1)\ K+\sum t_{j,i}+\sum t_{z,i}$																											

图 2-10　流水施工进度横道图

3.2　异节奏流水施工

异节奏流水施工又称为异节拍流水施工，是指同一施工过程在各施工段上的流水节拍相等，但不同施工过程的流水节拍不完全相等的一种流水施工方式。

1. 异节拍流水施工的特点

（1）同一施工过程在各施工段上的流水节拍相等，而不同施工过程的流水节拍不完全相等。

（2）相邻施工过程的流水步距不一定相等。

（3）施工过程数就是专业施工队数。

（4）每个专业工作队都能够连续施工，施工段可能有空闲时间。

2. 主要流水参数的确定

（1）流水步距 $K_{i,i+1}$ 的确定，可由前述的累加数列错位法或图上分析法求得，也可用下式求得，即：

$$K_{i,i+1} = t_i \qquad （当 t_i < t_{i+1} 时） \qquad (2\text{-}16)$$

$$K_{i,i+1} = mt_i - (m-1)t_{i+1} \qquad （当 t_i \geqslant t_{i+1} 时） \qquad (2\text{-}17)$$

（2）工期计算 T：

$$T = \sum K_{i,i+1} + mt_n + \sum t_{j,i} + \sum t_{z,i} - \sum t_{d,i} \qquad (2\text{-}18)$$

式中：m ——施工段数；

t_n——最后一个施工过程的流水节拍。

其余符号同前。

3. 异节拍流水施工的适用范围

异节拍流水施工方式适用于单位或分部工程流水施工，它允许不同施工过程采用不同的流水节拍。因此，在进度安排上比全等节拍流水施工灵活，实际应用范围较广泛。

4. 异节拍流水施工实例

【例2-6】 某基础工程中的基础挖槽、绑扎钢筋、浇混凝土、基础砌砖4个施工过程，每个施工过程划分为4个施工段，每个施工过程的流水节拍均相等，分别是1天、2天、2天、1天。试确定流水段的施工工期并绘制流水施工进度横道图。

【特别提示】 本例属于无间歇时间与搭接时间的异节拍流水施工问题。

【案例剖析】 由题意可知：$m = 4$，$n = 4$，t_i 分别为 1、2、2、1 天，$\sum t_{j,i} = \sum t_{z,i} = \sum t_{d,i} = 0$

（1）计算流水步距，按式（2-16）与式（2-17）得：

$$K_{1-2} = t_1 = 1 \text{ 天}；$$
$$K_{2-3} = t_2 = 2 \text{ 天}；$$
$$K_{3-4} = mt_i - (m-1)t_{i+1}$$
$$= 4 \times 2 - (4-1) \times 1 = 5 \text{（天）}$$

（2）计算流水段施工工期，按式（2-18）得：

$$T = \sum K_{i,i+1} + mt_n + \sum t_{j,i} + \sum t_{z,i} - \sum t_{d,i}$$
$$= (1+2+5+4) \times 1 + 0 + 0 - 0$$
$$= 12 \text{（天）}$$

（3）绘制流水施工进度横道图，如图2-11所示。

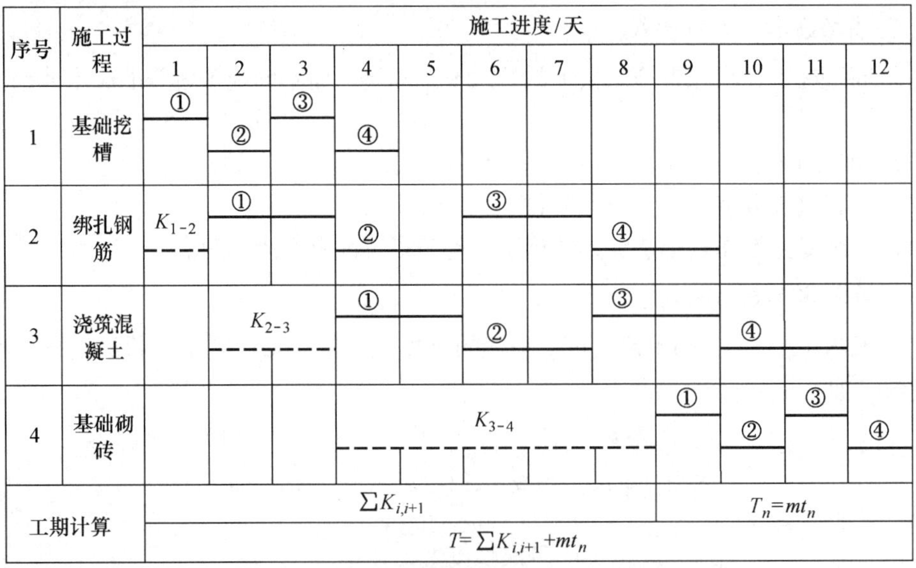

图2-11 流水施工进度横道图

【例2-7】　某工程划分为 A、B、C、D 4 个施工过程，分 3 个施工段组织施工，各施工过程的流水节拍分别为 $t_A = 3$ 天，$t_B = 4$ 天，$t_C = 5$ 天，$t_D = 3$ 天；施工过程 B 施工完成后有 2 天的技术间歇时间，施工过程 D 与 C 搭接 1 天。试求各施工过程之间的流水步距及该工程的工期，并绘制流水施工进度横道图。

【案例剖析】

（1）确定流水步距。

根据上述条件及相关公式，各流水步距计算如下：

因为 $t_A < t_B$，所以

$$K_{A,B} = t_A = 3 \text{ 天}$$

因为 $t_B < t_C$，所以

$$K_{B,C} = t_B = 4 \text{ 天}$$

因为 $t_C > t_D$，所以

$$K_{C,D} = mt_D - (m-1)t_C = 3 \times 5 - (3-1) \times 3 = 9 \text{（天）}$$

（2）流水工期：

$$T = \sum K_{i,i+1} + T_n + Z_{i,i+1} - \sum C_{i,i+1}$$
$$= (3 + 4 + 9) + 3 \times 3 + 2 - 1$$
$$= 26 \text{（天）}$$

（3）绘制施工进度横道图，如图 2-12 所示。

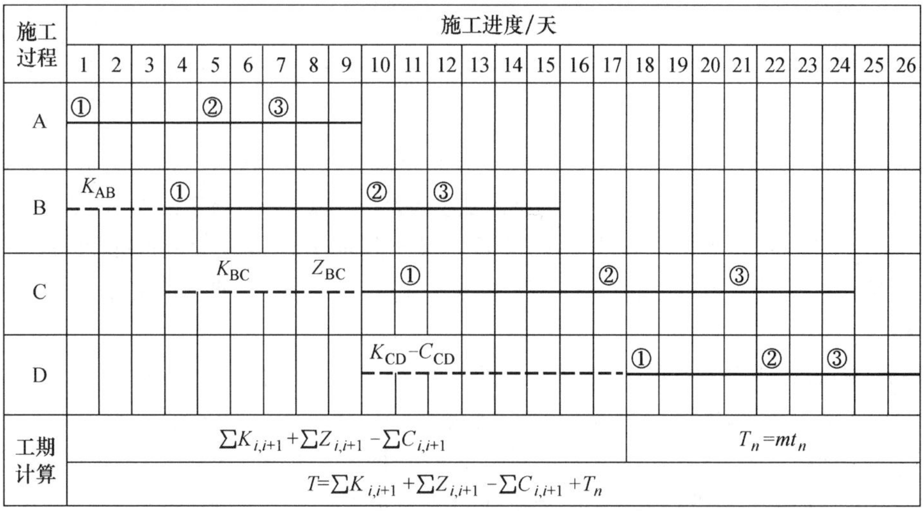

施工过程	施工进度/天																									
	1	2	3	4	5	6	7	8	9	10	11	12	13	14	15	16	17	18	19	20	21	22	23	24	25	26
A	①				②		③																			
B	K_{AB}			①							②		③													
C					K_{BC}			Z_{BC}		①							②				③					
D										$K_{CD}-C_{CD}$								①				②		③		
工期计算	$\sum K_{i,i+1} + \sum Z_{i,i+1} - \sum C_{i,i+1}$																$T_n = mt_n$									
	$T = \sum K_{i,i+1} + \sum Z_{i,i+1} - \sum C_{i,i+1} + T_n$																									

图 2-12　某工程异步距异节拍流水施工进度横道图

3.3　成倍节拍流水施工

成倍节拍流水施工是固定节拍流水施工的一个特例，在组织固定节拍流水施工时，可能遇到非主导施工过程所需劳动力、施工机械超过了施工段上工作面所能容纳的数量的情况，这时非主导施工过程只能按施工段所能容纳的劳动力或机械的数量来确定流水节拍，从而可能会出现某些施工过程的流水节拍为其他施工过程的流水节拍的倍数，即形成两个或两个以上的专业施工队在同一施工段内流水作业，从而形成成倍节拍流水的情况。

成倍节拍流水是指同一施工过程在各施工段上的流水节拍相等，不同施工过程之间的流水节拍不完全相等，但各施工过程的流水节拍均为其中最小流水节拍的整数倍的流水施工方式。

1. 成倍节拍流水施工的特点

（1）同一施工过程在各施工段上的流水节拍均相等，即 $t_j = t_i$，不同施工过程在同一施工段上的流水节拍之间存在一个最大公约数，各流水节拍等于该最大公约数的不同整倍数，即 $K = $ 最大公约数$(t_1, t_2, \cdots, t_n)$。

（2）各专业施工队伍之间的流水步距彼此相等，且等于流水节拍的最大公约数 K。

（3）每个施工过程的班组数等于本过程流水节拍与最小流水节拍的比值，同时专业施工队总数 n' 大于施工过程数 n。

$$b = \frac{t_i}{t_{\min}}$$

式中：b ——某施工过程所需的班组数；

$t_{\min}$ ——最小流水节拍。

（4）能够连续作业，施工段也没有空置，使得流水施工在时间和空间上都连续。

（5）各施工过程的持续时间之间也存在公约数 K。

（6）成倍流水施工因增加了专业施工队的数量，故加快了施工过程的速度，从而缩短了总工期。

【特别提示】 从上述特点分析可以看出：成倍节拍流水施工是通过对流水节拍大的施工过程相应增加班组，使它转换为步距 $K = t_{\min}$ 的等节奏流水施工。

2. 成倍节拍流水施工的组织方式

首先，根据工程对象和施工要求，划分若干个施工过程；其次，根据各施工过程的内容、要求及其工程量，计算每个施工段所需的劳动量；接着根据施工班组人数及组成，确定劳动量最少的施工过程的流水节拍；最后，确定其他劳动量较大的施工过程的流水节拍，用调整施工班组人数或其他技术组织措施的方法，使它们的节拍值分别等于最小节拍值的整倍数。

【特别提示】 成倍节拍流水的组织方式，与采用"两班制"、"三班制"的组织方式不同："两班制"、"三班制"的组织方式是指同一个专业队在同一施工段上连续作业 16 小时（"两班制"）或 24 小时（"三班制"）；或安排两个专业队在同一个施工段上各作业 8 小时，累计 16 小时（"两班制"）或安排三个专业队在同一个施工段上各作业 8 小时累积 24 小时（"三班制"）。在进度计划反映的流水节拍应为原流水节拍的 1/2（"两班制"）或 1/3（"三班制"）。而成倍节拍流水的组织方式是指增加的专业队和原有的专业队分别以交叉的方式安排在不同的施工段上进行作业，其流水节拍不会发生改变。

3. 成倍节拍流水施工的工期计算

（1）成倍节拍流水施工的流水施工的工期计算公式：

$$T = (m + n' - 1)K + \sum t_{j,i} + \sum t_{z,i} - \sum t_{d,i} \tag{2-19}$$

式中：m ——施工段数目；

n' ——专业工作队总数目；

K——流水步距，流水步距等于流水节拍最大公约数。

其余符号同前。

当流水施工对象有施工层，并且上一层施工与下一层施工存在搭接关系，如第二层第一施工段的楼板施工完成后才能进行第三层第一施工段的砌砖，则有施工层的成倍节拍流水施工的工期计算公式如下：

$$T = (N \cdot n' - 1)K + m \cdot t_n + \sum t_{j,i} + \sum t_{z,i} - \sum t_{d,i} \tag{2-20}$$

式中：N——施工层数目；

　　　t_n——最后一个施工过程的流水节拍。

　　　其余符号同前。

其中，专业工作队总数目 n' 的计算步骤如下。

① 计算每个施工过程成立的专业工作队数目，即：

$$b_j = \frac{t_j}{K} \tag{2-21}$$

式中：b_j——第 j 个施工过程的专业工作队数目；

　　　t_j——第 j 个施工过程的流水节拍。

② 计算专业工作队总数目：

$$n' = \sum b_j \tag{2-22}$$

（2）成倍节拍流水施工的工期计算的步骤如下。

第一步，确定施工段数目。

第二步，确定流水步距，流水步距等于流水节拍最大公约数。

第三步，确定各专业工作队数目。

第四步，确定专业工作队总数目 n'。

第五步，计算流水施工工期：

$$T = (m + n' - 1)K + \sum t_{j,i} + \sum t_{z,i} - \sum t_{d,i}$$

4. 成倍节拍流水施工的适用范围

成倍节拍流水施工方式比较适合线型工程（如道路、管道等）的施工，也适用于一般房屋建筑工程的施工。

5. 成倍节拍流水施工的工期计算实例

【例2-8】　某工程项目的分项工程由支模板、绑扎钢筋、浇筑混凝土三个施工过程组成，其流水节拍分别为9天、6天、3天，在平面上划分为6个施工段，采用成倍节拍流水施工组织方式。确定该工程成倍节拍流水施工工期，并绘制其流水施工进度横道图。

【特别提示】　本例属于成倍节拍流水施工的工期计算，无施工层、无间歇时间与搭接时间。

【案例剖析】　由题意可知：$m = 6$，$n = 3$，t_j 分别为9、6、3天，$\sum t_{j,i} = \sum t_{z,i} = \sum t_{d,i} = 0$

（1）确定流水步距：K = 最大公约数（9，6，3）= 3天

（2）确定各专业工作队数目。

支模板：$b_1 = \dfrac{t_1}{K} = \dfrac{9}{3} = 3$（个）

绑扎钢筋：$b_2 = \dfrac{t_2}{K} = \dfrac{6}{3} = 2$（个）

浇筑混凝土：$b_3 = \dfrac{t_3}{K} = \dfrac{3}{3} = 1$（个）

（3）确定专业工作队总数目：

$$n' = \sum b_j = 3 + 2 + 1 = 6 \text{（个）}$$

（4）计算流水施工工期：

$$
\begin{aligned}
T &= (m + n' - 1)K + \sum t_{j,i} + \sum t_{z,i} - \sum t_{d,i} \\
&= (6 + 6 - 1) \times 3 + 0 + 0 - 0 \\
&= 33 \text{（天）}
\end{aligned}
$$

（5）绘制该工程的成倍节拍流水施工进度横道图，如图2-13所示。

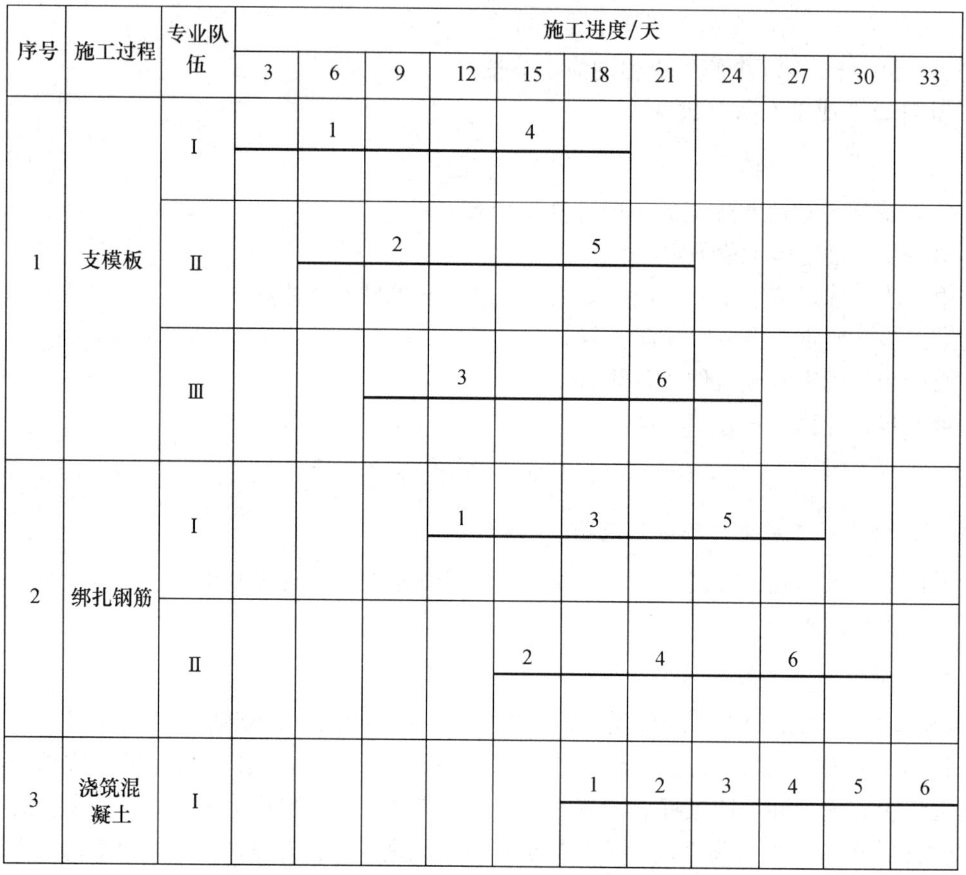

序号	施工过程	专业队伍	施工进度/天										
			3	6	9	12	15	18	21	24	27	30	33
1	支模板	Ⅰ		1			4						
		Ⅱ			2			5					
		Ⅲ				3			6				
2	绑扎钢筋	Ⅰ				1		3		5			
		Ⅱ					2		4		6		
3	浇筑混凝土	Ⅰ							1	2	3	4	5	6

图 2-13　某工程的成倍节拍流水施工进度横道图

3.4　无节奏流水施工

无节奏流水施工又称为分别流水施工，各施工过程在各施工段上的流水节拍无特定规律。由于没有固定节拍、成倍节拍的时间约束，因此进度安排上既灵活又自由，它是在工程实践中最常见、应用较普遍的一种流水施工组织方式。

1. 无节奏流水施工的特点

（1）各施工过程在各施工段上的流水节拍完全自由，无固定规律。

（2）各施工过程之间的流水步距一般均不相等，且差异较大。

（3）每个施工过程在每个施工段上均由一个专业施工队独立进行施工，也就是说施工队数 n' 等于施工过程数 n。

（4）每个专业施工队均能连续施工，但施工段可能空置。

2. 无节奏流水施工的适用范围

由上述特点可以看出，无节奏流水施工不像固定节拍流水施工和成倍节拍流水施工那样受到很大约束，即允许流水节拍自由，从而决定了流水步距也较自由，又允许空间（施工段）的空置。因此它能适应各种规模、各种结构形式、各种复杂工程的工程对象，所以也成了人们组织单位工程流水施工的最常用的方式。

3. 流水步距的确定

在无节奏流水施工中，通常采用"累加数列错位相减取大差法"计算流水步距。

4. 无节奏流水施工的工期计算

（1）无节奏流水施工的工期 T 计算公式如下：

$$T = \sum K + \sum t_n + \sum t_{j,i} + \sum t_{z,i} - \sum t_{d,i} \qquad (2\text{-}23)$$

式中：$\sum K$——所有流水步距之和，流水步距按"取大差"法计算；

　　　　$\sum t_n$——最后一个施工过程（或专业工作队）在各施工段上的流水节拍之和；

　　　　其余符号同前。

（2）无节奏流水施工的工期计算步骤如下。

第一步，求各施工过程流水节拍的累加数列。

第二步，相邻两施工过程的累加数列进行错位相减求得差数列。

第三步，在差数列中取最大值求得流水步距。

第四步，根据分别流水施工工期计算公式进行工期的计算并绘制横道图。

5. 无节奏流水施工的工期计算实例

【例 2-9】　某工程项目的分项工程有支模板、绑扎钢筋、浇筑混凝土 3 个施工过程组成，分为 4 个施工段进行流水施工，施工流向按施工段①至④的顺序进行，其流水节拍如表 2-5 所示。

表 2-5　流水节拍

施工过程编号	施工过程名称	施工段			
		①	②	③	④
Ⅰ	支模板	2	3	2	1
Ⅱ	绑扎钢筋	3	2	4	2
Ⅲ	浇筑混凝土	3	4	2	2

试计算该工程的流水施工工期，并绘制其流水施工横道计划图。

【**特别提示**】 本例属于无节奏流水施工的工期计算，无间歇时间与搭接时间。

【**案例剖析**】

（1）计算各施工过程流水节拍的累加数列。

施工过程Ⅰ　2　5　7　8
施工过程Ⅱ　3　5　9　11
施工过程Ⅲ　3　7　9　11

（2）相邻两施工过程的累加数列进行错位相减求得差数列。

施工过程Ⅰ - Ⅱ：

Ⅰ	2	5	7	8	
Ⅱ	—	3	5	9	11
相减结果	2	2	2	−1	−11

（含弃负数）取最大值得流水步距 $K_{Ⅰ-Ⅱ}=2$

施工过程Ⅱ - Ⅲ：

Ⅱ	3	5	9	11	
Ⅲ	—	3	7	9	11
相减结果	3	2	2	2	−11

（含弃负数）取最大值得流水步距 $K_{Ⅱ-Ⅲ}=3$

（3）在差数列中取最大值分别求得流水步距（如上所求）：

施工过程Ⅰ、Ⅱ的流水步距：$K_{Ⅰ-Ⅱ} = \max\{2,2,2,-1,-11\} = 2$（天）

施工过程Ⅱ、Ⅲ的流水步距：$K_{Ⅱ-Ⅲ} = \max\{3,2,2,2,-11\} = 3$（天）

（4）计算工期并绘制横道图：

$$T = \sum K + \sum t_n + \sum t_{j,i} + \sum t_{z,i} - \sum t_{d,i}$$
$$= (2+3) + (3+4+2+2) + 0 + 0 - 0$$
$$= 16（天）$$

该工程的无节奏流水施工横道计划图如图 2-14 所示。

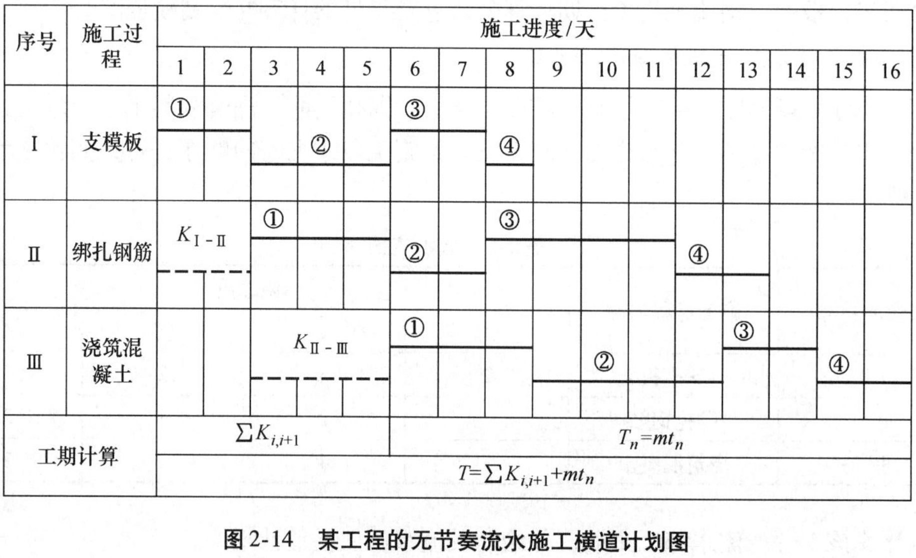

序号	施工过程	施工进度/天															
		1	2	3	4	5	6	7	8	9	10	11	12	13	14	15	16
Ⅰ	支模板	①			②		③		④								
Ⅱ	绑扎钢筋	$K_{Ⅰ-Ⅱ}$		①			②		③				④				
Ⅲ	浇筑混凝土			$K_{Ⅱ-Ⅲ}$			①			②				③		④	
工期计算		$\sum K_{i,i+1}$					$T_n=mt_n$										
		$T=\sum K_{i,i+1}+mt_n$															

图 2-14　某工程的无节奏流水施工横道计划图

【例2-10】　某现浇混凝土基础工程由支模板、绑扎钢筋、浇筑混凝土、拆模板和回填土5个分项工程组成。划分为4个施工段，各个分项工程在各个施工段上的持续时间如表2-6所示，施工流向为按施工段①至④顺序进行。混凝土浇筑后至拆模板至少要养护2天。

（1）根据该工程项目流水节拍的特点，可按何种流水施工方式组织施工？

（2）试确定该基础工程流水施工的流水步距、流水施工工期，并绘制其流水施工横道计划图。

【特别提示】　本例属于无节奏流水施工的工期计算，有间歇时间、无搭接时间。同时，应注意施工段的施工流向。

表2-6　各施工过程的持续时间

施工过程编号	施工过程名称	持续时间/天			
		①	②	③	④
Ⅰ	支模板	3	3	3	3
Ⅱ	绑扎钢筋	3	3	4	4
Ⅲ	浇筑混凝土	2	1	2	2
Ⅳ	拆模板	1	2	1	1
Ⅴ	回填土	2	1	2	2

【案例剖析】

（1）根据该工程项目流水节拍的特点，可按分别流水施工方式组织施工。

（2）该基础工程流水施工的流水步距，流水施工工期计算如下。

① 求各施工过程流水节拍的累加数列。

施工过程Ⅰ　　3　6　9　12
施工过程Ⅱ　　3　6　10　14
施工过程Ⅲ　　2　3　5　7
施工过程Ⅳ　　1　3　4　5
施工过程Ⅴ　　2　3　5　7

② 相邻两施工过程的累加数列进行错位相减求得差数列。

施工过程Ⅰ－Ⅱ：

Ⅰ		3	6	9	12	
Ⅱ	－		3	6	10	14
相减结果		3	3	3	2	−14

（舍弃负数）取最大值得流水步距$K_{Ⅰ-Ⅱ}=3$天

施工过程Ⅱ－Ⅲ：

Ⅰ		3	6	10	14	
Ⅱ	－		2	3	5	7
相减结果		3	4	7	9	−7

（舍弃负数）取最大值得流水步距$K_{Ⅱ-Ⅲ}=9$天

施工过程Ⅲ-Ⅳ:

Ⅰ		2	3	5	7	
Ⅱ	-		1	3	4	5
相减结果		2	2	2	3	-5

（舍弃负数）取最大值得流水步距 $K_{Ⅲ-Ⅳ}=3$ 天

施工过程Ⅳ-Ⅴ:

Ⅰ		1	3	4	5	
Ⅱ	-		2	3	5	7
相减结果		1	1	1	0	-7

（舍弃负数）取最大值得流水步距 $K_{Ⅳ-Ⅴ}=1$ 天

③ 计算该工程的流水施工工期并绘制横道图

$$T = \sum K + \sum t_n + \sum t_{j,i} + \sum t_{z,i} - \sum t_{d,i}$$
$$= (3+9+3+1) + (2+1+2+2) + 2 + 0 - 0$$
$$= 25 （天）$$

绘制该工程的分别流水施工横道计划图如附图 2-15 所示。

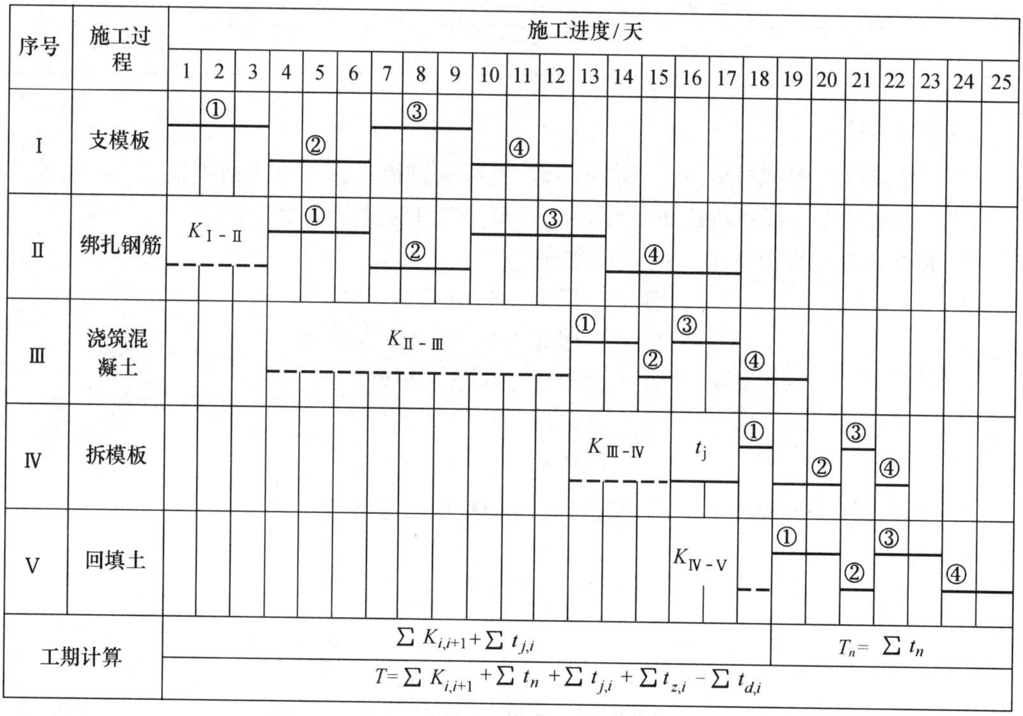

图 2-15　某基础工程无节奏流水施工横道计划图

【例 2-11】　某工程有 A、B、C、D、E 5 个施工过程，平面上划分成 4 个施工段，每个施工过程在各个施工段上的流水节拍如表 2-7 所示。规定 B 完成后有 2 天的技术间歇时间，D 完成后有 1 天的组织间歇时间，A 与 B 之间有 1 天的平行搭接时间，试编制流水施工方案。

表 2-7 某工程流水节拍

施工段 施工过程	Ⅰ	Ⅱ	Ⅲ	Ⅳ
A	3	2	2	4
B	1	3	5	3
C	2	1	3	5
D	4	2	3	3
E	3	4	2	1

【案例剖析】 根据题设条件可知该工程只能组织无节奏流水施工。

（1）求流水节拍的累加数列。

某工程流水节拍的累加数列计算如表 2-8 所示。

表 2-8 某工程流水节拍

施工过程	累加数列结果			
A	3	5	7	11
B	1	4	9	12
C	2	3	6	11
D	4	6	9	12
E	3	7	9	10

（2）确定流水步距。

① 求施工过程 A 与 B 的流水节拍 K_{AB}

```
A        3      5      7      11
B      —        1      4      9      12
相减结果   3      4      3      2      -12
```

（舍弃负数）取最大值得流水步距 $K_{AB} = 4$

② 求施工过程 B 与 C 的流水节拍 K_{BC}

```
B        1      4      9      12
C      —        2      3      6      11
相减结果   1      2      6      6      -11
```

（舍弃负数）取最大值得流水步距 $K_{BC} = 6$

③ 求施工过程 C 与 D 的流水节拍 K_{CD}

```
C        2      3      6      11
D      —        4      6      9      12
相减结果   2      -1     0      2      -12
```

（舍弃负数）取最大值得流水步距 $K_{CD} = 2$

④ 求施工过程 D 与 E 的流水节拍 K_{DE}

C		4	6	9	12
D	—		3	7	9	10
相减结果		4	3	2	3	−10

（舍弃负数）取最大值得流水步距 $K_{DE}=4$

（3）确定流水工期。

$$T = \sum K_{i,i+1} + \sum t_n + Z_{i,i+1} - \sum C_{i,i+1}$$
$$= (4+6+2+4) + (3+4+2+1) + 2 + 1 - 1$$
$$= 28 \ (\text{天})$$

（4）绘制流水施工进度图，如图 2-16 表示。

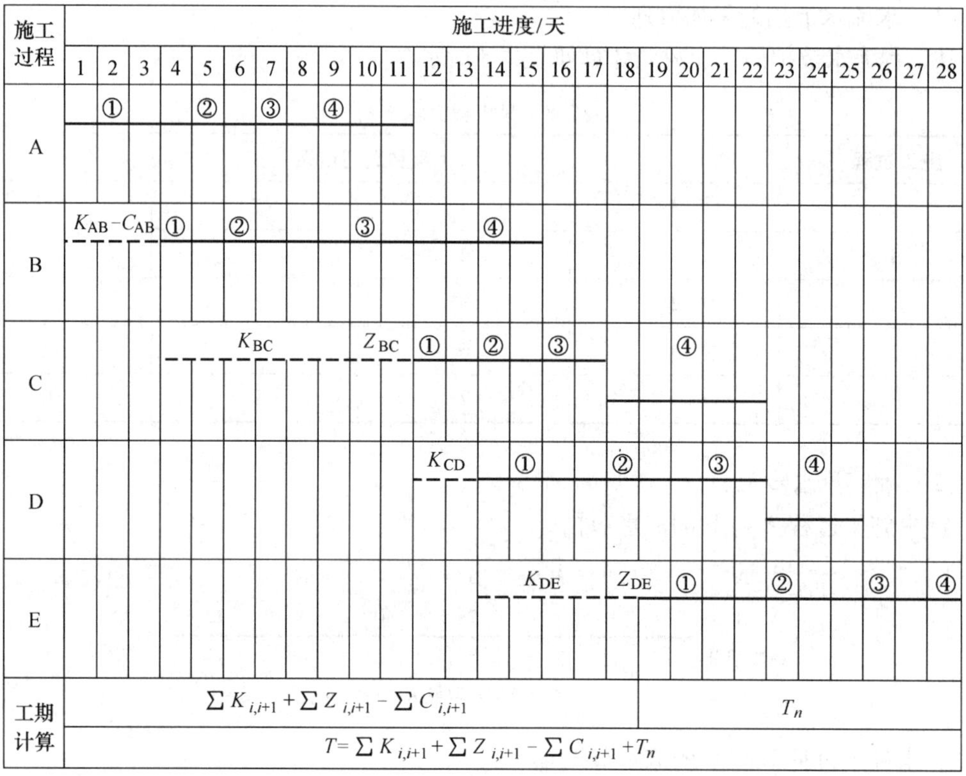

施工过程	施工进度/天																											
	1	2	3	4	5	6	7	8	9	10	11	12	13	14	15	16	17	18	19	20	21	22	23	24	25	26	27	28
A		①			②		③		④																			
B	$K_{AB}-C_{AB}$ ①		②			③				④																		
C				K_{BC}					Z_{BC} ①		②		③			④												
D							K_{CD}	①		②		③			④													
E									K_{DE}		Z_{DE} ①		②		③		④											
工期计算	$\sum K_{i,i+1} + \sum Z_{i,i+1} - \sum C_{i,i+1}$																	T_n										
	$T = \sum K_{i,i+1} + \sum Z_{i,i+1} - \sum C_{i,i+1} + T_n$																											

图 2-16　某工程无节奏流水施工进度计划图

 实训课堂

实训二　流水施工的应用

在建筑工程施工中，流水施工是一种行之有效的科学组织施工的计划方法。编制施工进度计划时应根据施工对象的特点，选择适当的流水施工组织方式组织施工，以保证施工的节奏性、均衡性和连续性。

一、选择流水施工方式的思路

（1）根据工程具体情况，将单位工程划分为若干个分部工程流水，然后根据需要再划分成若干个分项工程流水，最后根据组织流水施工的需要，将若干个分项工程划分成若干个劳动量大致相等的施工段，并在各个流水段上选择施工班组进行流水施工。

（2）分项工程的施工过程数不宜过多，在工程条件允许的情况下尽可能组织等节拍流水施工方式，因为全等节拍的流水施工方式是一种最理想、最合理的流水施工方式。

（3）若分项工程的施工过程数目过多，要使其流水节拍相等比较困难，因此，可考虑流水节拍的规律，分别选择异节拍、成倍节拍和无节奏流水的施工组织方式。

二、选择流水施工方式的前提条件

（1）施工段的划分应满足要求。

（2）满足合同工期、工程质量、安全的要求。

（3）满足现有的技术和机械设备以及人力的现实条件。

三、流水施工的组织步骤

（1）熟悉施工图纸，收集相关的资料。

（2）划分分部分项工程。

（3）划分施工段。

（4）考虑各分项工程预算工程量，适当合并项目。

（5）考虑施工方案，套用相关机械或人工消耗量定额，计算劳动量。

（6）用倒排计划法或定额计划法确定各分项工程班组人数、工作班制，计算机械或班组施工天数。

（7）对各个分部工程按照某种流水施工组织方式，组织流水。

（8）将各分部工程流水汇总形成单位工程流水。

（9）检查、调整。

（10）正确绘制流水施工进度计划横道图。

四、流水施工实例

【例2-12】 某六层单元混合结构住宅的基础工程。

施工过程分为以下几个阶段

（1）土方开挖，采用一台挖土机。

（2）铺设垫层。

（3）绑扎钢筋。

（4）浇筑混凝土。

（5）砌砖基础。

（6）回填土，采用一台挖土机。

各施工过程的工程量及每一日（或台班）产量定额如表2-9所示。

【案例剖析】 分析表2-9所给的条件，可以看出铺设垫层施工过程的工程量较少；回填土也采用挖土机，与挖土相比，数量少得多。因此，为简化计算，可将垫层和回填土这两个施工过程所需要的时间作为组织间歇时间来处理，各自预留一天时间，总的组织间歇为 $\sum t_{j,i} = 2$ 天。

表 2-9　施工过程工程量及产量定额

施工过程	工程量	单位	产量定额	人数（台班）	流水节拍/天
挖土	560	m³	65	1	2
铺设垫层	32	m³			
绑扎钢筋	7 600	kg	450	2	2
浇筑混凝土	150	m³	1.5	12	2
砌砖基础	220	m³	1.25	22	2
回填土	300	m³	65	1	

另外，浇筑混凝土和砌砖基础之间的技术间歇也留 2 天，即 $\sum t_{z,i} = 2$ 天。从而该基础工程的施工过程数可按 $n = 4$ 进行计算。

显然，这个基础工程能组织成全等节拍流水施工。但是在施工段的划分上，应使各施工过程的劳动量在各段上基本相等。首先，根据建筑物的特征，可按房屋单元分界，划分 4 个施工段即 $m = 4$。接着，找出其中的主导施工过程，一般应取工程量大的，施工组织条件（即配备的劳动力或机械设备）已经确定的施工过程作为主导施工过程。本例土方开挖由一台挖土机完成，这是确定的条件，所以可列为主导施工过程。其流水节拍为：

$$t = \frac{560}{4 \times 65 \times 1} \approx 2 （天）$$

其余施工过程，可根据主导施工过程所确定的流水节拍，反算出所需要的人数。

绑扎钢筋：
$$R_2 = \frac{7\ 600}{4 \times 450 \times 2} \approx 2 （人）$$

浇混凝土：
$$R_3 = \frac{150}{4 \times 1.5 \times 2} \approx 12 （人）$$

砌砖基础：
$$R_3 = \frac{220}{4 \times 1.25 \times 2} \approx 22 （人）$$

根据计算所求的施工人数，应复核施工段的工作面是否够，不够应重新考虑。

该基础工程的流水施工工期为：

$$T = (4 + 4 - 1) \times 2 + 2 + 2 = 18 （天）$$

绘制流水进度计划，如图 2-17 所示。

【例 2-13】　某三层现浇钢筋混凝土框架结构，划分为三个温度区段，施工工期为 65 天，其主体结构劳动量如表 2-10 所示。

【案例剖析】

具体组织施工方法如下。

（1）划分施工过程。本工程框架结构采用以下施工顺序：绑扎柱钢筋、支柱模板、支主梁模板、支次梁模板、支板模板、绑扎梁钢筋、绑扎板钢筋、浇筑柱混凝土、浇筑梁和板混凝土。根据施工顺序和劳动组织，划分以下 4 个施工过程：绑扎柱钢筋、支模板、绑扎梁板钢筋和浇筑混凝土。各施工过程中均包括楼梯间部分。

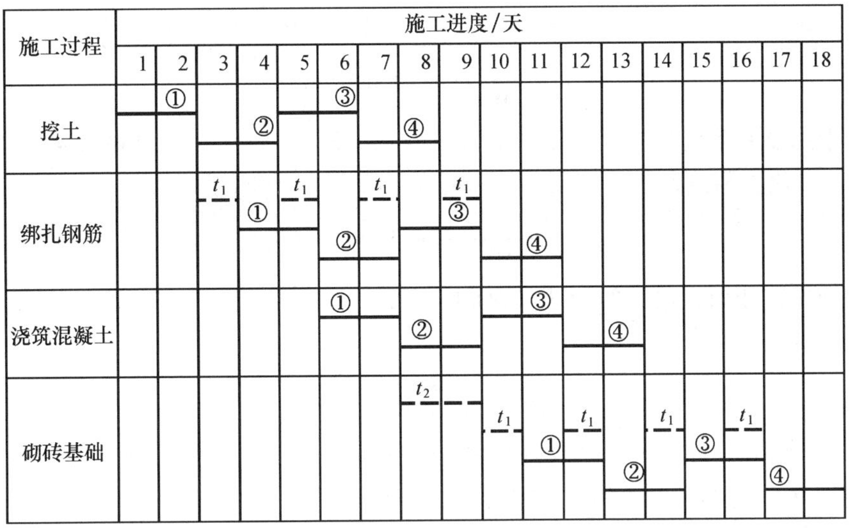

图 2-17　某六层单元混合结构住宅基础工程的流水进度计划

表 2-10　某框架主体结构劳动量一览表

结构部分	分项名称		每层每个温度区段的劳动量/工日		
			一层	二层	三层
框架	支模板	柱	28	26	26
		梁	56	56	58
		板	22	22	21
	绑扎钢筋	柱	26	26	24
		梁	28	28	29
		板	26	26	27
	浇筑混凝土	柱	68	63	63
		梁	122	122	122
		板			
楼梯	支模板		6	6	—
	绑扎钢筋		3	3	—
	浇筑混凝土		15	15	—

（2）划分施工段。考虑结构的整体性，利用温度缝作为分界线，每层划分为三个施工段，此时 $m < n$，工作队会出现窝工现象。所以，本例将主导施工过程连续施工，其余工作队与其他的工地统一考虑调度安排。由于各施工过程在每层劳动量相差幅度均小于15%，故用异节拍（有间断）流水法组织施工。该工程各施工过程中，支模板比较复杂，且劳动量较大，所以支模板为主导施工过程。

（3）确定流水节拍和各工作队人数。

① 支模板每段最大的劳动量为 28 + 56 + 22 + 6 = 112（工日），工作队人数为 20 人，采用一班制，其流水节拍为：

$$t_{支模} = \frac{112}{20 \times 1} = 5.6 \approx 6（天）$$

② 绑扎柱钢筋每段最大的劳动量为 26 工日，工作队人数为 10 人，采用一班制，其流

水节拍为：

$$t_{柱筋} = \frac{26}{10 \times 1} = 2.6 \approx 3（天）$$

③ 绑扎梁板钢筋每段最大的劳动量为 28 + 26 + 3 = 57 工日，工作队人数为 10 人，采用一班制，其流水节拍为：

$$t_{梁板筋} = \frac{57}{10 \times 1} = 5.7 \approx 6（天）$$

④ 浇筑混凝土每段最大的劳动量为 68 + 112 + 15 = 205 工日，工作队人数为 50 人，采用两班制，其流水节拍为：

$$t_{混凝土} = \frac{205}{50 \times 2} \approx 2（天）$$

（4）确定施工工期。由于本例采用间断式流水施工，故无法用式（2-18）计算工期，需采用分析计算法。本例使绑扎梁板钢筋与支模板搭接施工 2 天，混凝土养护间歇时间 3 天。

$$\begin{aligned} T &= (\sum t - C) \times 3 + Z \times 2 + t_{梁板筋} \times 2 \\ &= [(3 + 6 + 6 + 2) - 2] \times 3 + 3 \times 2 + 6 \times 2 \\ &= 63（天） \end{aligned}$$

（5）绘制流水施工进度计划，如图 2-18 所示。

小　　结

本项目在介绍了常见组织施工方式的同时，主要介绍了流水施工基本概念，以及流水施工的组织方法和具体应用。

1. 施工组织的三种方式

平行施工：$T = \sum t_i$

顺序施工：$\begin{cases} 按段施工：T = m \sum t_i \\ 按过程施工：T = m \sum t_i \end{cases}$　各自特点及其优、缺点比较

流水施工：$T = \sum K_{i,i+1} + T_n$

2. 有关流水施工的概念

（1）流水施工定义。

（2）流水施工组织要点。

（3）流水施工三个参数：工艺参数、空间参数、时间参数。

（4）组织流水施工条件。

3. 常见流水施工组织方法的分类以及计算

流水施工根据节奏特征可分为有节奏流水和无节奏流水两大类，有节奏流水又可以根据各过程流水节拍是否相等，分为等节奏流水和异节奏流水，具体在各种流水施工方式的情况下，工期、步距等参数的计算如下：

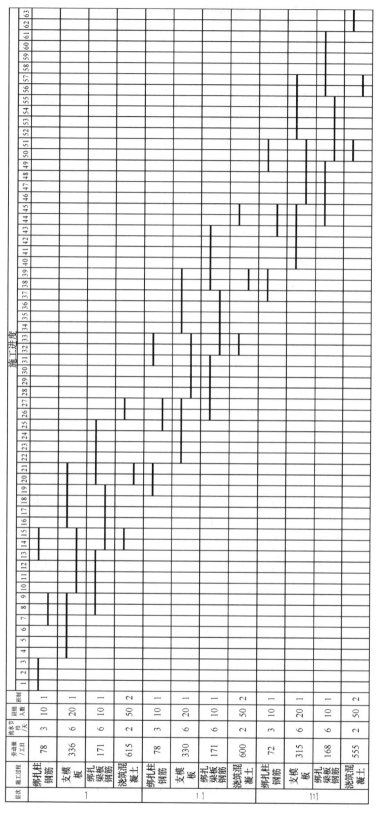

图2-18　某三层框架结构主体结构流水施工进度计划

$$\text{节奏特征}\begin{cases}\text{有节奏}\begin{cases}\text{等节奏}\begin{cases}\text{等节奏等步距流水：} T=(m+n-1)t,\ K_{i,i+1}=t=\text{常数}\\[6pt]\text{等节拍不等步距流水：} T=(m+n-1)t+\sum t_j-\sum t_d\\[6pt]K_{i,i+1}=t+t_j-t_d\end{cases}\\[18pt]\text{异节奏}\begin{cases}\text{加快成倍节拍：} T=(m+n'-1)t_{min}+\sum t_j-\sum t_d,\ n'=\sum b_i,\\[4pt]\text{一般情况，} K_b=t_{min},b_i=t_i/K_b\quad K_{i,i+1}=K_b\\[6pt]\text{不等节拍：} T=\sum K_{i,i+1}+T_N,\text{其中 } K_{i,i+1}\text{ 按一般步距公式计算}\\[6pt]K_{i,i+1}=\begin{cases}t_i+(t_j-t_d)\quad(t_i\le t_{i+1})\\ mt_i-(m-1)t_{i+1}+\sum t_j-\sum t_d\quad(t_i>t_{i+1})\end{cases}\end{cases}\end{cases}\\[24pt]\text{无节奏：} T=\sum K_{i,i+1}+T_n\end{cases}$$

无节奏：$T=\sum K_{i,i+1}+T_n$，其中，$K_{i,i+1}$ 按"累加数列，错位相减，取大差"的经验方法进行计算；T_n 表示最后一个施工过程的施工班组完成施工任务所用的时间。

推荐阅读资料

1. 中华人民共和国国家标准《建筑施工组织设计规范》（GB/T 50502—2009）。
2. 《建筑施工手册（之施工组织设计）》第五版，中国建筑工业出版社。
3. 《建筑施工组织》钱大行，孙成城主编，大连理工大学出版社。
4. 《施工组织设计》卢青主编，机械工业出版社。

学习鉴定

一、填空题

1. 常用的施工组织方式有_____、_____、_____三种。
2. 流水施工的实质是充分利用_____和_____，实现_____的生产。
3. 流水施工的工艺参数包括_____和_____。
4. 流水施工的空间参数包括_____、_____和_____。
5. 流水施工的时间参数包括_____、_____、间歇时间、搭接时间和_____。
6. 确定流水节拍的方法有_____、_____和_____。

二、单选题

1. 下列叙述中，不属于顺序施工特点的是（　　　）。
   A. 工作面不能充分利用　　　　B. 专业队组不能连续作业
   C. 施工工期长　　　　　　　　D. 资源投入量大，现场临时设施增加
2. 当某项工程参与流水的专业队数为 5 个时，流水步距的总数为（　　　）。
   A. 3 个　　　　　　　　　　　B. 4 个
   C. 5 个　　　　　　　　　　　D. 6 个
3. 某基础工程由挖基槽、浇垫层、砌砖基础、回填土 4 个施工过程组成，在 5 个施工段组织全等节拍流水施工，流水节拍为 3 d，要求砖基础砌筑 2 d 后才能进行回填土，该工程的流水工期为（　　　）。
   A. 24 d　　　　　　　　　　　B. 26 d

C. 28 d
D. 30 d

4. 某工程 A、B、C 各施工过程的流水节拍分别为 $t_A = 2\,d$，$t_B = 4\,d$，$t_C = 6\,d$，若组织成倍流水，则 C 施工过程有（　　）个施工队参与施工。

A. 1
B. 2
C. 3
D. 4

5. A 在各段上的流水节拍分别为 3 d、2 d、4 d，B 的节拍分别为 3 d、3 d、2 d，C 的节拍分别为 1 d、2 d、4 d，则能保证各队连续作业时的最短流水工期为（　　）。

A. 15 d
B. 20 d
C. 25 d
D. 30 d

三、多选题

1. 流水施工按节奏分类，包括（　　）。

A. 有节奏流水
B. 无节奏流水
C. 变节奏流水
D. 综合流水
E. 细部流水

2. 组织流水施工时，划分施工段的主要目的是（　　）。

A. 可增加更多的专业队
B. 保证各专业队有自己的工作面
C. 保证流水的实现
D. 缩短施工工艺与组织间歇时间
E. 充分利用工作面、避免窝工，有利于缩短工期

3. 划分施工段时应考虑的主要问题有（　　）。

A. 各段工程量大致相等
B. 分段大小应满足生产作业要求
C. 段数越多越好
D. 有利于结构的完整性
E. 能组织等节奏流水

4. 下列不属于等节奏流水施工基本特征的是（　　）。

A. 流水节拍不等但流水步距相等
B. 流水节拍相等但流水步距不等
C. 流水步距相等且大于流水节拍
D. 流水步距相等且小于流水节拍
E. 流水步距相等且等于流水节拍

5. 无节奏流水施工的特征是（　　）。

A. 相邻施工过程的流水步距不尽相等
B. 各施工过程在各施工段的流水节拍不尽相等
C. 各施工过程在各施工段的流水节拍全相等
D. 专业施工队数等于施工过程数
E. 专业施工队数不等于施工过程数

四、名词解释

1. 流水施工。
2. 工作面。
3. 施工段。
4. 流水节拍。
5. 流水步距。

五、问答题

1. 组织施工的方式有哪几种？它们各有什么特点？

2. 流水作业的实质是什么？组织流水施工的条件是什么？

3. 组织流水施工的步骤是什么？

4. 施工段划分的基本要求是什么？

5. 什么是流水节拍、流水步距？流水节拍如何确定？

练习作业

1. 某装饰工程为两层，采取自上而下的流向组织流水施工，每层划分 5 个施工段，施工过程为砌筑隔墙、室内抹灰、安装门窗和喷刷涂料（各施工过程的工程量及产量定额如表 2-11 所示）。若限定流水节拍不得少于 2 d，油工最多只有 11 人，抹灰后需间歇 3 d 方准许安装门窗。试组织全等节拍流水施工并绘制流水进度表。

表 2-11   各施工过程的工程量及产量定额细目

序号	施工过程	工程量	产量定额	序号	施工过程	工程量	产量定额
1	砌筑隔墙	200 m³	1 m³/工日	3	安装门窗	1 500 m²	6 m²/工日
2	室内抹灰	7 500 m³	15 m³/工日	4	喷刷涂料	6 000 m²	20 m²/工日

2. 某工程项目有甲、乙、丙三个施工过程。根据工艺要求，各施工过程的流水节拍分别为 4 d、2 d、6 d，若该工程为两层，层间间歇为 2 d，要求乙施工后需间隔 2 d 丙方可施工，试组织成倍节拍流水施工并绘制流水进度表。

3. 某单层建筑分为 4 个施工段，有三个专业队进行流水施工，他们在各段上的流水节拍（d）如表 2-12 所示。要求甲队施工后须间歇至少 1 d 乙队才能施工。试按分别流水法组织施工并绘制流水施工进度表，要求保证各队连续作业。

表 2-12   各作业队在各段上的流水节拍

施工段 施工过程	第一段	第二段	第三段	第四段
甲队	2	3	3	3
乙队	2	3	2	2
丙队	2	2	3	2

4. 试组织某三层房屋由 Ⅰ、Ⅱ、Ⅲ、Ⅳ 4 个施工过程组成的分项工程流水作业。流水节拍分别为 4 天、2 天、2 天、4 天。已知 Ⅰ-Ⅱ 和 Ⅲ-Ⅳ 施工过程之间有技术间歇时间各为 1 天，层间技术间歇时间为 2 天，试确定流水步距、工作队数、施工段数、总工期，并绘制流水施工横道计划图。

5. 试根据表 2-13 所列数据，计算：

（1）各相邻施工过程之间的流水步距；

（2）总工期，并绘制流水施工进度计划图。

表 2-13 工期表

施工过程 \ 施工段	I	II	III	IV
A	3	2	4	2
B	2	3	2	1
C	6	5	1	3
D	4	2	5	5

实训任务

根据某住宅楼工程施工图纸（见附录），编制主体工程流水施工组织设计并绘制横道图施工进度计划。

网络计划技术

 问题引入

网络计划技术是 20 世纪 50 年代后期为了适应工业生产发展和复杂科学研究工作开展需要而发展起来的一种科学管理方法，它是目前最先进的计划管理方法。由于这种方法逻辑严密，主要矛盾突出，主要用于进度计划编制和实施控制，有利于计划的优化调整和电子计算机的应用。因此，它在缩短建设工期、提高功效、降低成本以及提高管理水平等方面取得了显著的效果。我国于 20 世纪 60 年代开始引进和应用这种方法，目前网络计划技术已经广泛应用于投标、签订合同及进度和成本控制。下面就来学习有关网络计划的技术知识。

 知识课堂

课题 1　网络计划概述

1.1　基本概念

1. 网络图

网络图是由箭线和节点组成的，用来表示工作流程的有向、有序的网状图形。

2. 网络计划

网络计划是指用网络图表达任务构成、工作顺序并加注工作时间参数的进度计划。因此，提出一项具体工程任务的网络计划安排方案，就必须首先要求绘制网络图。

3. 网络计划技术

利用网络图的形式表达各项工作之间的相互制约和相互依赖关系，并分析其内在规律，从而寻求最优方案的方法称为网络计划技术。

1.2　网络计划的基本原理和特点

1. 网络计划的基本原理

（1）把一项工程的全部建造过程分解成若干项工作，按照各项工作开展的先后顺序和相互之间的逻辑关系用网络图的形式表达出来。

（2）通过网络图各项时间参数的计算，找出计划中关键工作、关键线路和计算工期。

（3）通过网络计划优化，不断改进网络计划的初始安排，找到最优的方案。

（4）在计划的实施过程中，通过检查、调整，对其进行有效的控制和监督，以最小的资源消耗，获得最大的经济效益。

2. 网络计划的特点

1）优点

（1）把整个网络计划中的各项工作组成一个有机整体，能够全面、明确地反映各项工作开展的先后顺序，同时能反映各项工作之间相互制约和相互依赖的关系。

（2）能够通过时间参数的计算，确定各项工作的开始时间和结束时间等，找出影响工程进度的关键，可以明确各项工作的机动时间，以便于管理人员抓住主要矛盾，更好地支配人、财、物等资源。

（3）在计划执行过程中进行有效的监测和控制，以便合理使用资源，优质、高效、低耗地完成预定的工作。

（4）通过网络计划的优化，可在若干个方案中找到最优方案。

（5）网络计划的编制、计算、调整、优化都可以通过计算机协助完成。

2）缺点

（1）表达计划不直观、不形象，从图上很难看出流水作业的情况。

（2）很难依据普通网络计划（非时标网络计划）计算资源的日用量，但时标网络计划可以克服这一缺点。

（3）编制较难，绘制较麻烦。

3. 网络计划的种类和编制流程

网络图形式多样，所以网络计划技术有许多种类。根据绘图符号表示的含义不同，网络计划可以分为双代号网络计划和单代号网络计划；按工作持续时间是否受时间标尺的制约，网络计划可分为时标网络计划和非时标网络计划；按是否在网络图中表示不同工作（工程活动）之间的各种搭接关系，网络计划可分为搭接网络计划和非搭接网络计划。

建设工程施工项目网络计划编制的流程：调查研究确定施工顺序及施工工作组成；理顺施工工作的先后关系并用网络图表示；计算或计划施工工作所需持续时间；制订网络计

划；不断优化、控制、调整。

网络计划技术不仅是一种科学的管理方法，同时也是一种科学的动态控制方法。

知识课堂

课题2 双代号网络图的组成及其绘制

双代号网络计划目前在国内应用较为普遍，它易于绘制成带有时间坐标的网络计划而便于优化和使用。但逻辑关系表达比较复杂，常需使用虚工作。

2.1 双代号网络图的组成

双代号网络图由箭线、节点、节点编号、虚箭线、线路5个基本要素组成。对于每一项工作而言，其基本形式如图3-1所示。

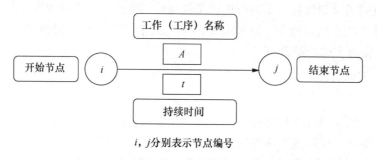

i, j 分别表示节点编号

图 3-1 双代号网络图中表示一项工作的基本形式

1. 箭线

1）作用

在双代号网络图中，一条箭线表示一项工作，又称为工序、作业或活动，如砌墙、抹灰等。而工作所包括的范围可大可小，既可以是一道工序，也可以是一个分项工程或一个分部工程，甚至是一个单位工程。

2）特点

每项工作的进行必然要占用一定的时间，往往也要消耗一定的资源（如劳动力、材料、机械设备）。对于不消耗资源，仅占用一定时间的施工工程，也应视为一项工作。例如，墙面刷涂料前抹灰层的"干燥"，这是由于技术上的需要而引起的间歇等待时间，虽然不消耗资源，但在网络图中也可作为一项工作，以一条箭线来表示。

3）表达形式与要求

（1）在无时标的网络图中，箭线的长短并不反映该工作占用时间的长短。箭线的形状可以是水平直线，也可以是折线或斜线，但最好画成水平直线或带水平直线的折线。在同一张网络图上，箭线的画法要统一。

（2）箭线所指的方向表示工作进行的方向，箭线的尾端表示该项工作的开始，箭头端则表示该项工作的结束。工作名称应标注在水平箭线的上方或垂直箭线的左侧，工作的持续时间（也称作业时间）则标注在水平箭线的下方或垂直箭线的右侧，如图3-1所示。

2. 节点

1）作用

在双代号网络图中，节点代表一项工作的开始或结束，用圆圈表示。箭线尾部的节点称为该箭线所示工作的开始节点，箭头处的节点称为该箭线所示工作的结束节点。在一个完整的网络图中，除了最前的起点节点和最后的终点节点外，其余任何一个节点都具有双重含义：既是前面工作的结束点，又是后面工作的开始点。

2）特点

节点仅为前后两项工作的交接点，只是一个"瞬间"概念，因此它既不消耗时间，也不消耗资源。

3. 节点编号

1）作用

在双代号网络图中，一项工作可以用其箭线两端节点内的号码来表示，以方便网络图的检查与计算。

2）编号要求

对一个网络图中的所有节点应进行统一编号，不得有缺编和重号现象。对于每一项工作而言，其箭头节点的号码应大于箭尾节点的号码，即顺箭线方向由小到大，图 3-1 中，j 应大于 i。

3）编号方法

编号宜在绘图完成、检查无误后，顺着箭头方向依次进行。当网络图中的箭线均为由左向右和由上至下时，可采取每行由左向右，由上至下逐行编号的水平编号法；也可采取每列由上至下，由左向右逐列编号的垂直编号法。为了便于修改和调整，可隔号编号。

4. 虚箭线

虚箭线又称为虚工作，表示一项虚拟的工作，用带箭头的虚线表示。由于是虚拟的工作，故没有工作名称和工作延续时间。箭线过短时可用实箭线表示，但其工作延续时间必须用"0"标出。

1）特点

由于是虚拟的工作，因此它既不消耗时间也不消耗资源。

2）作用

虚箭线可起到联系、区分和断路作用，是双代号网络图中表达一些工作之间的相互联系、相互制约关系，保证逻辑关系正确的必要手段。这在后面的绘图中，很容易理解和体会。

5. 线路

在网络图中，从起点节点开始，沿箭线方向连续通过一系列箭线与节点，最后到达终点节点所经过的通路称为线路。线路可依次用该通路上的节点代号来记述，也可依次用该通路上的工作名称来记述，如图 3-2 所示。

网络图的线路有：①→②→④→⑥（8 天）；①→②→③→④→⑥（10 天）；①→②→③→⑤→⑥（9 天）；①→③→④→⑥（14 天）；①→③→⑤→⑥（13 天）共五条线路。

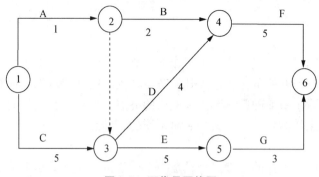

图3-2 双代号网络图

每条路线都有自己确定的完成时间，它等于该线路上各项工作持续时间的总和，也是完成这条路线上所有工作的计划工期。其中，第四条路线耗时（14天）最长，对整个工程的完工起着决定性的作用，称为关键线路；第五条线路（13天）称为次关键线路；其余的线路均称为非关键线路。处于关键线路上的各项工作称为关键工作，关键工作完成的快慢将直接影响整个计划工期的实现。关键线路上的箭线常采用粗箭线、双箭线或其他颜色箭线表示。

关键线路并不是一成不变的，在一定条件下，关键线路和非关键线路可以互相转化。当采取了一定的技术与组织措施，缩短了关键线路上各项工作的持续时间时，就有可能使关键线路发生转移，从而使原来的关键线路变成非关键线路，而原来的非关键线路却变成关键线路。

位于非关键线路上的工作除关键工作外，都称为非关键工作，它们都有机动时间（即时差）；非关键工作也不是一成不变的，它可以转化成关键工作；利用非关键工作的机动时间可以科学地、合理地调配资源和对网络计划进行优化。

2.2 双代号网络图的逻辑模型

1. 依次开始

三个工作依次开始双代号网络图的绘制如图3-3所示，逻辑关系如表3-1所示。

表3-1 三个工作依次开始的逻辑关系表

工作	A	B	C	工作	A	B	C
紧后工作	B	C	—	紧前工作	—	A	B

图3-3 三个工作依次开始双代号网络图的绘制

2. 同时开始

两个工作同时开始双代号网络图的绘制如图3-4所示，逻辑关系如表3-2所示。

表3-2 两个工作同时开始的逻辑关系表

工作	D	工作	E	F
紧后工作	E、F	紧前工作	D	D

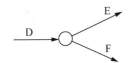

图3-4 两个工作同时开始双代号网络图的绘制

3. 同时结束

两个工作同时结束双代号网络图的绘制如图3-5所示，逻辑关系如表3-3所示。

表3-3 两个工作同时结束的逻辑关系表

工作	X		工作	Z	Y
紧前工作	Z、Y		紧后工作	X	X

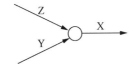

图3-5 两个工作同时结束双代号网络图的绘制

4. 约束关系

（1）全约束关系双代号网络图的绘制如图3-6所示，逻辑关系如表3-4所示。

表3-4 全约束关系逻辑关系表

工作	A	B	工作	C	D
紧后工作	C、D	C、D	紧前工作	A、B	A、B

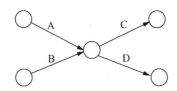

图3-6 全约束关系双代号网络图的绘制

（2）半约束关系双代号网络图的绘制如图3-7所示，逻辑关系如表3-5所示。

表3-5 半约束关系逻辑关系表

工作	A	B	工作	C	D
紧后工作	C、D	D	紧前工作	A	A、B

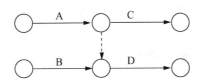

图3-7 半约束关系双代号网络图的绘制

（3）三分之一约束关系双代号网络图的绘制如图3-8所示，逻辑关系如表3-6所示。

表3-6　三分之一约束关系逻辑关系表

工作	A	B	C	工作	D	E
紧后工作	D	DE	E	紧前工作	AB	BC

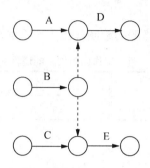

图3-8　三分之一约束关系双代号网络图的绘制

（4）反三分之一约束关系双代号网络图的绘制如图3-9所示，逻辑关系如表3-7所示。

表3-7　反三分之一约束关系逻辑关系表

工作	A	B	工作	C	E	D
紧后工作	C、D	D、E	紧前工作	A	B	A、B

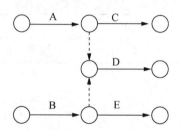

图3-9　反三分之一约束关系双代号网络图的绘制

5. 两个工作同时开始且同时结束

两个工作同时开始且同时结束双代号网络的绘制如图3-10所示。

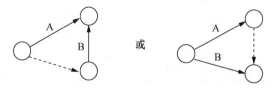

图3-10　两个工作同时开始且同时结束双代号网络图的绘制

2.3　双代号网络图的绘制规则

（1）一个网络计划图中只允许有一个开始节点和一个结束节点。

（2）一个网络计划图中不允许单代号、双代号混用。

（3）节点大小要适中，编号应由小到大，不重号、不漏编，但可以跳跃。

（4）一对节点之间只能有一条箭线，如图 3-11 是错误的；一对节点之间不能出现无箭头杆，如图 3-12 是错误的。

（5）网络计划图中不允许有循环线路，如图 3-13 是错误的。

（6）网络计划图中不允许有相同编号的节点或相同代码的工作。

（7）网络计划图的布局应合理，要尽量避免箭线的交叉，如图 3-14（a）应调整为图 3-14（b）；当箭线的交叉不可避免时，可采用"暗桥"或"断线"方法来处理，如图 3-15（a）与图 3-15（b）所示。

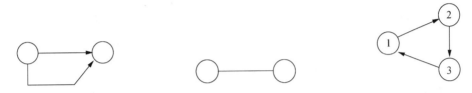

图 3-11　共用两条箭线（错误）　　图 3-12　出现无箭头杆（错误）　　图 3-13　出现循环线路（错误）

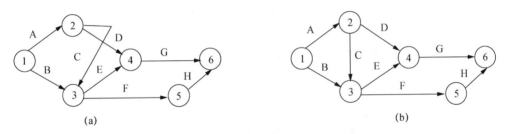

图 3-14　网络图的布局

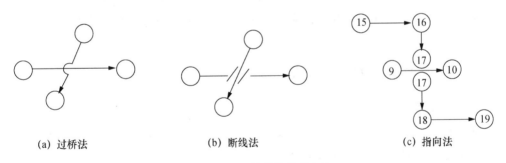

(a) 过桥法　　　　　　(b) 断线法　　　　　　(c) 指向法

图 3-15　交叉箭线的处理方法

（8）绘图口诀。为方便记忆，将以上（1）～（7）条绘制规则编成口诀如下：

一杆二圈向前进，起始终接逻辑清；

平行工作加虚杆，消灭同号无节枝；

交叉过点搭桥梁，不准闭合多绕圈；

同名同号不许有，初起终结均归一。

解释如下。

① 一杆二圈向前进：一个箭杆两个圆圈代表一项工作，绘制时应由左向右往前画。

② 起始终接逻辑清：前后工作的连接要符合工艺逻辑关系和组织逻辑关系并应符合绘图规则，不能把两项没有直接关系的工作连接起来。

③ 平行工作加虚杆：两个工作同时开始或同时结束时，应如图 3-7 加虚工作。

④ 消灭同号无节枝：两个工作共一个圈号可以，但不能使终点都共号；另外，严禁在箭线上引入或引出箭线，图 3-16 即为错误，正确表示应如图 3-17 所示。

图 3-16 错误表示　　　　　　　　　　图 3-17 正确表示

⑤ 交叉过点搭桥梁：当一个工作需要通过另一工作或节点时，不能直接穿堂而过，应"搭桥"绕道而过，如图 3-15（c）所示。

⑥ 不准闭合多绕圈：网络图中，不允许有循环回路，如图 3-13 所示。

⑦ 同名同号不许有：双代号网络图中，一项工作只有唯一的一条箭线和相应的一对节点编号，因此网络图编号时，不允许有同名同号，否则就会造成混乱不清。

⑧ 初起终结均归一：一个网络图上，只能有一个起点节点和一个终点节点，而不能有两个以上的起点节点和终点节点。

 实训课堂

实训三　双代号网络图的绘制

双代号网络图的正确绘制是网络计划方法应用的关键。正确的网络计划图应：正确表达各种逻辑关系，且工作项目齐全，施工过程数目得当；遵守绘图的基本规则；选择适当的绘图排列方法。

一、双代号网络图的绘制方法

1. 节点位置法

为使所绘制的网络图中不出现逆向箭线和竖向实箭线，宜在绘制之前，先确定出各个节点的位置号，再按节点位置号绘制网络图。

1）节点位置号的确定原则

（1）无紧前工作的开始节点的位置号为零。

（2）有紧前工作的开始节点的位置号等于其紧前工作的开始节点的位置号最大值加 1。

（3）有紧后工作的完成节点的位置号等于其紧后工作的开始节点的位置号的最小值。

（4）无紧后工作的完成节点的位置号等于有紧后工作的完成节点的位置号的最大值加 1。

2）绘制双代号网络图的步骤

绘制网络图可按如下步骤进行。

第一步，由于在一般情况下，先给出紧前工作。故第一步应根据已知的紧前工作确定

出紧后工作。

第二步，确定出各个工作的开始节点的位置号和完成节点的位置号。

第三步，根据节点位置号和逻辑关系绘出初始网络图。

第四步，检查逻辑关系有无错误，如与已知条件不符，则可加竖向虚工作或横向虚工作进行改正。改正后的网络图中的各个节点的位置号不一定与初始网络图中的节点位置号相同。

【例3-1】 已知各工作的逻辑关系资料如表3-8所示，试按要求绘出双代号网络图。

表3-8 各工作的逻辑关系资料表

工作	A	B	C	D	E	G
紧前工作	—	—	—	B	B	C、D

【案例剖析】

（1）列出关系表，确定出紧后工作和节点位置号，如表3-9所示。

表3-9 关系表

工作	A	B	C	D	E	G
紧前工作	—	—	—	B	B	C、D
紧后工作	D、E	G	G	—	—	
开始节点的位置号	0	0	0	1	1	2
完成节点的位置号	3	1	2	2	3	3

【特别提示】 紧后工作可用逻辑推理或"矩阵法"确定。"矩阵法"可详见"逻辑草稿法"。

（2）绘出网络图如图3-18所示。

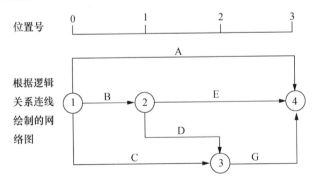

图3-18 按节点位置号法绘制的双代号网络图

【例3-2】 已知各工作的逻辑关系资料如表3-10所示，试按要求绘出双代号网络图。

表3-10 各工作的逻辑关系资料表

工作	A	B	C	D	E	G	H
紧前工作	—	—	—	—	A、B	B、C、D	C、D

【案例剖析】

（1）列出关系表，确定出紧后工作和节点位置号，如表 3-11 所示。

表 3-11 关系表

工作	A	B	C	D	E	G	H
紧前工作	—	—	—	—	A、B	B、C、D	C、D
紧后工作	E	E、G	G、H	G、H	—	—	—
开始节点的位置号	0	0	0	0	1	1	1
完成节点的位置号	1	1	1	1	2	2	2

（2）按节点位置号画出初始的尚未检查有否逻辑关系等错误的网络图，如图 3-19 所示。

（3）在初始网络图中，B 的紧后工作多了一个 H，用竖向虚工作将 B 和 H 断开，再用虚工作将 C、D 的代号区分开，得出正确的网络图如图 3-20 所示。

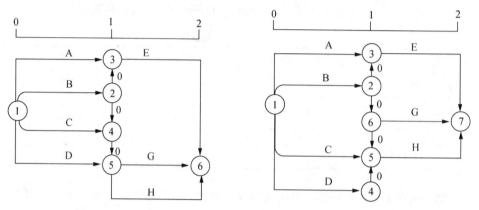

图 3-19 尚未检查逻辑关系等是否有误的初始网路图　　图 3-20 只有竖向虚工作的正确网络图

也可用横向虚工作将 B 和 H 断开，并去掉多余的虚工作，得出正确的网络图如图3-21所示。此时就不需要画出节点位置坐标了。

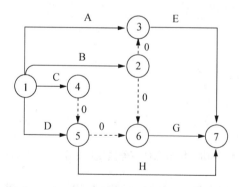

图 3-21 具有横向和竖向虚工作的正确网路图

2. 逻辑草稿法

先根据网络图的逻辑关系，绘制出网络图草图，再结合绘图规则进行布局调整，最后形成正式网络图。

当已知每一项工作的紧前工作时，可按下述步骤绘制双代号网络图。

1）已知紧前工作用矩阵法确定紧后工作

简单的网络图，可以用逻辑推理方法求得紧后工作；但是如遇复杂的网络图，就只能采用矩阵图来确定其紧后工作。

方法：先绘出以各项工作为纵横坐标的矩阵图；再在横坐标上根据网络资料表，是紧前工作者标注√；然后，查看纵坐标方向，凡标注有√者，即为该工作的紧后工作。

【例3-3】 已知各工作的逻辑关系资料如表3-12所示，试用矩阵法确定各工作的紧后工作。

表3-12 各工作的逻辑关系资料表

工作	A	B	C	D	E	F	G
紧前工作	—	—	—	—	A、B	B、C、D	C、D

【案例剖析】

（1）先绘出以各项工作为纵横坐标的矩阵图。

	A	B	C	D	E	F	G
A					√		
B					√	√	
C						√	√
D						√	√
E							
F							
G							

（2）在 x 方向上，根据网络资料表，沿 y 方向将有紧前工作者标注√，如上图示。

（3）从 y 坐标，按 x 方向查看，凡标有√，即为该工作的紧后工作。

（4）将结果汇总填写：

工作	A	B	C	D	E	F	G
紧前工作	—	—	—	—	A、B	B、C、D	C、D
紧后工作	E	E、F	G、F	F、G	—	—	—

2）根据各工作之间的逻辑关系，绘制双代号网络图

第一步，绘制没有紧前工作的工作箭线，使它们具有相同的开始节点，以保证网络图只有一个起点节点。

第二步，依次绘制其他工作箭线。这些工作箭线的绘制条件是其所有紧前工作箭线都已经绘制出来。在绘制这些工作箭线时，应按下列原则进行。

（1）当所要绘制的工作只有一项紧前工作时，则将该工作箭线直接画在其紧前工作箭线之后即可。

（2）当所要绘制的工作有多项紧前工作时，为了正确表达各工作之间的逻辑关系，先用两条或两条以上的虚箭线把紧前工作引到一起。可以按以下三种情况予以考虑。

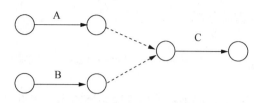

① 有两项紧前工作时，C 的紧前工作有 A、B，如图 3-22 所示。

② 有三项紧前工作时，D 的紧前工作有 A、B、C，如图 3-23 所示。

③ D 的紧前工作有 A、B，E 的紧前工作有 A、B、C，如图 3-23 所示。

图 3-22　两项紧前工作的虚箭线表示法

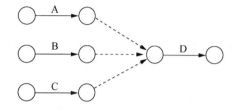

图 3-23　三项紧前工作的虚箭线表示法

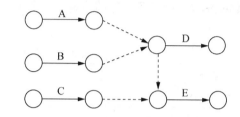

图 3-24　两项和三项紧前工作的虚箭线表示法

第三步，当各项工作箭线都绘制出来之后，应合并那些没有紧后工作之工作箭线的箭头节点，以保证网络图只有一个终点节点（多目标网络计划除外）。

第四步，删除多余的虚箭线。

（1）一般情况下，某条实箭线的紧后工作只有一条虚箭线，则该条虚箭线是多余的。如①→②→③应画成①→③；但有一种特殊情况，即不允许出现相同编号的箭线时，应保留一条虚箭线（②┄▶③），如图 3-25 所示。

（2）其他情况，如图 3-26 所示虚箭线，②┄▶③、②┄▶④都是有用的。

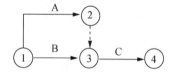

图 3-25　保留虚箭线的情况

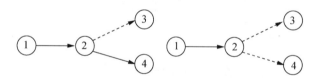

图 3-26　保留虚箭线的其他情况

第五步，当确认所绘制的网络图正确后，即可进行节点编号。网络图的节点编号在满足前述要求的前提下，既可采用连续的编号方法，也可采用不连续的编号方法，如 1、3、5……或 5、10、15……以避免以后增加工作时而改动整个网络图的节点编号。

【例 3-4】　已知各工作的逻辑关系资料如表 3-13 所示，试绘制双代号网络图。

表 3-13　各工作的逻辑关系资料表

工作	A	B	C	D	E	F	G	H	I	J	K
紧后工作	B、C	D、E、F	D、E、F	H	G	J	H	I	—	K	—

【案例剖析】　绘图步骤分析如下：

（1）首先分析工作关系。

第一步，找出同时开始的工作（如 A 工作的紧后工作是 B、C 工作，所以 B、C 工作同时开始；B、C 工作的紧后工作都是 D、E、F 工作，所以 D、E、F 工作同时开始）。

第二步，找出有约束关系的工作（如 B 和 C 的紧后工作完全相同，所以是全约束关系，又由于 B 和 C 工作同时开始又同时结束，所以肯定有虚箭线）。

第三步，再找出同时结束的工作（如 D 和 G 工作的紧后工作都是 H，所以 D 和 G 工作同时结束，但不是同时开始，所以可以在一个节点结束；又如 I 和 K 的紧后工作没有，所以为结束工作）。

（2）分析工作完成后，开始动手画草图（如图 3-27 所示）。

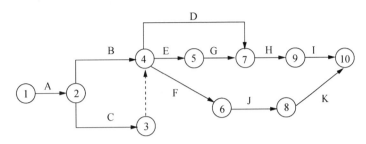

图 3-27　绘制的双代号网络图（草图）

第一步，画出一个开始节点①，然后画出 A 工作，因为 A 工作在紧后工作中没有出现，所以 A 工作是最前面的工作。

第二步，画出 B、C 工作，都从②节点开始。

第三步，由于 B 和 C 同时开始又同时结束，因此在 B 工作后面画出④节点，在 C 工作后面画出③节点，③和④之间画出虚箭线，如果 D、E、F 工作从④节点开始，则虚箭线的箭头指向④节点；如果 D 工作从③节点开始，则虚箭线的箭头指向③节点。

第四步，E 与 G、F 与 J、J 与 K 的工作关系是简单的，可以直接画出，如图 4-27 所示。

第五步，D 与 G 工作的紧后工作都是 H，所以 D 与 G 工作同时结束在⑦节点，H 工作从⑦节点开始。

第六步，由于 H 与 I 的工作关系是简单的，可以直接画出，如图 3-27 所示。

第七步，K 与 I 工作同时结束在⑩节点。

【例 3-5】　已知某施工过程工作间的逻辑关系如表 3-14 所示，试绘制双代号网络图。

表 3-14　某施工过程工作间的逻辑关系

工作	A	B	C	D	E	F	G	H
紧前工作	—	—	—	A	A、B	B、C	D、E	E、F
紧后工作	D、E	E、F	F	G	G、H	H	—	—

【案例剖析】

（1）绘制没有紧前工作的工作 A、B、C，如图 3-28（a）所示。

（2）按题意绘制工作 D 及 D 的紧后工作 G，如图 3-28（b）所示。

（3）按题意将工作 A、B 的箭头节点合并，并绘制工作 E；绘制 E 的紧后工作 H；将工作 D、E 的箭头节点合并，并绘制工作 G，如图 3-28（c）所示。

（4）再按题意将工作 B 的箭线断开增加虚箭线，合并 B、C 绘制工作 F；将工作 E 后增加虚箭线和 F 的箭头节点合并，并绘制工作 H，如图 3-28（d）所示。

（5）将没有紧后工作的箭线合并，得到终点节点，并对图形进行调整，使其美观对称，如图 3-28（e）、图 3-28（f）所示。

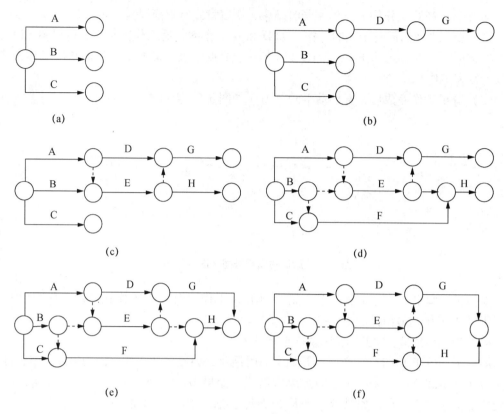

图 3-28　双代号网络图

在正式画图之前，应先画一个草图。不求整齐美观，只要求工作之间的逻辑关系能够找得到正确的表达，线条长短曲直、穿插迂回都可不必计较。经过检查无误后，就可进行图面的设计。安排好节点的位置，注意箭线的长度，尽量减少交叉，除虚箭线外，所有箭线均采用水平直线或带部分水平直线的折线，保持图面匀称、清晰、美观。最后进行节点编号。

二、绘制双代号网络图的注意事项

1. 层次分明，重点突出

绘制网络计划图时，首先遵循网络图的绘制规则画出一张符合工艺和组织逻辑关系的网络计划草图，然后检查、整理出一幅条理清楚、层次分明、重点突出的网络计划图。

2. 构图形式要简捷、易懂

绘制网络计划图时，通常的箭线应以水平线为主，竖线、折线、斜线为辅，应尽量避免用曲线。

3. 正确应用虚箭线

绘制网络图时，正确应用虚箭线可以使网络计划中的逻辑关系更加明确、清楚，它起到"断"和"连"的作用。

三、网络图的拼图

1. 建筑施工网络图的排列方法

建筑施工网络计划是网络计划在施工中的具体应用，其对工程施工的组织、协调、控制和管理的作用是非常显著的。为了使建筑施工网络计划条理化和形象化，在编制网络计划时，应根据各自不同情况灵活地选用不同排列方法，使各项工作之间在工艺上和组织上的逻辑关系准确、清楚，便于施工的组织管理人员掌握，也便于对网络计划进行检查和调整。

1）按施工过程排列

按施工过程排列就是根据施工顺序把各施工过程按垂直方向排列，而将施工段按水平方向排列，如图 3-29 所示。其特点是相同工种在一条水平线上，突出了各工种之间的关系。

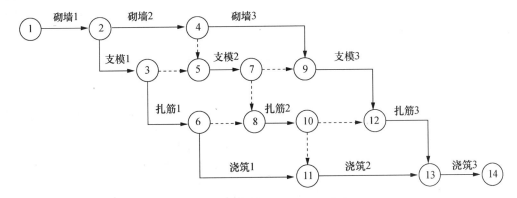

图 3-29　按施工过程排列的施工网络计划

2）按施工段排列

按施工段排列就是将同一施工段上的各施工过程按水平方向排列，而将施工段按垂直方向排列，如图 3-30 所示。其特点是同一施工段上的各施工过程（工种）在一条水平线上，突出了各工作面之间的关系。

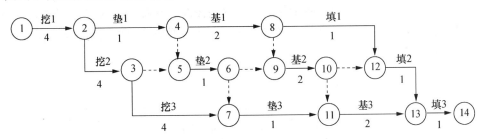

图 3-30　按施工段排列的施工网络计划

3）按楼层排列

按楼层排列就是将同一楼层上的各施工过程按水平方向排列，而将楼层按垂直方向排列，如图 3-31 所示。其特点是同一楼层上的各施工过程（工种）在一条水平线上，突出了各工作面（楼层）的利用情况，使得较复杂的施工过程变得清晰明了。

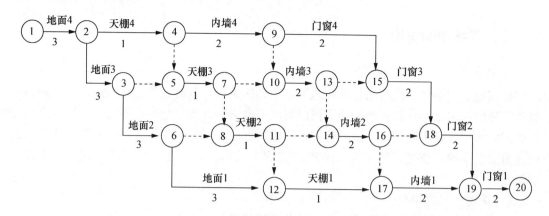

图 3-31　按楼层排列的施工网络计划

4）混合排列

在绘制单位工程网络计划等一些较复杂的网络计划时，常常采用以一种排列为主的混合排列，如图 3-32 所示。

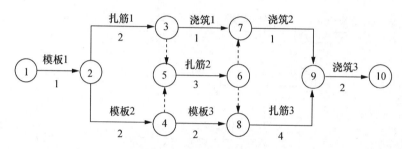

图 3-32　混合排列的施工网络计划

2. 建筑施工网络图的合并、连接及详略组合

1）建筑施工网络图的合并

为了简化网络图，可以将某些相对独立的网络图合并成只有少量箭线的简单网络图。网络图合并（或简化）时，必须遵循下述原则。

（1）用一条箭线代替原网络图中某一部分网络图时，该箭线的长度（工作持续时间）应为"被简化部分网络图"中最长的线路长度，合并后网络图的总工期应等于原来未合并时网络图的总工期，如图 3-33 所示。

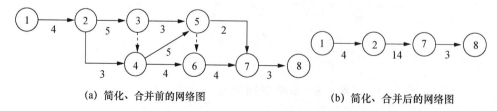

（a）简化、合并前的网络图　　　　　　（b）简化、合并后的网络图

图 3-33　网络图的合并（一）

（2）网络图合并时，不得将起点节点、终点节点和与外界有联系的节点简化掉，如图 3-34所示。

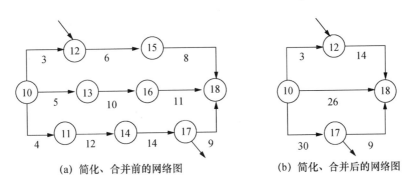

图 3-34 网络图的合并（二）

2）建筑施工网络图的连接

采用分部流水法编制一个单位工程网络计划时，一般应先按不同的分部工程分别编制出局部网络计划，然后再按各分部工程之间的逻辑关系，将各分部工程的局部网络计划连接起来成为一个单位工程网络计划，如图 3-35 所示。基础按施工过程排列，其余按施工段排列。

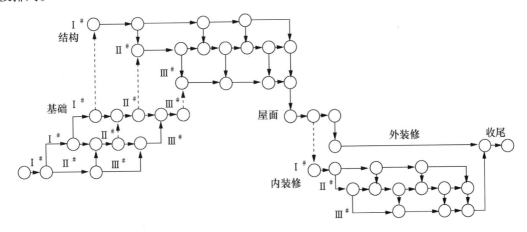

图 3-35 网络图的连接

为了便于把分别编制的局部网络图连接起来，各局部网络图的节点编号数目要留足，确保整个网络图中没有重复的节点编号；也可采用先连接，然后再统一进行节点编号的方法。

3）建筑施工网络图的详略组合

在一个施工进度计划的网络图中，应以"局部详细，整体粗略"的方式，突出重点；或采用某一阶段详细，其他相同阶段粗略的方法来简化网络计划。这种详略组合的方法在绘制标准层施工的网络计划时最为常用。

例如，某项四单元六层砖混结构住宅的主体工程，每层分两个施工段组织流水施工，因为二至五层为标准层，所以二层应编制详图，三、四、五层均可采用一个箭头的略图，如图 3-36 所示。

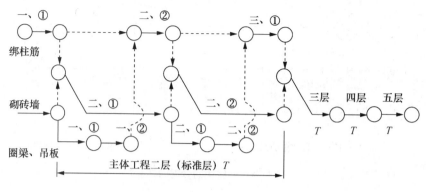

图 3-36　网络图的详略组合

课题 3　双代号网络计划时间参数的计算

双代号网络计划时间参数计算的目的在于通过计算各项工作的时间参数，确定网络计划的关键工作、关键线路和计算工期。确定关键线路，使得在工作中能抓住主要矛盾，向关键线路要时间；计算非关键线路上的富余时间，明确其存在多少机动时间，向非关键线路要劳力、要资源；为网络计划的优化、调整和执行提供明确的时间参数和依据。双代号网络计划时间参数的计算方法很多，一般常用的有：按工作计算法和按节点计算法进行计算；在计算方式上又有分析计算法、表上计算法、图上计算法、矩阵计算法和计算机计算法等。本课题只介绍按工作时间和节点时间在图上进行计算的方法。

3.1　时间参数的概念及符号

1. 工作持续时间（D_{i-j}）

工作持续时间是指一项工作从开始到完成的时间。在双代号网络计划中，工作 $i-j$ 的持续时间用 D_{i-j} 表示。

2. 工期（T）

工期泛指完成一项任务所需要的时间。在网络计划中，工期一般有以下三种。

1）计算工期（T_c）

计算工期是根据网络计划时间参数计算而得到的工期，用 T_c 表示。

2）要求工期（T_r）

要求工期是任务委托人所提出的指令性工期，用 T_r 表示。

3）计划工期（T_p）

计划工期是指根据要求工期和计算工期所确定的作为实施目标的工期，用 T_p 表示。

（1）当已规定了要求工期时，计划工期不应超过要求工期，如式（3-1）：

$$T_p \leqslant T_r \tag{3-1}$$

（2）当未规定要求工期时，可令计划工期等于计算工期，如式（3-2）：

$$T_p = T_c \tag{3-2}$$

3. 网络计划节点的两个时间参数

1）节点最早时间（ET_i）。

节点最早时间是指在双代号网络计划中，以该节点为开始节点的各项工作的最早开始时间。节点 i 的最早时间用 ET_i 表示。

2）节点最迟时间（LT_i）。

节点最迟时间是指在双代号网络计划中，以该节点为完成节点的各项工作的最迟完成时间。节点 i 的最迟时间用 LT_i 表示。

3）节点时间参数标注形式，如图 3-37 所示。

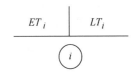

图 3-37 节点时间参数的标注方式

4. 网络计划工作的六个时间参数

1）最早开始时间（ES_{i-j}）

工作的最早开始时间是指在其所有紧前工作全部完成后，本工作有可能开始的最早时刻。工作 $i-j$ 的最早开始时间用 ES_{i-j} 表示。

2）最早完成时间（EF_{i-j}）

工作的最早完成时间是指在其所有紧前工作全部完成后，本工作有可能完成的最早时刻。工作的最早完成时间等于本工作的最早开始时间与其持续时间之和。工作 $i-j$ 的最早完成时间用 EF_{i-j} 表示。

3）最迟开始时间（LS_{i-j}）

工作的最迟开始时间是指在不影响整个任务按期完成的前提下，本工作必须开始的最迟时刻。工作的最迟开始时间等于本工作的最迟完成时间与其持续时间之差。工作 $i-j$ 的最迟开始时间用 LS_{i-j} 表示。

4）最迟完成时间（LF_{i-j}）

工作的最迟完成时间是指在不影响整个任务按期完成的前提下，本工作必须完成的最迟时刻。工作 $i-j$ 的最迟完成时间用 LF_{i-j} 表示。

5）总时差（TF_{i-j}）

工作的总时差是指在不影响总工期的前提下，本工作可以利用的机动时间。但是在网络计划的执行过程中，如果利用某项工作的总时差，则有可能使该工作后续工作的总时差减小。工作 $i-j$ 的总时差用 TF_{i-j} 表示。

6）自由时差（FF_{i-j}）

工作的自由时差是指在不影响其紧后工作最早开始时间的前提下，本工作可以利用的机动时间。在网络计划的执行过程中，工作的自由时差是该工作可以自由使用的时间。工作 $i-j$ 的自由时差用 FF_{i-j} 表示。

7）工作时间参数标注形式

工作时间参数常用"六时标注法"表示，如图3-38所示。实际应用时，可任选其中一种，并

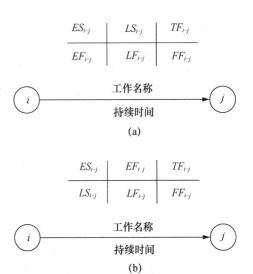

图 3-38 工作时间参数的标注方式

将所选标注方式在网络图上标明。

5. 时间参数分类表

时间参数可分为节点时间参数、工作时间参数和线路时间参数等。以工作 $i-j$ 为例，各时间参数的表示符号及其含义如表 3-15 所示。

表 3-15　时间参数分类表

类别	名称	符号	含义
节点时间参数	节点最早时间	ET_i	以该节点为开始节点的各项工作的最早开始时间
	节点最迟时间	LT_i	以该节点为完成节点的各项工作的最迟完成时间
工作时间参数	工作持续时间	D_{i-j}	一项工作从开始到完成的时间
	工作最早开始时间	ES_{i-j}	各紧前工作完成后本工作有可能开始的最早时间
	工作最早完成时间	EF_{i-j}	各紧前工作完成后本工作有可能完成的最早时间
	工作最迟开始时间	LS_{i-j}	在不影响整个任务按期完成的前提下，工作必须开始的最迟时刻
	工作最迟完成时间	LF_{i-j}	在不影响整个任务按期完成的前提下，工作必须完成的最迟时刻
	总时差	TF_{i-j}	在不影响总工期的前提下，本工作可以利用的机动时间
	自由时差	FF_{i-j}	在不影响紧后工作最早开始时间的前提下，本工作可以利用的机动时间
线路时间参数	线路时差	PF	非关键线路中可以利用的自由时差之和
	计算工期	T_c	根据时间参数计算所得到的工期
	要求工期	T_r	业主提出的项目工期
	计划工期	T_p	根据要求工期和计算工期所确定的作为实施目标的工期

3.2　双代号网络计划时间参数的计算

网络计划时间参数计算的目的在于确定网络计划上各项工作和节点的时间参数，为网络计划的执行、调整和优化提供必要的时间参数依据。双代号网络计划的时间参数既可以按照工作计算法，也可以按照节点计算法。

1. 按工作计算法

所谓按工作计算法，就是以网络计划中的工作为对象，直接计算各项工作的时间参数。这些参数包括：工作的最早开始时间和最早完成时间、工作的最迟开始时间和最迟完成时间、工作的总时差和自由时差。此外，还应计算网络计划的计算工期。虚工作必须视同工作进行计算，其持续时间为零。

各时间参数的计算如表 3-16 所示。

表 3-16　工作法计算时间参数

参数名称	计算公式	说明
工作最早开始时间 ES_{i-j}	$ES_{i-j} = 0$	当未规定开始节点的最早开始时间时，起始工作 $i-j$ 的最早开始时间取零
	$ES_{i-j} = ES_{h-i} + D_{h-i}$	当 $i-j$ 工作只有一个紧前工作 $h-i$，$i-j$ 工作最早开始时间为紧前工作 $h-i$ 的最早开始时间与 $h-i$ 工作持续时间之和
	$ES_{i-j} = \max\{ES_{h-i} + D_{h-i}\}$	受逻辑关系的制约，当 $i-j$ 工作有多个紧前工作时，$i-j$ 工作最早开始时间应取各紧前工作最早开始时间与各紧前工作持续时间之和的最大值
工作最早完成时间 EF_{i-j}	$EF_{i-j} = ES_{i-j} + D_{i-j}$	$i-j$ 工作按最早开始时间 ES_{i-j} 开始进行，经过持续时间 D_{i-j} 完成工作时所对应的时间就是 $i-j$ 工作的最早完成时间。据此可有 $EF_{i-j} = EF_{h-i}$ 或 $ES_{i-j} = \max\{EF_{h-i}\}$
计算工期 T_c	$T_c = \max\{EF_{i-n}\}$	计算工期取各最后完成工作最早完成时间的最大值
工作最迟完成时间 LF_{i-j}	$LF_{i-n} = T_p$	对于最后完成的各项工作，取计划工期作为其最迟完成时间。当未规定要求工期 T_r 时，可取计划工期等于计算工期，即 $T_p = T_c$，所以有 $LF_{i-n} = T_c$
	$LF_{i-j} = LF_{j-k} - D_{j-k}$	当 $i-j$ 工作仅有一个紧后工作 $j-k$ 时，其最迟完成时间取紧后工作最迟完成时间与紧后工作持续时间之差
	$LF_{i-j} = \min\{LF_{j-k} - D_{j-k}\}$	当 $i-j$ 工作有多个紧后工作时，其最迟完成时间取各紧后工作最迟完成时间与各紧后工作持续时间之差的最小值
工作最迟开始时间 LS_{i-j}	$LS_{i-j} = LF_{i-j} - D_{i-j}$	$i-j$ 工作的最迟开始时间应保证经过工作持续时间 D_{i-j} 不影响工作的最迟完成。据此可有 $LF_{i-j} = LS_{j-k}$ 或 $LF_{i-j} = \min\{LS_{j-k}\}$

按工作法计算的标注方式如图 3-39 所示。

下面以图 3-40 所示双代号网络计划为例，进行网络计划时间参数的计算，计算结果如图 3-41 所示。

1）工作最早开始时间和最早完成时间的计算

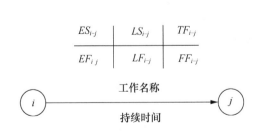

图 3-39　按工作计算法的标注方式

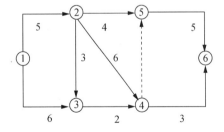

图 3-40　双代号网络计划图

工作最早开始时间指各紧前工作全部完成后，本工作有可能开始的最早时刻。工作最早完成时间指各紧前工作全部完成后，本工作有可能完成的最早时刻。

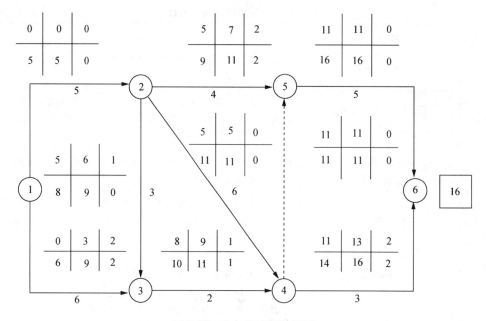

图 3-41　按工作计算法示例

工作最早时间计算时应从网络计划的起点节点开始，顺箭线方向逐个进行计算。具体计算步骤如下。

（1）最早开始时间。以起点节点为开始节点（或称箭尾节点）的工作，其最早开始时间若未规定则为零，即

$$ES_{i-j} = 0(i = 1)$$

所以在本例中　　　　　　　　$ES_{1-2} = ES_{1-3} = 0$

（2）最早完成时间。工作 $i-j$ 的最早完成时间 EF_{i-j} 可利用式（3-3）进行计算：

$$EF_{i-j} = ES_{i-j} + D_{i-j} \tag{3-3}$$

式中：D_{i-j}——工作 $i-j$ 的持续时间。

例如，在本例中：　　　$EF_{1-2} = ES_{1-2} + D_{1-2} = 0 + 5 = 5$

$$EF_{1-3} = ES_{1-3} + D_{1-3} = 0 + 6 = 6$$

（3）其他工作 $i-j$ 的最早开始时间 ES_{i-j} 可利用式（3-4）进行计算：

$$ES_{i-j} = \max\{EF_{h-i}\} = \max\{ES_{h-i} + D_{h-i}\} \tag{3-4}$$

式中：EF_{h-i} 工作 $i-j$ 的紧前工作 $h-i$ 的最早完成时间；

ES_{h-i} 工作 $i-j$ 的紧前工作 $h-i$ 的最早开始时间；

D_{h-i} 工作 $i-j$ 的紧前工作 $h-i$ 的持续时间。

以上求解工作最早开始时间的过程可以概括为"顺线累加，逢圈取大"。

例如，在本例中：　　　$ES_{2-3} = ES_{2-4} = ES_{2-5} = EF_{1-2} = 5$

$$ES_{3-4} = \max\{EF_{1-3}, EF_{2-3}\} = \max\{6, 8\} = 8$$

2）计算工期 T_c

网络计划的计算工期 T_c 指根据时间参数计算得到的工期，它应按式（3-5）计算：

$$T_c = \max\{EF_{i-n}\} \tag{3-5}$$

式中：EF_{i-n} 以终点节点为结束节点（或称箭头节点）工作的最早完成时间。

在本例中，网络计划的计算工期为：

$$T_c = \max\{EF_{4-6}, EF_{5-6}\} = \max\{14, 16\} = 16$$

3）网络计划的计划工期的计算

网络计划的计划工期 T_p 指按要求工期 T_r 和计算工期 T_c 确定的作为实施目标的工期，其计算应按下述规定。

（1）当已规定要求工期时：

$$T_p \leqslant T_r \tag{3-6}$$

（2）当未规定要求工期时：

$$T_p = T_c \tag{3-7}$$

由于本例未规定要求工期，故其计划工期取计算工期，即：

$$T_p = T_c = 16$$

此工期标注在终点节点⑥之右侧，并用方框框起来。

4）工作最迟完成时间和最迟开始时间的计算

工作最迟完成时间指在不影响整个任务按期完成的前提下，本工作必须完成的最迟时刻。工作最迟开始时间指在不影响整个任务按期完成的前提下，本工作必须开始的最迟时刻。

工作 $i-j$ 的最迟完成时间 LF_{i-j} 和最迟开始时间 LS_{i-j} 应从网络计划的终点节点开始，逆着箭线方向依次逐项计算。

（1）计算工作最迟完成时间。以终点节点 $(j = n)$ 为结束节点（箭头节点）的工作的最迟完成时间 LF_{i-j}，应按网络计划的计划工期 T_p 确定，即：

$$LF_{i-n} = T_p \tag{3-8}$$

例如，在本例中：$\qquad LF_{4-6} = LF_{5-6} = 16$

（2）计算工作的最迟开始时间。工作的最迟开始时间可利用式（3-9）进行计算：

$$LS_{i-j} = LF_{i-j} - D_{i-j} \tag{3-9}$$

例如，在本例中：$\qquad LS_{4-6} = LF_{4-6} - D_{4-6} = 16 - 3 = 13$

$$LS_{5-6} = LF_{5-6} - D_{5-6} = 16 - 5 = 11$$

（3）其他工作 $i-j$ 的最迟完成时间可利用式（3-10）进行计算

$$LF_{i-j} = \min\{LS_{j-k}\} = \min\{LF_{j-k} - D_{j-k}\} \tag{3-10}$$

式中：LS_{j-k}——工作 $i-j$ 的紧后工作 $j-k$ 的最迟开始时间；

$\qquad LF_{j-k}$——工作 $i-j$ 的紧后工作 $j-k$ 的最迟完成时间；

$\qquad D_{j-k}$——工作 $i-j$ 的紧后工作 $j-k$ 的持续时间。

以上求解工作最迟完成时间的过程可以概括为"逆线累减，逢圈取小"。

例如，在本例中：$\qquad LF_{2-5} = LF_{4-5} = LS_{5-6} = 11$

$$LF_{2-4} = LF_{3-4} = \min\{LS_{4-5}, LS_{4-6}\} = \min\{11, 13\} = 11$$

5）工作总时差的计算

工作总时差是指在不影响总工期的前提下，本工作可以利用的机动时间。工作 $i-j$ 的总时差 TF_{i-j} 按式计算：

$$TF_{i-j} = LS_{i-j} - ES_{i-j} \tag{3-11}$$

或 $\qquad\qquad\qquad\qquad TF_{i-j} = LF_{i-j} - EF_{i-j} \tag{3-12}$

以上求解工作总时差的过程，可以概括为"迟早相减，所得之差"。

例如，在本例中：$\qquad TF_{1-3} = LS_{1-3} - ES_{1-3} = 3 - 0 = 3$

或 $\qquad\qquad\qquad TF_{1-3} = LF_{1-3} - EF_{1-3} = 9 - 6 = 3$

6）工作自由时差的计算

工作自由时差是指在不影响其紧后工作最早开始时间的前提下，本工作可以利用的机动时间，工作 $i-j$ 的自由时差 FF_{i-j} 的计算应符合下列规定。

（1）当工作 $i-j$ 有紧后工作 $j-k$ 时，其自由时差应为：

$$FF_{i-j} = ES_{j-k} - EF_{i-j} = ES_{j-k} - ES_{i-j} - D_{i-j} \qquad (3-13)$$

例如，在本例中：$\qquad FF_{1-3} = ES_{3-4} - EF_{1-3} = 8 - 6 = 2$

（2）以终点节点（$j = n$）为箭头节点的工作，其自由时差应按网络计划的计划工期 T_p 确定，即：

$$FF_{i-n} = T_p - EF_{i-n} = T_p - ES_{i-n} - D_{i-n} \qquad (3-14)$$

例如，在本例中：$\qquad FF_{4-6} = T_p - EF_{4-6} = 16 - 14 = 2$

$$FF_{5-6} = T_p - EF_{5-6} = 16 - 16 = 0$$

需要说明的是，在网络计划中以终点节点为箭头节点的工作，其自由时差与总时差一定相等。此外，当工作的总时差为零时，其自由时差一定为零，可不必进行专门计算。

7）关键工作和关键线路的确定

在网络计划中，总时差最小的工作为关键工作。当无规定工期时，$T_c = T_p$，最小总时差为零；当 $T_c > T_p$ 时。最小总时差为负数；当 $T_c < T_p$ 时，最小总时差为正数。

例如，在本例中，$T_c = T_p$，工作 1～2、工作 2～4、工作 5～6 的总时差均为零，故它们都是关键工作。

自始至终全部由关键工作组成的线路为关键线路。一般用粗线、双线或彩线标注。在关键线路上可能有虚工作存在。

例如，在本例中，①——②——③——④——⑤——⑥线路即为关键线路。

2. 按节点计算法

所谓按节点计算法，就是先计算网络计划中各个节点的最早时间和最迟时间，然后再据此计算各项工作的时间参数和网络计划的计算工期。具体时间参数计算如表 3-17 所示。

表 3-17　节点法计算时间参数

参数名称		计算公式	说明
节点最早时间 ET_i	起点节点 ET_i	$ET_i = 0$	对起点节点的最早时间无规定时，通常取其为零。如另有规定，可按规定取值
	其他节点 ET_j	$ET_j = ET_i + D_{i-j}$	当节点 j 仅有一条内向箭线时，取该箭线箭尾节点的最早时间与该工作持续时间之和
		$ET_j = \max\{ET_i + D_{i-j}\}$	当节点 j 有多条内向箭线时，取各箭线箭尾节点的最早时间与各工作持续时间之和的最大值
计算工期	T_c	$T_c = ET_n$	取终点节点 n 的最早时间 ET_n 为计算工期

参数名称		计算公式	说明
节点最迟时间 LT_i	终点节点 LT_n	$LT_n = T_p$	终点节点的最迟时间取网络计划的计划工期 T_p。对要求工期无特殊要求时可取 $T_p = T_c$，则有 $LT_n = T_c$，即 $LT_n = ET_n$
	其他节点 LT_i	$LT_i = LT_j - D_{i-j}$	当节点 i 仅有一条外向箭线时，节点 i 的最迟时间 LT_i 为箭线箭头节点的最迟时间与该工作持续时间之差
		$LT_i = \min\{LT_j - D_{i-j}\}$	当节点 i 有多条外向箭线时，节点 i 的最迟时间 LT_i 为各箭线箭头节点的最迟时间与各工作持续时间之差的最小值
工作最早开始时间 ES_{i-j}		$ES_{i-j} = ET_i$	工作最早开始时间 ES_{i-j} 等于该工作起始节点的最早时间 ET_i
工作最早完成时间 EF_{i-j}		$EF_{i-j} = ES_{i-j} + D_{i-j}$ $= ET_i + D_{i-j}$	工作最早完成时间是工作在最早开始时间开始进行，持续了 D_{i-j} 时间后才结束的时间
工作最迟完成时间 LF_{i-j}		$LF_{i-j} = LT_j$	工作最迟完成时间等于该工作结束节点的最迟时间
工作最迟开始时间 LS_{i-j}		$LS_{i-j} = LF_{i-j} - D_{i-j}$ $= LT_j - D_{i-j}$	工作最迟开始时间应保证工作经过持续时间 D_{i-j} 不影响工作在最迟完成时间 LF_{i-j} 完成

按节点法计算的标注方式如图 3-42 所示。

图 3-42　按节点法计算的标注方式

下面以图 3-40 所示双代号网络计划为例，进行时间参数计算，计算结果如图 3-43 所示

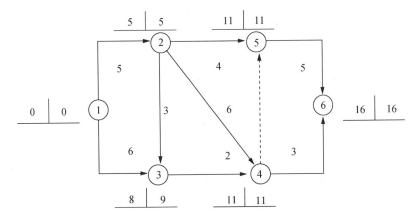

图 3-43　按节点计算法示例

1）节点最早时间的计算

节点最早时间是指双代号网络计划中，以该节点为开始节点的各项工作最早开始时间。其计算应符合下列规定。

（1）节点 i 的最早时间 ET_i 应从网络计划的起点节点开始，顺着箭线的方向依次逐项计算。

（2）起点节点 i 如未规定最早时间 ET_i 时，其值应等于零；即：

$$ET_i = 0 \quad (i = 1)$$

例如，在本例中：$\qquad\qquad ET_1 = 0$

（3）其他节点的最早时间应按式（3-15）进行计算：

$$ET_j = \max\{ET_i + D_{i-j}\} \tag{3-15}$$

式中：ET_j——工作 $i-j$ 的完成节点 j 的最早时间；

$\qquad ET_i$——工作 $i-j$ 的开始节点 i 的最早时间；

$\qquad D_{i-j}$——工作 $i-j$ 的持续时间。

【口诀】 从左向右计算，"顺线累加，逢圈取大"。

例如，在本例中：$\qquad ET_2 = ET_1 + D_{1-2} = 0 + 5 = 5$

$$ET_3 = \max\{ET_1 + D_{1-3}, ET_2 + D_{2-3}\} = \max\{0 + 6, 5 + 3) = 8$$

（4）网络计划的计算工期 T_c 应按式（3-16）计算：

$$T_c = ET_n \tag{3-16}$$

式中：ET_n——终点节点 n 的最早时间。

例如，在本例中：$\qquad\qquad T_c = ET_6 = 16$

2）网络计划的计划工期确定

网络计划的计划工期 T_p 的确定与工作计算法相同。所以，本例的计划工期为：

$$T_p = T_c = 16$$

3）节点最迟时间的计算

节点最迟时间是指双代号网络计划中，以该节点为完成节点的各项工作的最迟完成时间。其计算应符合下列规定：

（1）节点 i 的最迟时间 LT_i 应从网络计划的终点节点开始，逆着箭线方向依次逐项计算。

（2）终点节点 n 的最迟时间 LT_n 应按网络计划的计划工期 T_p 确定，即：

$$LT_n = T_p \tag{3-17}$$

例如，本例中：$\qquad\qquad LT_6 = T_p = 16$

（3）其他节点的最迟时间应按式（3-18）进行计算：

$$LT_i = \min\{LT_j - D_{i-j}\} \tag{3-18}$$

式中：LT_i——工作 $i-j$ 的开始节点 i 的最迟时间；

$\qquad LT_j$——工作 $i-j$ 的完成节点 j 的最迟时间；

$\qquad D_{i-j}$——工作 $i-j$ 的持续时间。

【口诀】 从右向左计算，"逆线累减，逢圈取小"。

例如，在本例中：$\qquad LT_5 = LT_6 - D_{5-6} = 16 - 5 = 11$

$$LT_4 = \min\{LT_5 - D_{4-5}, LT_6 - D_{4-6}\} = \min\{11 - 0, 16 - 3\} = 11$$

4）工作时间参数的计算

（1）工作最早开始时间按式（3-19）计算：

$$ES_{i-j} = EF_i \qquad (3-19)$$

例如，在本例中：
$$ES_{1-2} = ET_1 = 0$$
$$ES_{2-5} = ET_2 = 5$$

（2）工作最早完成时间按式（3-20）计算：

$$EF_{i-j} = ET_i + D_{i-j} \qquad (3-20)$$

例如，在本例中：
$$EF_{1-2} = ET_1 + D_{1-2} = 0 + 5 = 5$$
$$EF_{2-5} = ET_2 + D_{2-5} = 5 + 4 = 9$$

（3）工作最迟完成时间按式（3-21）计算：

$$LF_{i-j} = LT_j \qquad (3-21)$$

例如，在本例中：
$$LF_{1-2} = LT_2 = 5$$
$$LF_{2-5} = LT_5 = 11$$

（4）工作最迟开始时间按式（3-22）计算：

$$LS_{i-j} = LT_j - D_{i-j} \qquad (3-22)$$

例如，在本例中：
$$LS_{1-2} = LT_2 - D_{1-2} = 5 - 5 = 0$$
$$LS_{2-5} = LT_5 - D_{2-5} = 11 - 4 = 7$$

（5）工作总时差按式（3-23）计算：

$$TF_{i-j} = LF_{i-j} - EF_{i-j} = LT_j - (ET_i + D_{i-j}) = LT_j - ET_i - D_{i-j} \qquad (3-23)$$

例如，在本例中：$TF_{1-3} = LT_3 - ET_1 - D_{1-3} = 9 - 0 - 6 = 3$
$$TF_{3-4} = LT_4 - ET_3 - D_{3-4} = 11 - 8 - 2 = 1$$

（6）工作自由时差按式（3-24）计算：

$$FF_{i-j} = ES_{j-k} - ES_{i-j} - D_{i-j} = ET_j - ET_i - D_{i-j} \qquad (3-24)$$

例如，在本例中：$FF_{1-3} = ET_3 - ET_1 - D_{1-3} = 8 - 0 - 6 = 2$
$$FF_{3-4} = ET_4 - ET_3 - D_{3-4} = 11 - 8 - 2 = 1$$

5）关键工作和关键线路的确定

在网络图中，总时差为0的工作为关键工作；由关键工作组成的线路为关键线路。例如，本例中①—②、②—④、④—⑤、⑤—⑥为关键工作；线路①→②→④→⑤→⑥为关键线路。

3. 按"图上法"直接计算

根据节点时间和工作时间以及时差之间的位置关系从图上计算，这种直接在双代号网络图上计算其时间参数的方法称为图上作业法。图上作业法可以按节点计算，也可以按工作计算。采用节点计算法时，其计算方法及步骤如下。

第一步，计算各节点时间参数。计算方法为：顺线累加，逢圈取大得最早；逆线累减，逢圈取小得最迟；迟早相减，所得之差找关键。

第二步，按图3-44所示，根据节点时间参数直接计算工作时间参数。

八个参数的计算顺序为：$ET \rightarrow LT \rightarrow ES \rightarrow EF \rightarrow LF \rightarrow LS \rightarrow TF \rightarrow FF$。

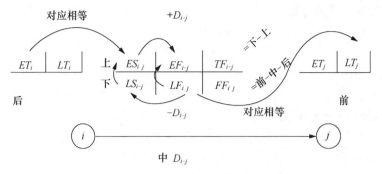

图 3-44　"图上法"直接计算工作时间参数

下面仍以图 3-40 所示双代号网络计划为例，进行时间参数计算，计算步骤如下。

第一步，计算节点最早开始时间 ET，如图 3-45 所示。

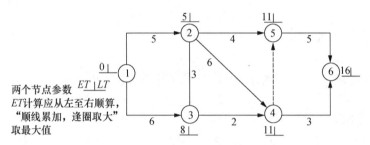

图 3-45　节点参数 ET 计算过程图

第二步，计算节点最迟开始时间 LT，如图 3-46 所示。

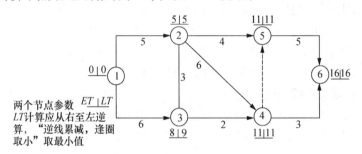

图 3-46　节点参数 LT 计算过程图

第三步，计算工作最早开始时间 ES，如图 3-47 所示。

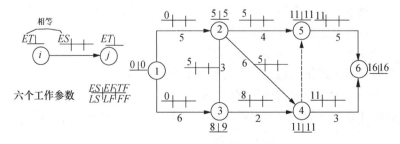

图 3-47　工作参数 ES 计算过程图

第四步，计算工作最迟开始时间 *EF*，如图 3-48 所示。

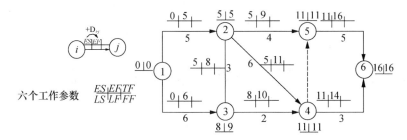

图 3-48 工作参数 *EF* 计算过程图

第五步，计算工作最迟完成时间 *LF*，如图 3-49 所示。

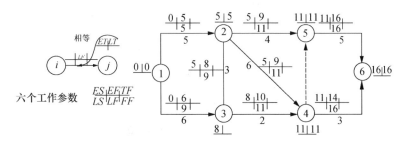

图 3-49 工作参数 *LF* 计算过程图

第六步，计算工作最早开始时间 *LS*，如图 3-50 所示。

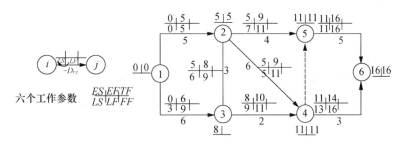

图 3-50 工作参数 *LS* 计算过程图

第七步，计算总时差 *TF*，如图 3-51 所示。

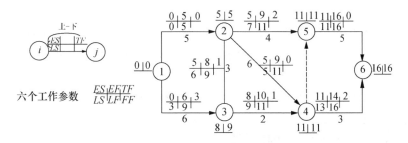

图 3-51 工作参数 *TF* 计算过程图

第八步，计算自由时差 *FF*，如图 3-52 所示。

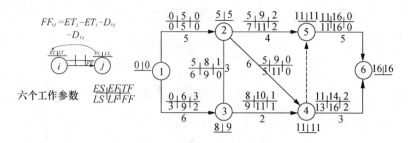

图 3-52　工作参数 *FF* 计算过程图

第九步，确定计算工期和关键线路，如图 3-53 所示。

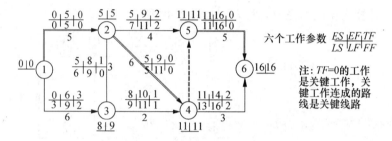

图 3-53　关键线路图（双线线路）

计算工期为 16 天，关键线路为①→②→④→⑤→⑥。

3.3　关键线路的确定

1. 概述

在网络图的线路中时间最长的线路就是关键线路。

通过时间参数计算也可判断关键线路，当计划工期与计算工期相等时，总时差为零的线路就是关键线路；当计划工期与计算工期不同时，总时差等于计划工期与计算工期之差的线路就是关键线路。

关键线路上的工作就是关键工作。需要注意的是，在一个网络图中关键线路往往不止一条，但至少应该有一条。在网络图上，关键线路要用双线、粗线或彩色线标注。

2. 关键线路的判定方法

1）线路长度比较法

在已知的网络图中，找出从起点到终点的所有线路，分别计算和比较各条线路的长度，从中找出各项工作持续时间之和最长的线路，即为该网络图的关键线路。

2）总时差判定法

在网络图中，通过时间参数的计算，求得总时差。总时差为零的工作为关键工作，由关键工作组成的线路为关键线路。

3）线路长度分段比较法（俗称"破圈法"）

整个网络图都是由若干个共始终点的多边形圈和单根线段所组成，因此，可以以圈为单位，将每个圈中的关键线段找出来，或者把每个圈中的非关键（时间最短的）线段去掉，这种方法称为破圈法。

下面以图 3-54 为例加以说明。

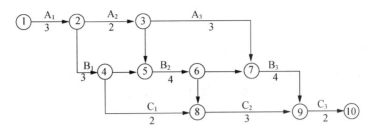

图 3-54　依次开始的网络图

以图 3-54 中的网络图为例，从网络图的起点节点开始，用"破圈法"判定关键线路。其步骤如下。

（1）从网络图的起点至终点，至少有一条线路为关键线路。因为①→②工作是唯一的通路，所以必定是关键线路上的关键工作。

（2）暂时以节点②为起点，以有两个内向箭线的⑤节点作为临时终点，则由②→③→⑤和②→④→⑤两条线路围成一个小圈，比较两条线路的长度，在长度较小的线路上，进入临时终点⑤的箭线③→⑤肯定不是关键工作，暂时擦掉（通常是盖住）该箭线，则小圈变成大圈，又重新形成一个由②→③→⑦和②→④→⑤→⑥→⑦两条线路围成的一个较大的圈。这就是"破小圈，变大圈"。

（3）再以②节点作为临时起点，以⑦节点作为临时终点，则②→③→⑦线路的长度为 5 天，②→④→⑤→⑥→⑦线路的长度为 7 天，说明②→③→⑦线路上进行临时终点⑦的③→⑦箭线肯定不是关键工作。因③→⑤、③→⑦ 工作不是关键工作，则②→③工作也肯定不是关键工作（因不能形成由关键工作构成的通路）。因此只有②→④工作为关键工作。

（4）再以④节点作为临时起点，以⑧节点作为临时终点，则④→⑤→⑥→⑧线路长度为 4 天，而④→⑧箭线的长度为 2 天，说明④→⑧不是关键工作，而④→⑤和⑤→⑥工作是关键工作。如果两段线路等长，则可能都是关键工作或非关键工作，此时可假定其中一条线路短。

（5）再以⑥节点作为临时起点，以⑨节点作为临时终点，则⑥→⑦→⑨线路长度为 4 天，⑥→⑧→⑨线路长度为 3 天，说明⑧→⑨工作不是关键工作。因此，只有⑥→⑦和⑦→⑨工作为关键工作 。

（6）箭线⑨→⑩也是关键工作。因此该网络图中的关键线路为①→②→④→⑤→⑥→⑦→⑨→⑩线路，其长度为 $L_p = 3 + 3 + 4 + 4 + 2 = 16$（天），为网络计划的推算工期。

无论网络计划多么复杂，采用"破圈法"均能快捷准确地判定出关键线路，计算出推算工期，所以是目前实用性最强、应用最广泛的判定关键线路的方法。

4）利用关键节点判断关键线路

双代号网络图中，关键线路上的节点称为关键节点。当计划工期等于计算工期时，关键节点的最迟时间与其最早时间必然相等。关键节点必然处在关键线路上，但由关键节点组成的线路不一定是关键线路。换言之，两端为关键节点的工作不一定是关键工作。计算出双代号网络图的节点时间参数后，就可以通过关键节点法找出关键线路。两个关键节点之间关键线路的条件是：箭尾节点时间 + 工作持续时间 = 箭头节点时间。

用公式表示如下：

$$ET_i + D_{i-j} = ET_j \qquad (3-25)$$

或者

$$LT_i + D_{i-j} = LT_j \qquad (3-26)$$

关键工作确定后，关键线路也就确定了。

例如，在图3-43中，节点①、②、④、⑤、⑥就是关键节点。关键节点必然处在关键线路上，但由关键节点组成的线路不一定是关键线路。例如，在本例中节点①、②、⑤、⑥组成的线路就不是关键线路。

当利用关键节点判别关键线路和关键工作时，还要满足下列判别式：

$$ET_i + D_{i-j} = ET_j \qquad (3-27)$$

或

$$LT_i + D_{i-j} = LT_j \qquad (3-28)$$

如果两个关键节点之间的工作符合上述判别式，则该工作必然为关键工作，它应该在关键线路上。否则，该工作就不是关键工作，关键线路也就不会从此处通过。例如，在本例中，工作1～2、工作2～4、虚工作4～5和工作5～6均符合上述判别式，故线路①→②→④→⑤→⑥为关键线路。

需要说明的是，以关键节点为完成节点的工作，其总时差和自由时差必然相等。例如，在图3-43所示网络计划中，工作2～5的总时差和自由时差均为2；工作3～4的总时差和自由时差均为1；工作4～6的总时差和自由时差均为2。

5）用"节点标号法"计算工期并确定关键线路

当需要快速求出工期和找出关键线路时，可采用节点标号法。它是将每个节点以后工作的最早开始时间的数值及该数值来源于前面节点的编号写在节点处，最后可得到工期，并可循节点号找出关键线路。

标号法的格式为：

（源节点，标号值）

标号法计算步骤如下。

（1）设网络计划起点节点的标号值为零，即$b_1 = 0$。

（2）顺箭线方向逐个计算节点的标号值。每个节点的标号值，等于以该节点为完成节点的各工作的开始节点标号值与相应工作持续时间之和的最大值，即：

$$b_j = \max\{b_i + D_{i-j}\} \qquad (3-29)$$

将标号值的来源点及得出的标号值标注在节点上方。

（3）节点标号完成后，终点节点的标号即为计算工期。

（4）从网络计划终点节点开始，逆箭线方向按源节点寻求出关键线路。

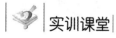 实训课堂

实训四　双代号网络图时间参数的计算

【例3-6】　请采用图上计算法计算图3-55所示双代号网络图各节点时间参数和各工作时间参数，找出关键工作和关键线路，并指出计算工期。

【案例解析】

1. 计算节点最早时间参数 ET

节点最早时间应从网络图的起点节点开始，按照编号从小到大依次计算，直至终点节点，由于没有规定起始节点的最早时间，因此，节点①最早开始时间可以取 $ET_1 = 0$。

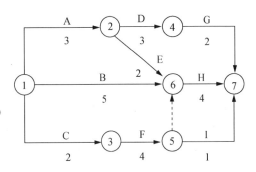

图 3-55　双代号网络图时间参数示例

根据公式 $ET_j = ET_i + D_{i-j}$，则有：$ET_2 = 0 + 3 = 3$、$ET_3 = 0 + 2 = 2$、$ET_4 = 3 + 3 = 6$、$ET_5 = 2 + 4 = 6$。

节点⑥有多条内向箭线，因此应根据公式 $ET_j = \max\{ET_i + D_{i-j}\}$ 确定其最早开始时间，即 $ET_6 = \max\{3 + 2, 0 + 5, 6 + 0\} = 6$，同理，终点节点⑦的最早时间为：$ET_7 = \max\{6 + 2, 6 + 4, 6 + 1\} = 10$，则计算工期 $T_c = ET_7 = 10$。

2. 计算节点最迟可能开始时间 LT

节点最迟时间应从网络图终点节点开始，逆着箭线的方向，按照节点编号从大到小进行计算，直至起点节点。因无要求工期，故节点⑦的最迟时间取 $LT_7 = ET_7 = 10$。

根据公式 $LT_i = LT_j - D_{i-j}$，则有：$LT = 10 - 4 = 6$。

节点⑤有多条外向箭线，因此应根据公式 $LT_i = \min\{LT_j - D_{i-j}\}$ 确定其最迟时间，即 $LT_i = \min\{6 - 0, 10 - 1\} = 6$。同理，依次可得：$LT_4 = 8$、$LT_3 = 2$、$LT_2 = 4$、$LT_1 = 0$。

3. 计算各工作最早开始时间和最早完成时间

首先计算各工作最早开始时间和最早完成时间，计算顺序是顺着箭线方向从起始工作开始依次计算。

工作 A、B、C 为并列关系的三个起始工作，其最早开始时间均与起点节点①的最早时间相等，即 $ES_{1-2} = ES_{1-6} = ES_{1-3} = ET = 0$。

根据公式 $ES_{i-j} = ET_i$ 有 D、E、F 的最早开始时间分别为：$ES_{2-4} = ET_3 = 3$、$ES_{2-6} = ET_2 = 3$、$ES_{3-5} = ET_3 = 2$。同理可得：$ES_{5-6} = 6$、$ES_{4-7} = 6$、$ES_{6-7} = 6$、$ES_{5-7} = 6$。

由于 H 工作有多个紧前工作，因此 H 工作的最早开始时间可根据公式 $ES_{i-j} = \max\{ES_{h-j} + D_{h-j}\}$ 进行计算，即：$ES_{6-7} = \max\{ES_{2-6} + D_{2-6}, ES_{1-6} + D_{5-6}, ES_{5-6} + D_{2-6}\} = \max\{3 + 2, 0 + 5, 6 + 0\} = 6$。

根据前面计算所得各工作最早开始时间，可按照公式 $EF_{i-j} = ES_{i-j} + D_{i-j}$ 计算各工作最早完成时间：$EF_{1-2} = ES_{1-2} + D_{1-2} = 0 + 3 = 3$、$EF_{1-6} = ES_{1-6} + D_{1-6} = 0 + 5 = 5$、$EF_{1-3} = ES_{1-3} + D_{1-3} = 0 + 2 = 2$、$EF_{2-4} = ES_{2-4} + D_{2-4} = 3 + 3 = 6$、$EF_{2-6} = ES_{2-6} + D_{2-6} = 3 + 2 = 5$、$EF_{3-5} = ES_{3-5} + D_{3-5} = 2 + 4 = 6$、$EF_{5-6} = ES_{5-6} + D_{5-6} = 6 + 0 = 6$、$EF_{4-7} = ES_{4-7} + D_{4-7} = 6 + 2 = 8$、$EF_{5-7} = ES_{5-7} + D_{5-7} = 6 + 1 = 7$、$EF_{6-7} = ES_{6-7} + D_{6-7} = 6 + 4 = 10$。

4. 各工作最迟开始时间和最迟完成时间

计算各工作最迟时间参数的计算顺序是逆箭线方向，从网络图的结束工作向起始工作计算的。根据公式 $LF_{i-j} = LT_j$ 可得各工作最迟完成时间分别为：$LF_{4-7} = LT_7 = 10$、$LF_{6-7} = LT_7 = 10$、$LF_{5-7} = LT_7 = 10$、$LF_{2-4} = LT_4 = 8$、$LF_{2-6} = LT_6 = 6$、$LF_{5-6} = LT_6 = 6$、$LF_{3-5} = LT_5 = 6$、$LF_{1-2} = LT_2 = 4$、$LF_{1-6} = LT_6 = 6$、$LF_{1-3} = LT_3 = 2$。

根据公式 $LS_{i-j} = LF_{i-j} - D_{i-j}$ 可得各工作最迟开始时间分别为：$LS_{4-7} = LF_{4-7} - D_{4-7} = 10 - 2 = 8$、$LS_{6-7} = LF_{6-7} - D_{6-7} = 10 - 4 = 6$、$LS_{5-7} = LF_{5-7} - D_{5-7} = 10 - 1 = 9$、$LS_{2-4} = LF_{2-4} - D_{2-4} = 8 - 3 = 5$、$LS_{5-6} = LF_{5-6} - D_{5-6} = 6 - 0 = 6$、$LS_{3-5} = LF_{3-5} - D_{3-5} = 6 - 4 = 2$、$LS_{4-7} = LF_{4-7} - D_{4-7} = 10 - 2 = 8$、$LS_{1-2} = LF_{1-2} - D_{1-2} = 4 - 3 = 1$、$LS_{1-6} = LF_{1-6} - D_{1-6} = 6 - 5 = 1$、$LS_{1-3} = LF_{1-3} - D_{1-3} = 2 - 2 = 0$。

5. 工作时差的计算

1）计算总时差

首先根据公式 $TF_{i-j} = LS_{i-j} - ES_{i-j}$，计算出工作总时差分别为：$TF_{1-2} = LS_{1-2} - ES_{1-2} = 1 - 0 = 1$、$TF_{1-6} = LS_{1-6} - ES_{1-6} = 1 - 0 = 1$、$TF_{1-3} = LS_{1-3} - ES_{1-3} = 0 - 0 = 0$、$TF_{2-4} = LS_{2-4} - ES_{2-4} = 5 - 3 = 2$、$TF_{2-6} = LS_{2-6} - ES_{2-6} = 4 - 3 = 1$、$TF_{3-5} = LS_{3-5} - ES_{3-5} = 2 - 2 = 0$、$TF_{5-6} = LS_{5-6} - ES_{5-6} = 6 - 6 = 0$、$TF_{4-7} = LS_{4-7} - ES_{4-7} = 8 - 6 = 2$、$TF_{6-7} = LS_{6-7} - ES_{6-7} = 6 - 6 = 0$、$TF_{5-7} = LS_{5-7} - ES_{5-7} = 9 - 6 = 3$。

2）计算自由时差

根据公式 $FF_{i-j} = ES_{j-k} - EF_{i-j}$，计算出各工作自由时差分别为：$FF_{1-2} = ES_{2-4} - EF_{1-2} = 3 - 3 = 0$、$FF_{1-6} = ES_{6-7} - EF_{1-6} = 6 - 5 = 1$、$FF_{1-3} = ES_{3-5} - EF_{1-3} = 2 - 2 = 0$、$FF_{2-4} = ES_{4-7} - EF_{2-4} = 6 - 6 = 0$、$FF_{2-6} = ES_{6-7} - EF_{2-6} = 6 - 5 = 1$、$FF_{3-5} = ES_{5-7} - EF_{3-5} = 6 - 6 = 0$。

工作 G、H、I 为结束工作，因此可按公式 $FF_{i-n} = ET_n - EF_{i-n}$ 计算其自由时差，即 $FF_{4-7} = ET_7 - EF_{4-7} = 10 - 8 = 2$、$FF_{6-7} = ET_7 - EF_{6-7} = 10 - 10 = 0$、$FF_{5-7} = ET_7 - EF_{5-7} = 10 - 7 = 3$。

在各时间参数计算过程中，按照时间参数标注方法，将以上各时间参数的计算结果随算随注在相应位置，如图 3-56 所示。

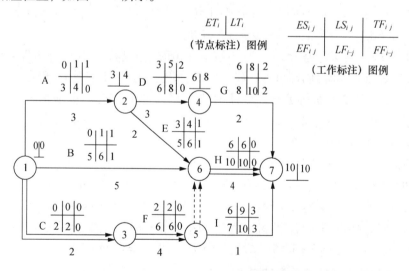

图 3-56 双代号网络图时间参数计算示例

6. 关键线路的确定

（1）确定关键线路和关键工作。通过观察时间参数计算结果可知，有总时差为零的工作组成的线路有一条，即①→③→⑤→⑥→⑦，此线路就是关键线路，如图 3-56 中双线所示，组成该线路的工作 C、F、H 就是关键工作。

（2）确定计算工期。关键线路的线路时间就是计算工期，本网络图的计算工期为 10 天。

【例 3-7】　某已知网络计划如图 3-57 所示，试用标号法求出工期并找出关键线路。

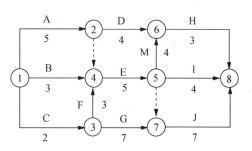

图 3-57　双代号网络图示例

【案例剖析】

（1）设起点节点标号值 $b_1 = 0$。

（2）对其他节点依次进行标号。各节点的标号值计算如下，并将源节点号和标号值标注在图 3-58 中。

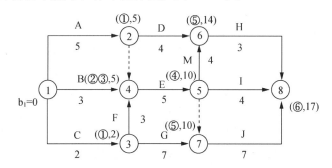

图 3-58　"标号法"计算双代号网络图时间参数

各节点标号数据计算如下：$b_2 = b_1 + D_{1-2} = 0 + 5 = 5$、$b_3 = b_1 + D_{1-3} = 0 + 2 = 2$、

$b_4 = \max\left[(b_1 + D_{1-4}),(b_2 + D_{2-4}),(b_3 + D_{3-4})\right] = \max\left[(0+3),(5+0),(2+3)\right] = 5$、

$b_5 = b_4 + D_{4-5} = 5 + 5 = 10$、$b_6 = b_5 + D_{5-6} = 10 + 4 = 14$、$b_7 = b_5 + D_{5-7} = 10 + 0 = 10$、

$b_8 = \max\left[(b_5 + D_{5-8}),(b_6 + D_{6-8}),(b_7 + D_{7-8})\right] = \max\left[(10+4),(14+3),(10+5)\right] = 17$

（3）由此可确定该网路计划的工期为 17 天。

（4）根据源节点逆箭线寻求出关键线路。两条关键线路如图 3-59 中双箭线所示。

【例 3-8】　如图 3-60 所示，试用破圈法求关键线路。

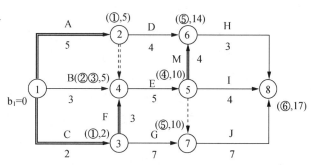

图 3-59　"标号法"确定关键线路

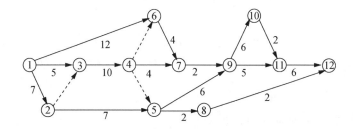

图 3-60　双代号网络图

【案例剖析】 如图 3-60 所示：节点①②③为一圈，其中①③持续时间最短，应去掉①③（画×）或①②③画双箭线；节点①④⑥为一圈，应去掉①⑥；节点②③④⑤为一圈，应去掉②⑤；节点④⑥⑦为一圈，两条线段时间都相等，都用双箭线；节点④⑤⑨为一圈，两条线段时间都相等，都用双箭线；节点⑨⑩⑪为一圈，应去掉⑨⑪；节点⑤⑩⑫⑧为一圈，应去掉⑤⑧⑫。

剩余线路用双箭线链接，就是关键线路。

课题 4 双代号时标网络计划

4.1 双代号时标网络计划的含义

前面所介绍的双代号网络计划通过标注在箭线下方的数字来表示工作持续时间，因此，在绘制双代号网络图时，并不强调箭线长短的比例关系，这样的双代号网络图必须通过计算各个时间参数才能反映出各个工作进展的具体时间情况，由于网络计划图中没有时间坐标，所以称其为非时标网络计划。如果将横道图中的时间坐标引入非时标网络计划，就可以很直观地从网络图中看出工作最早开始时间、自由时差以及总工期等时间参数，它结合了横道图与网络图的优点，应用起来更加方便、直观。我们称这种以时间坐标为尺度编制的网络计划为时标网络计划。

双代号时标网络计划由时标计划表和双代号网络图两部分组成。在时标计划表顶部或下部可单独或同时加注时标，时标单位可根据网络计划的具体需要确定为时、天、周、月或季等。

4.2 双代号时标网络计划的特点以及一般规定

1. 时标网络计划的特点

（1）在时标网络计划中，箭线的水平投影长度表示工作的持续时间。

（2）可直接显示各工作的时间参数和关键线路，不必计算。

（3）由于受到时间坐标的限制，因此在时标网络计划中不会产生闭合回路。

（4）可以直接在时标网络图的下方绘出资源动态曲线，便于计划的分析和控制。

（5）由于箭线的长度和位置受时间坐标的限制，因而调整和修改不太方便。

2. 时标网络计划的一般规定

（1）双代号时标网络计划是以水平时间坐标为尺度表示工作持续时间，时标的时间单位根据网络计划的需要确定，可以采用时、天、周、月或季等。

（2）时标网络计划应以实箭线表示工作，以虚箭线表示虚工作，以波形线表示工作的自由时差。

（3）时标网络计划中所有符号在时间坐标上的水平投影位置，都必须与其时间参数相对应，节点中心必须对准相应的时标位置。虚工作必须以垂直方向的虚箭线表示，有自由时差时则加波形线表示。

4.3 双代号时标网络计划的绘制

绘制时标网络计划时，通常采用标号法来确定节点的标号值（即坐标或位置）和确定关键线路及工期，确保能够快速、正确地完成时标网络图的绘制。

时标网络计划一般按工作的最早开始时间绘制（称为早时标网络计划）。其绘制方法有间接绘制法和直接绘制法两种。

1. 间接绘制法

间接绘制法是先计算网络计划的时间参数，再根据时间参数在时间坐标上进行绘制的方法。其绘制步骤和方法如下。

第一步，先绘制双代号网络图，计算节点的最早时间参数，确定关键工作及关键线路。

第二步，根据需要确定时间单位并绘制时标横轴。

第三步，根据节点的最早时间确定各节点的位置。

第四步，按照从左到右的顺序绘制，依次在各节点间绘出箭线及时差。如箭线长度不足以达到工作的完成节点时，用波形线补足，箭头画在波形线与节点连接处。绘制时宜先画关键工作、关键线路，再画非关键工作。

第五步，虚工作必须以垂直方向的虚箭线表示，如果虚箭线两端的节点在水平方向上有距离，则用波形线作为其水平连线。用虚箭线连接各有关节点，将有关的工作连接起来。

根据上述原则，将图 3-61 所示的双代号网络图按照最早时间绘制成的时标网络计划如图 3-62 所示。

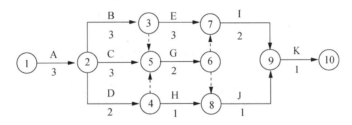

图 3-61　双代号网络计划图

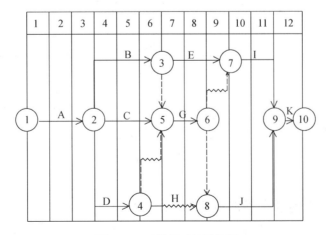

图 3-62　双代号时标网络图

2. 直接绘制法

直接绘制法是不计算网络计划的时间参数，直接在时间坐标上进行绘制的方法。其绘制步骤和方法可归纳为如下绘图口诀："时间长短坐标限，曲直斜平利相连；箭线到齐画节点，画完节点补波线；零线尽量拉垂直，否则安排有缺陷。"

（1）时间长短坐标限：箭线的水平投影长度代表着具体的施工时间，受到时间坐标的制约。

（2）曲直斜平利相连：箭线的表达方式可以是直线、折线、斜线等，但布图应合理，表达直观清晰。

（3）箭线到齐画节点：工作的开始节点必须在该工作的全部紧前工作都画出后，定位在这些紧前工作最晚完成的时间刻度上。

（4）画完节点补波线：某些工作的箭线长度不足以达到其完成节点时，用波形线补足。

（5）零线尽量拉垂直：虚工作持续时间为零，应将其画为垂直线。

（6）否则安排有缺陷：若出现虚工作占据时间的情况，其原因是工作面停歇或施工作业队工作不连续。

【例 3-9】 以图 3-63 所示的双代号网络计划图为例，试绘制时标网络图。

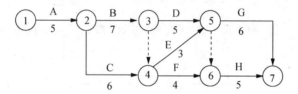

图 3-63　双代号网络计划图

【解题分析】 本例可按以上所述间接绘制法或直接绘制法进行绘制。

【案例剖析】 按直接绘制法绘制，双代号时标网络计划如图 3-64 所示。

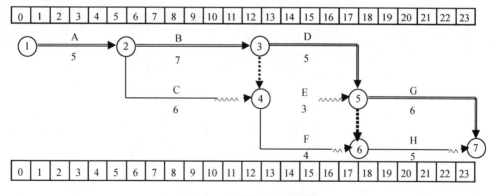

图 3-64　双代号时标网络图

4.4　关键线路的确定和时间参数的判读

1. 关键线路的确定

自终点节点逆箭线方向至起点节点，自始至终不出现波形线的线路为关键线路。

2. 工期

时标网络计划的计算工期，应是其终点节点与起点节点所在位置的时标值之差。

3. 时间参数的判读

（1）最早开始时间（ES）：箭尾节点所对应的时标值。

（2）最早完成时间（EF）：若实箭线抵达箭头节点，则最早完成时间就是箭头节点时标值；若实箭线未抵达箭头节点，则其最早完成时间为实箭线末端所对应的时标值。

（3）自由时差（FF）：波形线的水平投影长度即为该工作的自由时差。

（4）总时差（TF）：自右向左进行，其值等于各紧后工作的总时差的最小值与本工作的自由时差之和。即：

$$TF_{i-j} = \min(TF_{j-k}) + FF_{i-j}$$

（5）最迟开始时间（LS）：工作的最早开始时间加上其总时差。即：

$$LS_{i-j} = ES_{i-j} + TF_{i-j}$$

（6）最迟完成时间（LF）：工作的最早完成时间加上其总时差。即：

$$LF_{i-j} = EF_{i-j} + TF_{i-j}$$

 实训课堂

实训五　双代号时标网络计划

【例3-10】　某双代号网络计划如图3-65所示，试将其绘制成双代号时标网络图，并确定关键线路和时间参数。

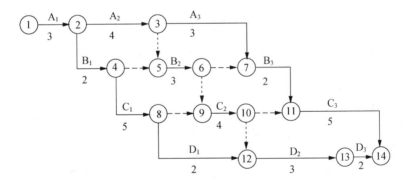

图3-65　双代号网络计划

【案例剖析】

（1）绘制双代号时标网络图。按直接绘制的方法，绘制出双代号时标网络计划如图3-66所示。

（2）确定关键线路和时间参数。图3-66所示的关键线路和时间参数判读结果见图中标注。

【例3-11】　根据图3-67网络图绘制双代号时标网络计划，并判定关键线路（用粗箭线表示），求计算工期T_c，标注总时差TP_{i-j}。

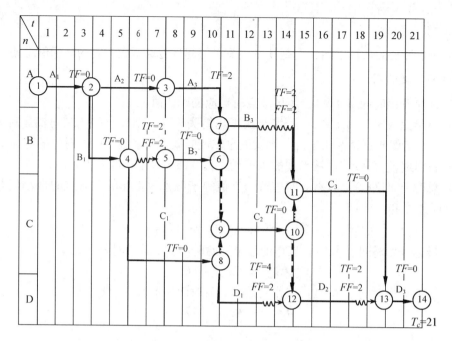

图 3-66 双代号时标网络计划图

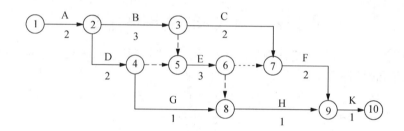

图 3-67 某工程施工网络图

【案例剖析】 绘制步骤如下。

第一步，将起点节点①定位在时标计划表的零刻度上。表示 A 工作的最早开始时间，A 工作的持续时间为 2 天，定位节点②。因节点③、④之前只有一个箭头，无自由时差，按 B 和 D 的持续时间 3 天和 2 天可定位节点③和④，虚箭线④→⑤不占用时间，要绘成垂直线，长度不足以到达节点⑤，用波形线表示一天的自由时差。虚箭线③→⑤无时差，直接用垂直虚箭线连接节点③→⑤。节点⑥之前只有一项实工作 E，持续时间 3 天，可直接连接节点⑤和⑥。节点⑧之前有节点⑥和④，⑥→⑧为虚工作，垂直虚线无时差，可定位节点⑧，连接⑥→⑧。节点④之后 G 工作持续时间为 1 天，自由时差有 3 天，用波形线连接至节点⑧。节点⑦定位有节点⑥确定，说明虚工作⑥→⑦无自由时差，用垂直虚线连接节点⑥和⑦。C 工作的持续时间 2 天，用波形线补足 1 天才到达节点⑦。节点⑨之前 F 工作和 H 工作，持续时间分别为 2 天和 1 天。所以，节点⑨的定位应由节点⑦F 工作持续时间来确定。H 工作有一天时差，用波形线连接到达节点⑨。终点节点⑩定位直接由 K 工作持续时间 1 天确定。终点节点⑩定位后，双代号时标网络计划绘制完成，如图 3-68 所示。

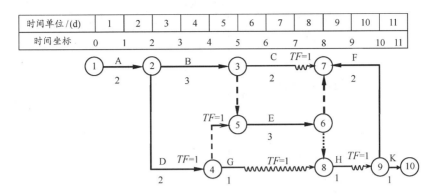

图 3-68 双代号时标网络计划（按最早时间绘制）

第二步，自终点节点⑩逆箭线方向朝起点节点①检验，始终不出现波形线的只有一条 ①→②→③→⑤→⑥→⑦→⑨→⑩为关键线路，并用粗线表示。

第三步，双代号时标网络计划的计算工期 $T_c = 11 - 0 = 11$ （d）。

第四步，波形线在坐标轴上的水平投影长度，即为该工作的自由时差。

第五步，工作的总时差按公式判定。其值标注在相应的箭线上。

【例 3-12】 某双代号网络计划，如图 3-69 所示。试绘制双代号时标网络计划。

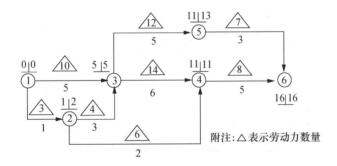

图 3-69 双代号网络计划

【案例剖析】 按间接法绘制双代号时标网络计划图。

第一步，计算双代号网络计划节点时间参数，确定关键工作及关键线路。

第二步，根据需要确定时间单位并绘制时标横轴。时标可标注在时标网络计划的顶部，每格为 1 d。

第三步，根据网络计划中各节点的最早时间，先绘制关键线路上的节点①、③、④、⑥，再绘制出非关键线路上的节点②、⑤。

第四步，按绘图要求，依次在各节点间绘出箭线长度及自由时差。

第五步，在纵坐标上面绘制劳动力动态图，如图 3-70 所示。

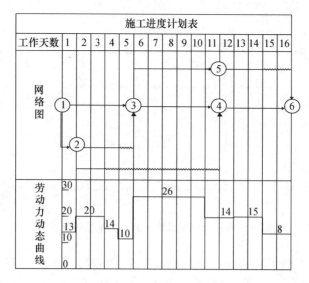

图 3-70 双代号时标网络计划与劳动力动态图（早时标网络图）

小　结

1. 网络计划是用网络图表达任务构成、工作顺序并加注工作时间参数的进度计划。它由箭线和节点按照一定规则组成，将施工过程各有关工作组成一个有机的整体，全面、明确地反映出各项工作间相互制约、相互依赖的关系。

2. 网络计划有多种分类方法。按表示方法，可分为单代号网络计划和双代号网络计划；按有无时间坐标，可分为时标网络计划和非时标网络计划；按编制层次，可分为总网络计划和局部网络计划等。

3. 双代号网络计划是以一条箭线表示一项工作，用箭线首尾两个节点（圆圈）编号做工作代号的网络图形。组成双代号网络图的三个基本要素是：箭线、节点、线路。

正确绘制双代号网络图是网络计划技术应用的关键。在绘图时应正确表达工作间的逻辑关系并遵守绘图的基本规则。

没有标注时间参数的网络图，仅仅是施工项目工艺或组织的流程图，要应用双代号网络图对建筑工程项目做出施工进度安排，需对网络图进行时间参数计算，在此基础上确定关键线路、关键工作，找出非关键工作的机动时间，实现对网络计划的调整、优化，使其起到指导或控制工程施工的作用。双代号网络图的时间参数包括工作持续时间、节点时间参数、工作时间参数和线路时间参数四类。

4. 工程项目网络计划根据编制对象的不同包括分部工程网络计划，单位工程网络计划和群体工程网络计划。单位工程网络计划按照调查研究、确定施工方案、划分施工过程、编制初始网络计划、计算各工作的时间参数、确定关键线路、正式绘制单位工程施工网络计划等步骤进行编制。

5. 双代号时标网络计划是以时间坐标为尺度绘制的网络计划，它吸取了横道计划图具有直观性的优点，使工作间不仅逻辑关系明确，而且时间关系也一目了然。采用时标网络计划为施工进度的调整与控制、网络计划优化提供了便利。时标网络计划适用于编制工作项目较少，工艺过程较简单的施工计划。对于大型复杂的工程，可先编制总的施工网络计划，然后根据工程的性质，所需网络计划的详细程度，每隔一段时间对下段时间应施工的工程区段绘制详细的时标网络计划。

推荐阅读资料

1. 中华人民共和国国家标准《建筑施工组织设计规范》（GB/T 50502—2009）。
2. 《建筑施工手册（之施工组织设计）》第五版，中国建筑工业出版社。
3. 《建筑施工组织》柳邦兴 主编，化学工业出版社。

学习鉴定

一、填空题

1. 网络图是由_____和_____按照一定规则组成的、用来表达工作流程的、有向有序的网状图形。

2. 双代号网络图是用_____表示工作，用_____表示工作的开始或结束状态及工作之间的连接点。

3. 虚箭线可起到_____、_____和_____作用，是正确地表达某些工作之间逻辑关系的必要手段。

4. 网络图中耗时最长的线路称为_____，它决定了该工程的_____。

5. 当计划工期等于计算工期时，总时差为_____的工作为关键工作。

6. 当计划工期等于计算工期时，关键工作的自由时差为_____。

7. 时标网络计划以_____表示实际工作，以_____表示虚工作，以_____表示工作的自由时差。

8. 时标网络计划的计算工期是_____与_____所在位置的时标值之差。

9. 在时标网络计划中，实箭线水平投影长度表示该工作的_____。

10. 在时标网络计划中，一项工作自由时差值，应是其_____的水平投影长度。

二、单选题

1. 下列有关虚工作说法，错误的是（　　）。
   - A. 虚工作无工作名称
   - B. 虚工作的持续时间为零
   - C. 虚工作不消耗资源
   - D. 虚工作是可有可无的

2. 下列有关关键线路的说法，正确的是（　　）。
   - A. 一个网络图中，关键线路只有一条
   - B. 关键线路是没有虚工作的线路
   - C. 关键线路是耗时最长的线路
   - D. 关键线路是需要资源最多的线路

3. 工作 M 有 A、B 两项紧前工作，其持续时间是 A 为 3 d（d 表示天）、B 为 4 d。其最早开始时间是 A 为 5 d，B 为 6 d。则 M 工作的最早开始时间是（　　）。
   - A. 5 d
   - B. 6 d
   - C. 8 d
   - D. 10 d

4. 某工作有 3 项紧后工作，其持续时间分别为 4 d、5 d、6 d；其最迟完成时间分别为

18 d、16 d、14 d，本工作的最迟完成时间是（　　）。

A. 14 d   B. 11 d

C. 8 d   D. 6 d

5. 已知某工作的 $ES = 4$ d，$EF = 8$ d，$LS = 7$ d，$LF = 11$ d，则该工作的总时差为（　　）。

A. 2 d   B. 3 d

C. 4 d   D. 6 d

三、多选题

1. 在绘制网络图时，交叉箭线的表示方法有（　　）。

A. 过桥法   B. 母线法

C. 流水法   D. 分段法

E. 指向法

2. 在网络计划中，当计算工期等于要求工期时，由（　　）构成的线路为关键线路。

A. 总时差为零的工作   B. 自由时差为零的工作

C. 关键工作   D. 所需资源最多的工作

E. 总时差最大的工作

3. 时标网络计划的特点是（　　）。

A. 直接显示工作的自由时差

B. 直接显示工作的开始和完成时间

C. 便于据图优化资源

D. 便于绘图和修改计划

E. 便于统计资源需要量

四、名词解释

1. 双代号网络图。

2. 虚工作。

3. 关键线路。

4. 总时差。

5. 自由时差。

五、问答题

1. 什么是网络图？什么是网络计划？网络计划有哪些优缺点？

2. 什么称为双代号网络图？双代号网络图有哪些要素？有哪些绘制规则与要求？

3. 计算网络计划的时间参数意义何在，一般网络计划要计算哪些时间参数？

4. 什么是关键线路？什么是关键工作？如何确定关键线路？

5. 如何判断双代号时标网络计划的关键线路、工期及各工作的时间参数？

练习作业

1. 指出图 3-71 所示各网络图的错误，并改正。

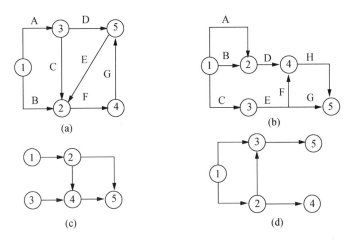

图 3-71 双代号网络图

2. 根据表 3-18 中各工作的逻辑关系，绘制双代号网络图。

表 3-18 逻辑关系表

工作	A	B	C	D	E	F
紧前工作	—	A	A	B、C	C	D、E
紧后工作	B、C	D	D、E	F	F	—

3. 绘出表 3-19 工作关系的双代号网络计划。

表 3-19 各工作的逻辑关系资料表

工作	A	B	C	D	E	F	G	H	I	J
紧前工作	—	A	A	A	B	B、C	E、F	F	F、D	G、H、I

4. 用图上计算法计算图 3-72 各工作的时间参数，求出工期并找出关键线路。

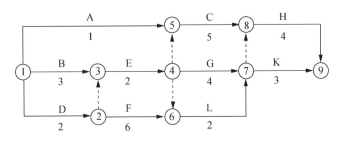

图 3-72 双代号网络图时间参数的计划

5. 已知网络计划如图 3-73 所示，试用标号法求出工期，并找出关键线路。

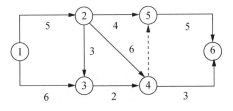

图 3-73 双代号网络图

6. 用直接绘制法将图 3-74 改画为双代号时标网络计划图。

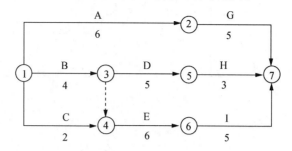

图 3-74 双代号网络图

7. 用间接法将图 3-75 改画为双代号时标网络计划图。

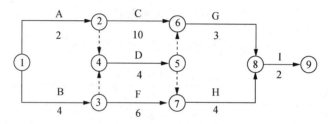

图 3-75 双代号网络图

8. 根据表 3-20 所示逻辑关系，试绘制双代号时标网络计划图。

表 3-20 逻辑关系表

工作	A	B	C	D	E	F	G	H	K
持续时间	3	2	3	4	5	3	4	2	2
紧前工作	—	A	A	A	B	B	C	D	F、G、H
紧后工作	B、C、D	E、F	G	H	—	K	K	K	—

9. 某基础工程分三段施工，其施工过程及流水节拍为：挖槽 2 d，打灰土垫层 1 d，砌砖基础 3 d，回填土 2 d。试绘出其双代号网络图。

10. 试计算图 3-76 的各工作时间参数，确定关键线路和计算工期。

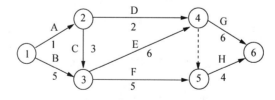

图 3-76 双代号网络图

实训任务

1. 绘制某住宅楼工程标准层主体工程施工网络图。

2. 将某职工宿舍工程标准层主体工程施工横道图改绘为双代号网络图和早时标双代号网络图。

第二篇

单位工程施工组织设计

工程概况

学习目标

1. 掌握"编制依据"的编写内容、编写方法及要求；
2. 掌握"工程概况"的编写内容、编写方法及要求。

技能目标

能编制单位工程施工组织设计的工程概况。

问题引入

建筑施工组织的核心是施工组织与计划管理，关键方法是施工组织设计，因此单位工程施工组织设计是规划和指导拟建工程从施工准备到竣工验收全过程施工活动的技术经济文件。

单位工程施工组织设计主要包括：工程概况、施工部署、施工进度计划、施工准备与资源配置计划、主要施工方案、施工现场平面布置等内容。下面学习"工程概况"的编写方法。

知识课堂

课题1 编制依据的编写

1.1 编写内容

编制依据的编写内容主要是列出所依据的工程设计资料、合同承诺以及法律法规等，可参考以下内容罗列条目。

（1）工程承包合同。

（2）工程设计文件（施工图设计变更、洽商等）。

（3）与工程建设有关的国家、行业和地方的法律、法规、规范、规程、标准、图集。

（4）施工组织纲要（投标性施工组织设计）、施工组织总设计（如本工程是整个建设项目中的一个单位工程，应把施工组织总设计作为编制依据）。

（5）企业技术标准与管理文件。

（6）工程预算文件和有关定额。

（7）施工条件及施工现场勘察资料等。

1.2　编写方法及要求

在编写形式上采用表格的形式，使人一目了然，如表4-1～表4-7。

【特别提示】

（1）法律、法规、规范、规程、标准、制度等应按顺序写；国家→行业→地方→企业；法规→规范→规程→规定→图集→标准。

（2）特别注意法律、法规、规范、规程、标准、地方标准图集等应是"现行"的，不能使用过时作废的作为依据。

表4-1　工程承包合同

序号	合同名称	编号	签订日期
1	××建设工程施工总承包合同		××××年×月×日
2	……		

表4-2　施工图纸

图纸类别	图纸编号	出图日期
建筑施工图	建施×～建施×	
结构施工图	结施×～结施×	
电气专业施工图	电施×～电施×	
设备专业施工图	设施×～设施×	
……	……	

表4-3　主要法规

类别	名称	编号或文号
国家		
行业		
地方		

表 4-4　主要规范、规程

类别	名称	编号或文号
国家		GB
行业		JGJ
地方		DBJ

表 4-5　主要图集

类别	名称	编号
国家		
地方		

表 4-6　主要标准

类别	名称	编号
国家		GB
行业		JGJ
地方		DB
企业*		QB

* 企业技术标准须经建设行政部门备案后实施。

表 4-7　其他

序号	类别	名称	编号或文号

课题2　工程概况的编写

2.1　工程概况的编写内容

单位工程施工组织设计中的工程概况是对拟建工程的主要情况、各专业设计简介和工程施工条件等的一个简洁、明了、突出重点的文字介绍。在描述时可以加入拟建工程平面图、剖面图及表格等以图表的形式进行补充说明。

1. 工程概况

主要说明拟建工程的建设单位，工程名称，工程概况、性质、用途、资金来源及工程投资额，开竣工的日期，设计单位，施工单位（包括施工总承包和分包单位），施工图纸情况，施工合同，主管部门的有关文件或要求，组织施工的指导思想等。

2. 工程设计概况

依据施工图纸对工程各专业设计进行综合说明，主要介绍以下几个方面情况。

（1）建筑设计简介。主要说明拟建工程的建筑规模、建筑功能、建筑特点、建筑耐火、防水及节能等情况及室内外的装修情况，并附平面、立面、剖面简图。

（2）结构设计简介。主要说明结构形式、基础的类型、构造特点和埋置深度；抗震设防的烈度，抗震等级以及主要结构构件类型及要求等。

（3）设备安装设计简介。主要说明建筑采暖卫生与煤气工程、建筑电气安装工程、通风空调工程、电气安装工程、智能化系统、电梯等各个专业系统的设计做法要求。

3. 工程施工概况

（1）建设地点的特征。主要说明拟建工程的位置、地形，工程地质条件，冬、雨期期限，冻土深度、地下水位、水质，气温，主导风向、风力和地震烈度等特征。

（2）施工条件。主要说明拟建工程"三通一平"情况（建设单位提供水、电源及管径、容量及电压），现场临时设施，现场周边的环境，施工场地的大小，地上、地下各种管线的位置，当地交通运输的条件，预制构件的生产及供应情况，预拌混凝土供应情况，施工企业、机械、设备和劳动力的落实情况，劳动力的组织形式和内部承包方式等。

（3）工程施工特点。简要描述单位工程的施工特点和施工中的关键问题，以便在选择施工方案，组织资源供应，技术力量配备以及施工组织上采取有效的措施，保证顺利进行。例如，砖混结构住宅建筑的施工特点是：砌筑和抹灰工程量大等。框架及框架剪力墙结构建筑的施工特点是：模板、钢筋和混凝土工作量大等。

2.2　工程概况的编写方法

工程概况是对整个工程的总说明和总分析；是对拟建工程的特点、建设地区特点、施工环境及施工条件等所做的简洁明了的文字描述。通常采用图表形式并加以简练的语言描述，力求达到简明扼要、一目了然的效果。表4-8～表4-11仅做参考示意，编写时应根据工程的规模、复杂程度等具体情况酌情增减内容。

表4-8　总体简介

序号	项目	内容
1	工程名称	
2	工程地址	
3	建设单位	
4	设计单位	
5	监理单位	
6	质量监督单位	
7	安全监督单位	

序号	项目	内容
8	施工总承包单位	
9	施工主要分包单位	
10	投资来源	
11	合同承包范围	
12	结算方式	
13	合同工期	
14	合同质量目标	
15	其他	

表 4-9　建筑设计简介

序号	项目	内容			
1	建筑功能				
2	建筑特点				
3	建筑面积	总建筑面积（m²）		占地面积（m²）	
		地下建筑面积（m²）		地上建筑面积（m²）	
		标准层建筑面积（m²）			
4	建筑层数	地上		地上	
5	建筑层高	地下部分层高（m）	地下 1 层		
			地下 N 层		
		地上部分层高（m）	首层		
			标准层		
			设备层		
			机房、水箱间		
6	建筑高度	±0.000 绝对标高（m）		室内外高差（m）	
		基底标高（m）		最大基坑深度（m）	
		檐口标高（m）		建筑总高（m）	
7	建筑平面	横轴编号	X 轴～x 轴	纵轴编号	X 轴～x 轴
		横轴距离（m）		纵轴距离（m）	
8	建筑防火				
9	墙面保温				
10	外装修	檐口			
		外墙装修			
		门窗工程			
		屋面工程	上人屋面		
			不上人屋面		
		主入口			

序号	项目	内容		
11	内装修	顶棚工程		
		地面工程		
		内墙装修		
		门窗工程	普通门	
			特种门	
		楼梯		
		公用部分		
12	防水工程	地下		
		屋面		
		厨房间		
		厕浴间		
13	建筑节能			
14	其他说明			

表 4-10　结构设计简介

序号	项目	内容		
1	结构形式	基础结构形式		
		主体结构形式		
		屋盖结构形式		
2	基础埋置深度土质、水位	基础埋置深度		
		基底以上土质分层情况		
		地下水位标高	地下承压水	
			滞水层	
			设防水位	
		地下水水质		
3	地基	持力层以下土质类别		
		地基承载力		
		地基渗透系数		
4	地下防水	混凝土自防水		
		材料防水		
5	混凝土强度等级及抗渗要求	（部位）	（C15）	
		（部位）	（Cn）	
		（部位）		
6	抗震等级	工程设防烈度		
		剪力墙抗震等级		
		框架抗震等级		

序号	项目	内容		
7	钢筋类别	非预应力筋及等级	HPB235 级	
			HRB335 级	
			HRB400 级	
		预应力筋及张拉方式或类别		
8	钢筋接头形式	机械连接（冷挤压、直螺纹）		
		焊接		
		搭接绑扎		
9	结构断面尺寸	基础底板厚度（mm）		
		外墙厚度（mm）		
		内墙厚度（mm）		
		柱断面厚度（mm×mm）		
		梁断面厚度（mm×mm）		
		楼板厚度（mm×mm）		
10	主要柱网间距			
11	楼梯、坡道结构形式	楼梯结构形式		
		坡道结构形式		
12	结构转换层	设置位置		
		结构形式		
13	后浇带设置			
14	变形缝设置			
15	结构混凝土工程预防碱集料反应管理类别及有害物质环境质量要求			
16	人防设置等级			
17	建筑物沉降观测			
18	二次围护结构			
19	特殊结构	（钢结构、网架、预应力）		
20	构件最大几何尺寸			
21	室外水池、化粪池埋置深度			
22	其他说明			

表 4-11　机电及设备安装专业设计简介

序号	项目		设计要求	系统做法	管线类别
1	给排水系统	给水			
		排水			
		雨水			
		热水			
		饮用水			
		消防水			
2	消防系统	消防			
		排烟			
		报警			
		监控			
3	空调通风系统	空调			
		通风			
		冷冻			
		采暖			
		燃气			
4	电力系统	照明			
		动力			
		弱电			
		避雷			
5	设备安装	电梯			
		扶梯			
		配电柜			
		水箱			
		污水泵			
		冷却塔			
6	通信				
	音响				
	电视电缆				
7	庭院、绿化				
	楼宇清洁				
8	采暖	集中供暖			
		自供暖			
9	设备最大规格与重量				

实训六　工程概况编写实训

现以附录 B "某职工宿舍楼工程"为例，说明"工程概况"的编写方法。

某职工宿舍楼工程概况如下。

（1）总体简介（略）。

（2）建筑设计简介，如表 4-12 所示。

表 4-12　建筑设计概况表

序号	项目	内容					
1	建筑面积	项目名称	占地面积（m²）	建筑面积（m²）	标准层面积（m²）	层数	有无地下室
		单栋	168	985	160.1	6	无
		总栋数	3 栋		总建筑面积（m²）	3×985＝2955（m²）	
2	建筑层高	地上部分层高（m）	首层（m）		3		
			标准层（m）		3		
3	建筑高度	基底标高（m）	承台顶面标高	−0.6	−0.5	室内外高差（m）	0.1
			ZJ1400A	−1.6	−1.5		
			ZJ2400B	−2	−1.9	最大基坑深度（m）	2
			ZJ3400C	−1.9	−1.8		
		檐口高度（m）	18		建筑高度（m）	21.8	
4	建筑平面	横轴编号	1 轴~11 轴		纵轴编号	A 轴~D 轴	
		横轴距离（m）	16.2		纵轴距离（m）	12.2	
5	外装修	檐口	白色条形面砖				
		外墙装修	白色墙面砖，红色墙面砖				
		门窗工程	铝合金门、铝合金窗、木门、防火铁门				
		屋面工程	上人屋面	聚合物防水层加水泥砂浆面			
6	内装修	顶棚工程	白色乳胶漆				
		地面工程	白色耐磨砖 300×300；白色防滑砖 300×300				
		内墙装修	白色乳胶漆				
		门窗工程	铝合金推拉门、窗、防盗铁门、室内木制门				
		楼梯	面铺防滑砖				
7	防水工程	屋面	防水等级：Ⅲ级		防水材料：聚合物防水材料		

（3）结构设计简介，如表4-13所示。

表4-13　结构设计概况表

序号	项目	内容		
1	结构形式	基础结构形式		桩基础
		主体结构形式		框架结构
		屋盖结构形式		现浇钢筋混凝土屋面
2	基础埋置深度、土质、水位	基础埋置深度		−2 m
		持力层上面土质情况		耕植土
		地下水位标高		自然地面以下6～9 m
		地下水水质		无侵蚀性
3	地基	持力层以下土质类别		黏性土
4	混凝土强度等级	部位：主梁、次梁		C25
		部位：柱子		C30
		部位：楼板		C25
5	抗震等级	工程设防烈度		6度
		框架抗震等级		4级
6		非预应力筋及等级	HPB235级	板、梁柱箍筋　8 mm
			HPB335级	梁、柱受力筋　16 mm、18 mm
		焊接		柱子竖向钢筋采用电渣压力焊，梁水平钢筋采用电弧焊
7	结构断面尺寸	桩承台（mm）		1 000×500×900
		外墙厚度（mm）		190
		内墙厚度（mm）		120
		柱断面尺寸（mm×mm）		180×500～500×500
		梁断面尺寸（mm×mm）		180×500～400×500
		楼板厚度（mm）		100
8	主要柱网间距	3.6 m　3.29 m　4.6 m　3 m		
9	楼梯结构形式	板式		现浇钢筋混凝土

小　　结

本项目主要介绍了工程概况的编写内容和编写方法。

工程概况编写内容包括工程主要情况、各专业设计简介和工程施工条件。

工程概况编写方法可以采用图表形式并加以简短的文字描述。

学习鉴定

1. 编制依据的编写内容包括哪些?
2. 工程概况的编写内容包括哪些?

实训任务

1. 实训任务：根据附录"某住宅楼工程"施工图，编制工程概况。
2. 任务要求：要求从工程建设概况、各专业设计简介和工程施工条件以及工程施工特点等方面，编写"某住宅楼工程"的工程概况。

施工部署及施工准备

学习目标

1. 掌握施工部署的编写内容及编写方法；
2. 掌握施工准备工作内容及编写方法。

技能目标

能根据施工图纸，编写单位工程的施工部署和施工准备工作计划。

 问题引入

施工部署是单位工程施工组织设计的重要组成部分，它是对工程项目的施工全局做出的统筹规划和全面安排，即对影响全局性的重大战略部署做出决策。

施工部署是施工组织设计的纲领性内容，施工进度计划、施工准备与资源配置计划、施工方法、施工现场平面布置和主要施工管理计划等内容都应该围绕施工部署的原则来编制。

那么施工部署包含哪些内容？如何来进行编写？下面就来学习有关施工部署和施工准备的知识。

知识课堂

课题1 施工部署的编写

1.1 施工部署的内容

所谓施工部署，就是以整个工程全局观点来考虑，如同作战的战略部署一样，这是施工中决策性的重要环节。施工部署是宏观的部署，其内容应明确、定性、简明和提出原则性要求，并应重点突出部署原则。施工部署的关键是"安排"，核心内容是部署原则，要努力在"安排"上做到优化，在部署原则上，要做到对所涉及的各种资源在时空上的总体布局进行合理的构思。

一般施工部署主要包括明确施工管理目标、确定施工部署原则、建立项目经理部组织

机构、明确施工任务划分、计算主要项目工程量、明确施工组织协调与配合以及新技术、新工艺、新材料、新设备的开发和使用等。

1.2 施工部署的编写方法

单位工程施工部署主要解决以下主要问题。

（1）解决施工总体安排，总体控制进度计划及阶段性计划，施工日历天数，施工工艺流程，如何组织分层，分段流水作业及交叉作业施工；调配计划。

（2）物资方面包括机械设备选型配备、临时建筑规模和标准、主材的采购供应方式及储存方法等。

（3）施工管理机构，施工任务划分以及相互间配合事宜。

下面就编写方法简单介绍如下。

1. 施工管理目标

（1）进度目标：工期和开工、竣工时间。

（2）质量目标：包括质量等级，质量奖项。

（3）安全目标：根据有关要求确定。

（4）文明施工目标：根据有关标准和要求确定。

（5）消防目标：根据有关要求确定。

（6）绿色施工目标：根据住房和城乡建设部及地方规定和要求确定。

（7）降低成本目标：确定降低成本的目标值，即降低成本额或降低成本率。

2. 施工部署原则

1）确定施工程序

在确定单位工程施工程序时应遵循的原则：先地下、后地上；先主体后围护；先结构后装饰；先土建后设备。在编制单位工程施工组织设计时，应按施工程序，结合工程的具体情况和工程进度计划，明确各阶段主要工作内容及施工顺序。

2）确定施工起点流向

所谓确定施工起点流向，就是确定单位工程在平面或竖向上施工开始的部位和进展的方向。对单层建筑物，如厂房按其车间、工段或跨间，分区分段地确定出在平面上的施工流向。对于多层建筑物，除了确定每层平面上的流向外，还须确定其各层或单元在竖向上的施工流向。

3）确定施工顺序

确定施工顺序时应考虑的因素：遵循施工程序；符合施工工艺；与施工方法相一致；按照施工组织要求；考虑施工安全和质量；受当地气候影响。

4）选择施工方法和施工机械

选择机械时，应遵循切实需要，实际可能，经济合理的原则，具体要考虑以下几点。

（1）技术条件：包括技术性能、工作效率、工作质量、能源耗费、劳动力的节约、使用安全性和灵活性，通用性和专用性，维修的难易程度、耐用程度等。

（2）经济条件：包括原始价值、使用寿命、使用费用、维修费用等。如果是租赁机械应考虑其租赁费。

（3）要进行定量的技术经济分析、比较，以使机械选择最优。

【特别提示】 选用机械时，应尽量利用施工单位现有机械。只有在原有机械性能满足不了工程需要时，才可以购置或租赁其他机械。

3. 项目经理部组织机构

1）建立项目组织机构

应根据项目的实际情况，成立一个以项目经理为首的、与工程规模及施工要求相适应的组织管理机构——项目经理部。项目经理部职能部门的设置应紧紧围绕项目管理内容的需要确定。

2）确定组织机构形式

通常以线性组织结构图的形式（方框图）表示，同时应明确三项内容，即项目部主要成员的姓名、行政职务和技术职称或执业资格，使项目的人员构成基本情况一目了然。组织机构框图如图 8-1 所示。

3）确定组织管理层次

施工管理层次可分为决策层、控制层和作业层。项目经理是最高决策者，职能部门是管理控制层，施工班组是作业层。

4）制定岗位职责

在确定项目部组织机构时，还要明确内部的每个岗位人员的分工职责，落实施工责任，责任和权力必须一致，并形成相应规章和制度，使各岗位人员各行其职，各负其责。

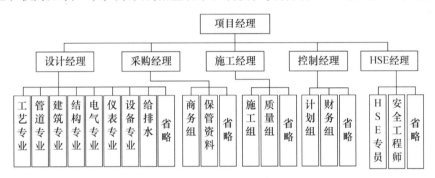

图 5-1　组织机构框图

4. 施工任务划分

在确立了项目施工组织管理体制和机构的条件下，划分参与建设的各单位的施工任务和负责范围，明确总包与分包单位的关系，明确各单位之间的关系。

（1）各单位负责范围，如表 5-1 所示。

表 5-1　各单位负责范围

序号	负责单位	任务划分范围
1	总包合同范围	
2	总包组织外部分包范围	
3	业主指定分包范围	
4	总包对分包管理范围	

注：总包合同范围是指合同文件中所规定的范围。强调编写者要根据合同内容编写，即将合同中这段具有法律效力的文字如实抄下来；业主指定分包范围应纳入总包管理范围。

（2）工程物资采购划分，如表5-2所示。

表5-2　工程物资采购划分

序号	负责单位	工程物资
1	总包采购范围	
2	业主自行采购范围	
3	分包采购范围	

（3）总包单位与分包单位的关系，如表5-3所示。

表5-3　总包单位与分包单位的关系

序号	主要分包单位	主要承包单位	分包与总包关系	总包对分包要求
1				
2				

5. 计算主要项目工程量

在计算主要项目工程量时，首先根据工程特点划分项目。项目划分不宜过多，应突出主要项目，然后估算出各主要分项的实物工程量，如土方挖土量、防水工程量、钢筋用量、混凝土用量等，宜列表说明，参考表5-4。

表5-4　主要分项工程量

项目			单位	数量	备注
土方开挖		开挖土方	m³		
		回填土方	m³		
防水工程		地下	m²		注明防水种类和卷材品种
		屋面	m²		
		卫生间	m²		
混凝土工程	地下	防水混凝土	m³		
		普通混凝土	m³		
	地上	普通混凝土	m³		
		高强混凝土	m³		指 C50 以上
模板工程		地下	m²		
		地上	m²		
钢筋工程		地下	m²		
		地上	m²		
钢结构工程		地下	t		
		地上	t		
砌体工程		地下	m³		注明砌块种类
		地上	m³		

续表

项目			单位	数量	备注
装饰装修工程	内檐	墙面	m²		根据工程建筑设计情况，做适当调整
		地面	m²		
		吊顶	m²		
		贴瓷砖	m²		
		油漆浆活	m²		
	外檐	门窗	m²		
		幕墙	m²		
		面砖	m²		
		涂料	m²		
		抹灰	m²		

注：表中内容应根据工程的具体情况，可酌情增减。

6. 施工组织协调与配合

工程施工过程是通过业主、设计、监理、总包、分包、供应商等多家合作完成的，如何协调组织各方的工作和管理，是能否实现工期、质量、安全、降低成本的关键之一。因此，为了保证这些目标的实现，必须明确制定各种制度，确保将各方的工作组织协调好。

1）编写内容

（1）协调项目内部参建各方关系。与建设单位的协调、配合，与设计单位的协调、配合，与监理单位的协调、配合，对分包单位的协调、配合管理。

（2）协调外部各单位的关系。与周围街道和居委会的协调、配合，与政府各部门的协调、配合。

2）协调方式

主要是建立会议制度，通过会议通报情况，协商解决各类问题。主要的管理制度如下。

（1）在协调外部各单位关系方面，建立图纸会审和图纸交底制度、监理例会制度、专题讨论会议制度、考察制度、技术文件修改制度、分项工程样板制度、计划考核制度等。

（2）在协调项目内部关系方面，建立项目管理例会制、安全质量例会制、质量安全标准及法规培训制等。

（3）在协调各分承包关系方面，建立生产例会制等。

课题 2　施工准备的编写

施工准备的编写

1. 编制内容

施工准备工作的主要内容包括技术准备、施工现场准备和资金准备。

1）技术准备

制订专项施工方案编制计划，试验工作计划，新技术、新材料应用计划，样板间施工计划，坐标点引入等。

2）施工现场准备

包括障碍物拆除、"三通一平"、临时设施搭建、施工用水用电；有关证件办理；原材料订货；劳动力计划；机械设备进场计划等。

3）资金准备

编制资金使用计划。

2. 编写方法

1）技术准备

此处技术准备是指完成本单位工程所需的技术准备工作。技术准备一般称为现场管理的"内业"，它是施工准备的核心内容，指导着施工现场准备。

技术准备的主要内容一般包括以下几个方面。

（1）一般性准备工作。

① 熟悉施工图纸，组织图纸会审，准备好本工程所需要的规范、标准、图集等，如表5-5 所示。

表5-5　图纸会审计划安排表

序号	内容	依据	参加人员	日期安排	目标
1	图纸初审	公司贯标程序文件《图纸会审管理办法》设计图纸及引用标准、施工规范	组织人： 土建： 电气： 给水、排水、通风：		熟悉施工图纸，分专业列出图纸中不明确部位、问题部位及问题项
2	内部会审	同上	组织人： 电气： 给水、排水、通风：		熟悉施工图纸、设计图、各专业问题汇总，找出专业交叉打架问题；列出图纸会审纪要向设计院提出问题清单
3	图纸会审	同上	组织人：（建设单位代表） 参加人：（建设单位单表） 设计院代表： 监理单位代表： 施工单位代表：		向设计院说明提出各项问题 整理图纸会审会议纪要

② 技术培训。

第一步，管理人员培训。管理人员上岗培训，组织参加和技术交流；由专家进行专业培训；推广新技术、新材料、新工艺、新设备应用培训和学习规范、规程、标准、法规的重要条文等。

第二步，劳务人员培训。对劳务人员的进场教育，上岗培训；对专业人员的培训，如新技术、新工艺、新材料、新设备的操作培训等，提高使用操作的适应能力。

（2）器具配置计划，如表5-6所示。

表5-6 器具配置计划表

序号	器具名称	规格型号	单位	数量	进场时间	检测状态
1	经纬仪					有效期：××××年×月×日～××××年×月×日
2	水准仪					
3	米尺					
……	……					

（3）技术工作计划。

① 施工方案编制计划。

第一步，分项工程施工方案编制计划。分项工程施工方案要以分项工程为划分标准，如混凝土施工方案、室内装修方案、电气施工方案等。以列表形式表示，如表5-7所示。

表5-7 施工方案编制计划

序号	方案名称	编制人	编制完成时间	审批人（部门）
1				
2				
…				

注：编制人是指某个人，不能写某个部门。

第二步，专项施工方案编制计划。专项施工方案是指除分项工程施工方案以外的施工方案，如施工测量方案、大体积混凝土施工方案、安全防护方案、文明施工方案、季节性施工方案、临电施工方案、节能施工方案等。表式同上。

② 试验、检测工作计划。试验工作计划内容应包括常规取样试验计划及见证取样试验计划。应遵循的原则及规定如表5-8所示，试验工作计划表如表5-9所示。

③ 样板项、样板间计划。"方案先行、样板引路"是保证工期和质量的法宝，坚持样板制，不仅仅是样板间，而是样板"制"（包括工序样板、分项工程样板、样板墙、样板间、样板段、样板回路等多方面）。通过方案和样板，制定出合理的工序、有效的施工方法和质量控制标准，如表5-10所示。

表5-8 原材料及施工过程试验取样规定

序号	试验内容	取样批量	取样数量	取样部位及见证率
1				
2				
……				

表 5-9 试验工作计划表

序号	试验内容	取样批量	试验数量	备注
1	钢筋原材	≤60 t	1 组	同一钢号的混合批，每批不超过 6 个炉号，各炉罐号含碳量之差不大于 0.02%，钢含锰量之差不大于 0.15%
		>60 t	2 组	
2	钢筋机械连接、（焊接）接头	500 个接头	3 根拉件	同施工条件，同一批材料的同等级、同规格接头 500 个以下为一验收批，不足 500 个也为一验收批
3	水泥（袋装）	≤200 t	1 组	每一组取样至少 12 kg
4	混凝土试块	一次浇筑量≤1000 m³，每100 m³ 为一个取样单位（3 块）；一次浇筑量≥1000 m³，每200 m³ 为一个取样单位（3 块）		同一配合比
5	混凝土抗渗试块	500 m³	1 组	同一配合比，每组六个试件
6	砌筑砂浆	250 m³	6 块	同一配合比
		一个楼层		
7	高聚物改性沥青防水卷材	100 卷以内	2 组尺寸和外观	≤1000 卷物理性能检验
		100～499	3 组尺寸和外观	
		1000 卷以内	4 组尺寸和外观	
8	土方回填	基槽回填土每层取样 6 块		每层按≤50 m 取一点
9	……	……		……

注：试验工作计划不但应包括常规取样试验计划，还应该包括有见证取样试验计划。而且有见证试验的实验室必须取得相应资质和认可。

表 5-10 样板项、样板间计划一览表

序号	项目名称	部位（层、段）	施工时间	备注
1				
2				
……				

注："样板"是某项工程应达到的标准。一般它有"选"和"做"两种方法。此处样板项、样板间计划是指做样板。

④ 新技术、新工艺、新材料、新设备推广应用计划。应根据建设部颁发的建筑业 10 项新技术推广应用（2005）中的 94 项子项及其他新的科研成果应用，逐条对照，列表加以说明，如表 5-11 所示。

表 5-11 新技术推广应用计划

序号	新技术名称	应用部位	应用数量	负责人	总结完成时间
1					
2					
……					

⑤ QC 活动计划。根据工程特点，在施工过程中，成立 QC 小组，分专业或综合两个方面开展 QC 活动，并制订 QC 活动计划表，如 5-12 所示。

表 5-12　QC 活动计划表

序号	QC 小组课题	参加部门	时间安排
1			
2			
……			

⑥ 高程引测与建筑物定位。说明高程引测和建筑物定位的依据，组织交接桩工作，做好验线准备。

⑦ 实验室、预拌混凝土供应。说明对实验室、预拌混凝土供应商的考察和确定。例如，采用预拌混凝土，对预拌混凝土供应商进行考察，当确定好预拌混凝土供应商后，要求在签订预拌混凝土经济合同时，应同时签订预拌混凝土供应技术合同。

应根据对实验室的考察及本工程的具体情况，确定实验室。

明确是否在现场建立标养室。若建立标养室，应说明配备与工程规模、技术特点相适应的标养设备。

⑧ 施工图翻样设计工作。要求提前做好施工图、安装图等的翻样工作，如模板设计翻样、钢筋翻样等。项目专业工程师应配合设计，并对施工图进行详细的二次深化设计。一般采用 AutoCAD 绘图技术，对较复杂的细部节点作 3D 模型。

2）施工现场准备

施工现场准备工作的内容包括障碍物的清除、"四通一平"、现场临水临电、生产生活设施、围墙、道路等施工平面图中所有内容，并按施工平面图所规定的位置和要求布置。

这部分内容编写时，应结合实际描述开工前的现场安排及现场使用。

3）资金准备

资金准备应根据施工进度计划及工程施工合同中的相关条款编制资金使用计划，以确保施工各阶段的目标和工期总目标的实现，此项工作应在施工进度计划编制完后、工程开工前完成。

4）施工准备工作计划

为落实各项施工准备工作，加强对施工准备工作的检查监督，通常施工准备工作可列表表示，其表格形式如表 5-13 所示。

表 5-13　施工准备工作计划

序号	施工准备工作名称	准备工作内容 （即量化指标）	主办单位 （即主办负责人）	协办单位 （即主要协办人）	完成 时间	备注
1						
2						
……						

小　　结

本项目主要讲述了施工部署和施工准备。

施工部署内容包括明确施工管理目标、确定施工部署原则、建立项目经理部组织机构、明确施工任务划分、计算工程量、明确施工组织协调与配合以及"四新"的开发和使用。

施工准备工作包括技术准备、施工现场准备和资金准备。

学习鉴定

1. 施工部署内容包括哪些?
2. 施工准备工作包括哪些?

施工方案的设计

1. 掌握单位工程施工方案的制订步骤；
2. 掌握单位工程施工方案的内容、编制方法；
3. 掌握基础工程、主体工程、防水工程、装饰工程施工方案的编制方法。

技能目标

能独立编制单位工程施工方案。

 问题引入

施工方案是根据设计图样和说明书，决定采用什么施工方法和机械设备，以何种施工顺序和作业组织形式来组织项目施工活动的计划。制订施工方案的目的是在合同规定的期限内，使用尽可能少的费用，采用合理的程序和方法来完成项目的施工任务，从而达到技术上可行、经济上合理。施工方案一旦确定，就基本上确定了整个工程的进度、人工和机械设备的需要量、人力组织、机械的布置与运用、工程质量与安全、工程成本等。可以说施工方案编制的好坏是施工成败的关键。下面来学习施工方案的设计知识。

知识课堂

课题 1　施工方案的设计步骤

施工方案是施工组织设计的核心，施工方案设计步骤如图 6-1 所示。

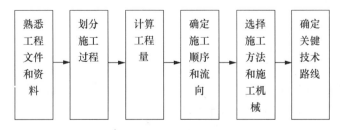

图 6-1　施工方案设计步骤流程图

施工方案设计步骤的有关说明如下。

1. 熟悉工程文件和资料

设计施工方案之前，应广泛收集工程有关文件及资料，包括政府的批文，有关政策和法规，业主方的有关要求，设计文件，技术和经济等方面的文件和资料，当缺乏某些技术参数时，应进行工程实验以取得第一手资料。

2. 划分施工过程

划分施工过程是进行施工管理的基础工作，施工过程划分的方法可以与项目分解结构、工作分解结构结合进行。施工过程划分后，就可对各个施工过程的技术进行分析。

3. 计算工程量

计算工程量应结合施工方案按工程量计算规则来进行。

4. 确定施工顺序和流向

施工顺序和流向的安排应符合施工的客观规律，并且处理好各施工过程之间的关系和相互影响。

5. 选择施工方法和施工机械

拟订施工方法时，应着重考虑影响整个单位工程施工的分部分项工程的施工方法，对于常规做法的分项工程则不必详细拟定。在选择施工机械时，应首先选择主导工程的机械，然后根据建筑特点及材料、构件种类配备辅助机械。最后确定与施工机械相配套的专用工具设备。例如，垂直运输机械的选择，它直接影响工程的施工进度。一般根据标准层垂直运输量来编制垂直运输量表，然后据此选择垂直运输方式和机械数量，再确定水平运输方式和与之配套的辅助机械数量。最后布置运输设施的位置及水平运输路线。垂直运输量如表6-1所示。

表6-1　垂直运输量表

序号	项目	单位	数量		需要吊次
			工程量	每吊工程量	

6. 确定关键技术路线

关键技术路线的确定是对工程环境和条件及各种技术选择的综合分析的结果。

关键技术路线是指在大型、复杂工程中对工程质量、工期、成本影响较大、施工难度大的分部分项工程中所采用的施工技术的方向和途径，它包括施工所采取的技术指导思想、综合的系统施工方法以及重要的技术措施等。

大型工程关键技术难点往往不止一个，这些关键技术是工程中的主要矛盾，关键技术路线正确应用与否，直接影响到工程的质量、安全、工期和成本。施工方案的制订应紧紧抓住施工过程中的各个关键技术路线的制定。例如，在高层建筑施工方案制订时，应着重考虑如下的关键技术问题：深基坑的开挖及支护体系，高耸结构混凝土的输送及浇捣，高耸结构垂直运输，结构平面复杂的模板体系，高层建筑的测量、机电设备的安装和装修的交叉施工安排等。

课题2　施工方案的设计

2.1　施工技术方案的选择

建筑施工中，由于工程特点、施工条件、施工工期、质量要求和技术经济等条件不同，采用的施工技术方案也不相同。不合理的施工技术方案甚至可能导致整个工程建设的失败，造成巨大的经济和社会损失，因此选择一个合理的施工技术方案是工程建设得以快速、安全和顺利进行的保证。

1. 施工方法的选择

1）施工方法的主要内容

拟定主要的操作过程和方法，包括施工机械的选择、提出质量要求和达到质量要求的技术措施、制定切实可行的安全施工措施等。

2）确定施工方法的重点

确定施工方法时应着重考虑影响整个单位工程施工的分部分项工程的施工方法。如在单位工程中占重要地位的分部分项工程，施工技术复杂或采用新工艺、新材料、新技术对工程质量起关键作用的分部分项工程，不熟悉的特殊结构工程或由专业施工单位施工的特殊专业工程等的施工方法。而对于按照常规做法和工人熟悉的分项工程，只要提出应注意的特殊问题即可，不必详细拟定施工方法。对于下列一些项目的施工方法则应详细、具体。

（1）工程量大，在单位工程中占重要地位，对工程质量起关键作用的分部分项工程，如基础工程、钢筋混凝土工程等隐蔽工程。

（2）施工技术复杂、施工难度大，或采用新技术、新工艺、新结构、新材料的分部分项工程，如大体积混凝土结构施工、模板早拆体系、无黏结预应力混凝土等。

（3）施工人员不太熟悉的特殊结构，专业性很强、技术要求很高的工程，如仿古建筑、大跨度空间结构、大型玻璃幕墙、薄壳、悬索结构等。

3）选择施工方法时应遵循的原则

（1）着重考虑主导施工过程。应根据工程特点，找出哪些项目是工程的主导项目，以便在选择施工方法时，有针对性地解决主导项目的施工问题。

（2）所选择的施工方法应技术先进、经济合理、满足施工工艺要求及安全施工。

（3）应符合国家颁发施工验收规范和质量检验评定标准的有关规定。

（4）要与所选择的施工机械及所划分的流水工作段相协调。

（5）相对于常规做法和工人熟悉的分项工程，只需提出施工中应注意的特殊问题，不必详细拟定施工方法。

（6）尽量采用标准化、机械化施工。

4）施工方法的选择

在选择施工方法时，必须根据建筑结构的特点、抗震要求、工程量的大小、工期长短、资源供应状况、施工现场情况和周围环境因素，拟订出几个可行的方案。在此基础上进行技术经济分析比较，以确定较优的施工方法。通常施工方法选择的内容如下所述。

（1）土石方工程。土石方工程量的计算与调配方案、土石方开挖方案及施工机械的选择、土方边坡坡度系数的确定、土壁支撑方法、地下水位降低等。

（2）基础工程。浅基础开挖及局部地基的处理、桩基础的施工及施工机械的选择、钢筋混凝土基础的施工及地下工程施工的技术要求等。

（3）砌筑工程。脚手架的搭设及要求、垂直运输及水平运输设备的选择、砖墙砌筑的施工方法。

（4）钢筋混凝土工程。确定模板类型及支撑方法、选择钢筋的加工、绑扎及焊接的方式、选择混凝土供应和输送及浇筑顺序和方法、确定混凝土振捣设备的类型、确定施工缝留设位置、确定预应力钢筋混凝土的施工方法及控制应力等。

（5）结构安装。确定结构安装方法和起重机类型及开行线路，确定构件运输要求及堆放位置。

（6）屋面工程。确定屋面工程的施工步骤及要求、确定屋面材料的运输方式等。

（7）装饰工程。选择装饰工程的施工方法及要求，确定施工工艺流水施工安排。

（8）对"四新"项目（新结构、新工艺、新材料、新技术）施工方法的选择。

2. 施工机械的选择

施工机械对施工工艺、施工方法有直接的影响，施工机械化是现代化大生产的显著标志，对加快建设速度，提高工程质量，保证施工安全，节约工程成本起着至关重要的作用。因此，选择施工机械成为确定施工方案的一个重要内容。

1）大型机械设备选择原则

机械化施工是施工方法选择的中心环节，施工方法和施工机械的选择是紧密联系的，一定的方法配备一定的机械，在选择施工方法时应当协调一致。大型机械设备的选择主要是选择施工机械的型号和确定其数量，在选择其型号时要符合以下原则。

（1）满足施工工艺的要求。

（2）有获得的可能性。

（3）经济合理且技术先进。

2）大型机械设备选择应考虑的因素

（1）应根据工程特点，选择适宜主导工程的施工机械。例如，在选择装配式单层厂房结构安装用的起重机械时，若工程量大而集中，可选用生产效率高的塔式起重机或桅杆式起重机，若工程量较小或虽然较大但却较分散时，则采用无轨自行式起重机械；在选择起重机型号时，应使起重机性能满足起重量、起重高度、起重半径和起重臂长等的要求。

（2）施工机械之间的生产能力应协调一致。要以充分发挥主导施工机械的效率，同时，在选择与之配套的各种辅助机械和运输工具时，应注意它们之间的协调。

例如，挖土机与运土汽车的配套协调，使挖土机能充分发挥其生产效率。

（3）在同一建筑工地上的施工机械的种类和型号应尽可能少，以便于操作、管理与维护。

（4）尽可能使所选择的机械设备一机多用，以提高生产效率。

为了便于现场施工机械的管理及减少转移，对于工程量大的工程应采用专用机械；对于工程量小而分散的工程，则应尽量采用多用途的施工机械。

例如，挖土机既可用于挖土也可用于装卸、起重和打桩。

（5）选用施工机械时，应尽量选用施工单位现有的机械，以适应本企业工人的技术操作水平和减少资金的投入，充分发挥现有机械效率。若施工单位现有机械不能满足工程需要，则可考虑租赁或购买。

（6）对于高层建筑或结构复杂的建筑物（构筑物），其主体结构施工的垂直运输机械最佳方案往往是多种机械的组合。

例如，塔式起重机和施工电梯；塔式起重机、施工电梯和混凝土泵；塔式起重机、施工电梯和井架；井架、快速提升机和施工电梯等。

3）大型机械设备选择

根据工程特点，按施工阶段正确选择最适宜的主导工程的大型施工机械设备，各种机械型号、数量确定之后，列出设备的规格、型号、主要技术参数及数量，可汇总成表，如表 6-2 所示。

表6-2 大型机械设备选择

项目	大型机械名称	机械型号	主要技术参数	数量	进、退场日期
基础阶段					
结构阶段					
装修阶段					

2.2 施工组织方案的设计

在施工方案的制订过程中，除了考虑技术方案即施工方法和机械选择之外，还要研究施工区段的划分、施工流向和顺序的确定、劳动组织的安排等问题。

1. 施工区段的划分

现代工程项目规模较大，时间较长。为了达到平行搭接施工、节省时间的目的，需要将整个施工现场分成平面上或空间上的若干个区段，组织工业化流水作业，在同一时间段内安排不同的项目、不同的专业工种在不同区域同时施工。现分不同工程类型进行分析。

1）大型工业项目施工区段的划分

大型工业项目按照产品的生产工艺过程划分施工区段，一般有生产系统、辅助系统和附属生产系统。相应每一生产系统是由一系列的建筑物组成的。因此，人们把每一生产系统的建筑工程分别称为主体建筑工程、辅助建筑工程及附属建筑工程。

例如，某热电厂工程由 16 个建筑物和 16 个构筑物组成，分为热电站和碱回收两组建筑物和构筑物。现根据其生产工艺系统的要求，将其分为 4 个施工区段。

第一施工区域：汽轮机房、主控楼和化学处理车间等。

第二施工区域：储存罐、沉淀池、栈桥、空气压缩机房、碎煤机室等。

第三施工区域：黑液提取工段、蒸发工段、仪器维修车间等。

第四施工区域：燃烧工段、苛化工段、泵房及钢筋混凝土烟囱等附属工程。

2）大型公共项目施工区段的划分

大型公共项目按照其功能设施和使用要求来划分施工区段。

例如，飞机场可以分为航站工程、飞行区工程、综合配套工程、货运食品工程、航油工程、导航通信工程等施工区段；火车站可以分为主站层、行李房、邮政转运、铁路路轨、站台、通信信号、人行隧道、公共广场等施工区段。

3）民用住宅及商业办公建筑施工区段的划分

民用住宅及商业办公建筑可按照其现场条件、建筑特点、交付时间及配套设施等情况划分施工区段。

例如，某工程为高层公寓小区，由9幢高层公寓和地下车库、热力变电站、餐厅、幼儿园、物业管理楼、垃圾站等服务用房组成。

由于该工程为群体工程，工期3年，按合同要求9幢公寓分三期交付使用，即每年竣工3幢。在组织施工时，以3幢高层和配套的地下车库为一个施工区，分三期施工。每期工程施工中，以3幢高层配备一套大模板组织流水施工，适当安排配套工程。这样既保证工程均衡流水施工，又确保了施工工期。

对于独立式商业办公楼，可以从平面上将主楼和裙房分为两个不同的施工区段，从立面上再按层分解为多个流水施工段。

在设备安装阶段，也可以按垂直方向进行施工段划分，每几层组成一个施工段，分别安排水、电、风、消防、保安等不同施工队的平行作业，定期进行空间交换。

2. 施工程序的确定

施工程序可以指施工项目内部各施工区段的相互关系和先后次序；也可以指一个单位工程内部各施工工序之间相互联系和先后顺序。

单位工程施工中应遵循的程序一般如下。

1）先地下后地上

先地下后地上是指首先完成管道、管线等地下设施、土方工程和基础工程，然后开始地上工程施工；对于地下工程也应按先深后浅的程序进行，以免造成返工或对上部工程的干扰，使施工不便，影响质量，造成浪费。但"逆作法"施工除外。

2）先主体后围护

先主体后围护是指在框架结构或排架结构的建筑物中，应首先施工主体结构，再进行围护结构的施工。对于高层建筑应组织主体与围护结构平行搭接施工，以有效地节约时间，缩短工期。

3）先结构后装修

先结构后装修是指首先进行主体结构施工，然后进行装饰装修工程的施工。但是，必须指出，有时为了缩短工期，也有结构工程先施工一段时间之后，装饰工程随后搭接进行施工。如有些商业建筑，在上部主体工程施工的同时，下部一层或数层即进行装修，使其尽早开门营业。另外，随着新型建筑体系的不断涌现和建筑工业化水平的提高，某些装饰与结构构件均在工厂完成，此时结构与装饰同时完成。

4）先土建后设备

先土建后设备是指一般的土建工程与水暖电卫等工程的总体施工程序，是先进行土建工程施工，然后再进行水、暖、电、卫等建筑设备的施工。至于设备安装的某一工序要穿插在土建的某一工序之前，实际应属于施工顺序问题。工业建筑的土建工程与设备安装工程之间的程序，主要取决于工业建筑的种类，如对于精密仪器厂房，一般要求土建、装饰工程完成后安装工艺设备；重型工业厂房，一般先安装工艺设备，后建设厂房或设备安装与土建施工同时进行，如冶金车间、发电厂的主厂房、水泥厂的主车间等。

3. 合理安排土建施工与设备安装的施工程序

随着建筑业的发展，设备安装与土建施工的程序变得越来越复杂，特别是一些大型厂房的施工，除了要完成土建工程之外，还要同时完成较复杂的工艺设备、机械及各类工业管道的安装等。如何安排好土建施工与设备安装的施工程序，一般来讲有以下 3 种方式。

1）"封闭式"施工程序

它是土建主体结构完工以后，再进行设备安装的施工程序。这种施工程序，能保证设备及设备基础在室内进行施工，不受气候影响，也可以利用已建好的设备（如厂房吊车等）为设备安装服务。但这种施工程序可能会造成部分施工工作的重复进行。如部分柱基础土方的重复挖填和运输道路的重复铺设，也可能会由于场地受限制造成困难和不便。故这种施工程序通常使用于设备基础较小、各类管道埋置较浅、设备基础施工不会影响到柱基的情况。

2）"敞开式"施工程序

它是指先进行工艺机械设备的安装，然后进行土建工程的施工。这种施工程序通常使用于设备基础较大，且基础埋置较深，设备基础的施工将影响到厂房柱基的情况。其优缺点正好与"封闭式"施工程序相反。

3）设备安装与土建工程同时进行

设备安装与土建工程同时进行，这样土建工程可为设备安装工程创造必要条件，同时又采取了防止设备被砂浆、垃圾等污染的保护措施，从而加快了工程进度。例如，在建造水泥厂时，经济效果较好的施工程序是两者同时进行。

在编制施工方案时，应按照施工程序的要求，结合工程的具体情况，明确各施工阶段的主要工作内容及顺序。

4. 确定施工起点和流向

确定施工起点和流向是指单位工程在平面和空间上开始施工的部位及其流动的方向，这主要取决于生产需要、缩短工期和保证质量等要求。一般来说，对单层建筑物，只需按其跨间分区分段地确定平面上的施工流向；对多层建筑物，除了确定每层平面上的施工流向外，还要确定其层间或单元空间上的施工流向。

施工流向的确定，牵涉一系列施工过程的开展和进程，是组织施工的重要环节，为此，一般应考虑下列主要问题。

（1）考虑车间的生产工艺流程及使用要求。车间的生产工艺流程，往往是确定施工流向的关键因素。应根据建设单位对生产和使用要求，从生产工艺上考虑，工艺流程上要先期投入生产或需先期投入使用者，应先施工。

例如，图 6-2 所表示的是一个多跨单层装配式工业厂房，其生产工艺的顺序如图上罗马数字所示。从施工角度来看，从厂房的任何一端开始施工都是一样的，但是按照生产工艺的顺序来进行施工，可以保证设备安装工程分期进行，从而达到分期完工、分期投产，提前发挥基本建设投资的效益。

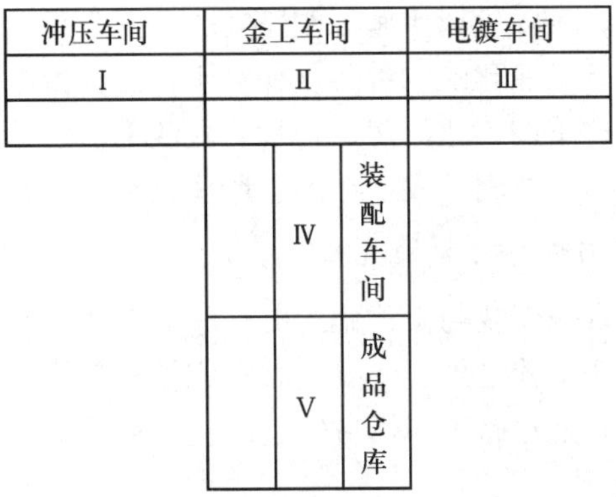

冲压车间	金工车间	电镀车间
I	II	III
	IV	装配车间
	V	成品仓库

图 6-2　单层工业厂房施工

（2）考虑单位工程的繁简程度和施工过程之间的关系。这主要是指技术复杂，工期较长的分部分项工程应先行施工，如地下工程等。

（3）考虑施工方法的要求。施工流向应按所选的施工方法及所制定的施工组织要求进行安排。例如，一幢高层建筑物若采用顺作法施工地下两层结构，其施工流程为：场地平整→测量定位→土方开挖、基坑支护→桩基础施工→底板施工→拆第二道支撑→地下两层施工→拆第一道支撑→±0.000 标高结构层施工→上部结构施工。若采用逆作法施工地下两层结构，其施工流程为：测量定位放线→地下连续墙施工→±0.000 标高结构层施工→地下两层结构施工，同时进行地上一层结构施工→底板施工并做各层柱，完成地下施工→完成上部结构。又如，在结构吊装工程中，采用分件吊装法时，其施工流向不同于综合吊装法的施工流向。同样，工程设计人员的要求不同，也会使得其施工流向不同。

（4）考虑房屋高低层和高低跨。当有高低跨并列时，应从并列跨处开始吊装，如柱子的吊装应从高低跨并列处开始；屋面防水层施工应按先高后低的方向施工；基础有深浅时，应按先深后浅的顺序施工。

（5）考虑工程现场条件。施工场地的大小，道路布置和施工方案中采用的施工方法和机械是确定施工起点和流向的主要因素。例如，土方工程边开挖边将余土外运时，则施工起点应确定在离道路远的部位及由远而近的进展方向。

（6）考虑分部分项工程的特点及其相互关系。例如，多层建筑的室内装饰工程除了应确定平面上的起点和流向以外，在竖向上也要确定其流向，而且竖向流向的确定更显得重要。例如，室内装饰工程，其施工起点流向一般有自上而下、自下而上及从中而下再自上而中 3 种（详见装饰工程施工方案实训图 6-42、图 6-43）。

密切相关的分部分项工程的流向，如果前导施工过程的起点流向确定，则后续施工过程也便随其而定了。例如，单层工业厂房的挖土工程的起点流向决定柱基础施工过程和某些预制、吊装施工过程的起点流向。

（7）考虑主导施工机械的工作效益，考虑主导施工过程的分段情况。

（8）保证施工现场内施工和运输的畅通。例如，单层工业厂房预制构件，宜从离混凝土搅拌机最远处开始施工，吊装时应考虑起重机退场方案等。

（9）划分施工层、施工段的部位，如伸缩缝、沉降缝、施工缝等也可决定施工起点流向。

在流水施工中，施工起点流向决定了各施工段的施工顺序。因此，确定施工起点流向的同时，应当将施工段的划分和编号也确定下来。在确定施工流向时除了要考虑上述因素外，组织施工的方式、施工工期等因素也对确定施工流向有影响。

5. 确定施工顺序

确定施工顺序是指施工过程或分项工程之间施工的先后次序。施工顺序的确定既是为了按照客观的施工规律组织施工，也是为了解决工种之间在时间上的搭接问题，从而在保证质量与安全施工的前提下，以期达到充分利用空间、争取时间、缩短工期的目的，取得较好的经济效益。组织单位工程施工时，应将其划分为若干个分部工程或施工阶段，每一分部工程又划分为若干个分项工程（施工过程），并对各个分部分项工程的施工顺序做出合理安排。

1）确定施工顺序的原则

（1）施工工艺要求。各施工过程之间存在着一定的工艺顺序，这是由客观规律所决定的。当然工艺顺序会因施工对象、结构部位、构造特点、使用功能及施工方法不同而变化。即在确定施工顺序时，应着重分析该施工对象各施工过程的工艺关系。工艺关系是指施工过程与施工过程之间存在的相互依赖、相互制约关系。例如，建筑物现浇楼板的施工过程先后顺序是：支模板→绑扎钢筋→浇混凝土→养护→拆模。

（2）施工方法和施工机械的要求。例如，在建造装配式单层工业厂房时，如果采用分件吊装法，施工顺序应该是先吊柱，后吊吊车梁，最后吊屋架和屋面板；如果采用综合吊装方法，则施工顺序应该是吊装完一个节间的柱。在吊车梁、屋架、屋面板之后，再吊装另一节间的构件。另外，如果一幢大楼采用逆作法施工，就和顺作法施工的程序完全不一样了。

（3）考虑施工工期的要求。合理的施工顺序与施工工期有较密切的关系，施工工期影响到施工顺序的确定。有些建筑物由于工期要求紧，采用逆作法施工，这样便导致施工顺序的较大变化。一般情况下，满足施工工艺条件的施工方案可能有多个，因此通过对方案的分析、对比，选择经济合理的施工顺序。

（4）施工组织顺序的要求。在建造某些重型车间时，由于这种车间内通常都有较大、较深的设备基础，如果先建造厂房，然后再建造设备基础，在设备基础挖土时可能破坏厂房的柱基础，在这种情况下，必须先进行设备基础的施工，然后再进行厂房柱基础的施工。或者两者同时进行。

（5）施工质量的要求。施工过程的先后顺序是否合理，将影响到施工质量。例如，基坑的回填土，特别是从一侧进行的回填土，必须在砌体达到必要的强度以后才能开始，否则砌体的质量会受到影响。又如卷材屋面，必须在找平层充分干燥后铺设。

（6）当地的气候条件。气候的不同会影响到施工过程的先后顺序。例如，在广东、中南地区施工时，应当考虑雨季施工的特点；在华北、东北、西北地区施工时，应当考虑冬季施工的特点。土方、砌墙、屋面等工程应当尽量安排在雨季或冬季到来之前施工，而室内工程则可以适当推后。

（7）安全技术的要求。合理的施工顺序，必须使各施工过程的搭接不至于引起安全事故。例如，不能在同一施工段上一面在铺屋面板，一面又进行其他作业。多层房屋施工，只有在已经有层间楼板或坚固的临时铺板把一个一个楼层分隔开的条件下，才允许同时在各个楼层展开工作。

2）确定总的施工顺序

一般工业和民用建筑总的施工顺序为：基础→ 主体工程→ 屋面防水工程→ 装饰

工程。

3）施工顺序的分析

按照房屋各分部工程的施工特点，施工顺序一般分为地下工程、主体结构工程、装饰与屋面工程三个阶段。一些分项工程通常采用的施工顺序如下。

（1）地下工程是指室内地坪（±0.000）以下所有的工程。

浅基础的施工顺序为：清除地下障碍物→软弱地基处理（需要时）→挖土→垫层→砌筑（或浅筑）基础→回填土。其中基础常用砖基础和钢筋混凝土基础（条基或片筏基础）。砖基础的砌筑中有时要穿插进行地梁的浇筑，砖基础的顶面还要浇筑防潮层。钢筋混凝土基础则包括支撑模板→绑扎钢筋→浇筑混凝土→养护→拆模。如果基础开挖深度较大、地下水位较高，则在挖土前尚应进行土壁支护及降水工作。

桩基础的施工顺序为：打桩（或灌注桩）→挖土→垫层→承台→回填土。承台的施工顺序与钢筋混凝土浅基础类似。

（2）主体结构常用的结构形式有混合结构、装配式钢筋混凝土结构（单层厂房居多）、现浇钢筋混凝土结构（框架、剪力墙、筒体）等。

混合结构的主导工程是砌墙和安装楼板。混合结构标准层的施工顺序为：弹线→砌筑墙体→浇过梁及圈梁→板底找平→安装楼板（浇筑楼板）。

装配式结构的主导工程是结构安装。单层厂房的柱和屋架一般在现场预制，预制构件达到设计要求的强度后可进行吊装。单层厂房结构安装可以采用分件吊装法或综合吊装法，但基本安装顺序都是相同的，即吊装柱→吊装基础梁、连系梁、吊车梁等，扶直屋架→吊装屋架、天窗架、屋面板。支撑系统穿插在其中进行。

现浇框架、剪力墙、筒体等结构的主导工程均是现浇钢筋混凝土。标准层的施工顺序为弹线→绑扎墙体钢筋→支墙体模板→浇筑墙体混凝土→拆除墙模→搭设楼面模板→绑扎楼面钢筋→浇筑楼面混凝土。其中柱、墙的钢筋绑扎在支模之前完成，而楼面的钢筋绑扎则在支模之后进行。此外，施工中应考虑技术间歇。

（3）一般的装饰及屋面工程包括抹灰、勾缝、饰面、喷浆、门窗扇安装、玻璃安装、油漆、屋面找平、屋面防水层等。其中抹灰和屋面防水层是主导工程。

装饰工程没有严格一定的顺序。同一楼层内的施工顺序一般为地面→天棚→墙面，有时也可采用天棚→墙面→地面的顺序。又如，内外装饰施工，两者相互干扰很小，可以先外后内，也可先内后外，或者两者同时进行。

卷材屋面防水层的施工顺序是：铺保温层（如需要）→铺找平层→刷冷底子油→铺卷材→撒绿豆砂。屋面工程在主体结构完成后开始，并应尽快完成，为顺利进行室内装饰工程创造条件。

6. 划分施工段

划分施工段的目的是为了适应流水施工的需要，单位工程划分施工段时，还应注意以下几点要求。

（1）要有利于结构的整体性，尽量利用伸缩缝或沉降缝、平面上有变化处、留槎不影响质量处以及可留施工缝处等作为施工段的分界线。住宅可按单元、楼层划分；厂房可按跨、按生产线划分；建筑群还可按区、幢分段。

（2）要使各段工程量大致相等，以便组织有节奏的流水施工，使劳动组织相对稳定、各班组能连续均衡施工，减少停歇和窝工。

（3）施工段数应与施工过程数相协调，尤其在组织楼层结构流水施工时，每层的施工段数应大于或等于施工过程数。段数过多可能延长工期或使工作面过窄，段数过少则无法流水，使劳动力窝工或机械设备停歇。

（4）分段施工的大小应与劳动组织（或机械设备）及其生产能力相适应，保证足够的工作面，以便于操作，发挥生产效率。

实际施工时，基础工程和主体工程一般进行分段流水作业，施工段的划分可相同也可不同，为了便于组织施工，基础和主体工程施工段的数目和位置基本一致。屋面工程施工时若没有高低层，或没有设置变形缝，一般不分段施工，而是采用依次施工的方式组织施工。装饰工程平面上一般不分段，立面上分层施工，一个结构层可作为一个施工层。

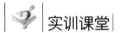

实训课堂

实训七　分部工程施工方案设计

一、基础工程施工方案

1. 施工顺序的确定

基础工程施工是指室内地坪（±0.000）以下所有工程的施工。基础的类型有很多，基础的类型不同，施工顺序也不一样。

1）砖基础

砖基础的一般施工顺序，如图 6-3 所示。

图 6-3　砖基础的一般施工顺序

当在挖槽和勘探过程中发现地下有障碍物，如洞穴、防空洞、枯井、软弱地基等，还应进行地基局部加固处理。

因基础工程受自然条件影响较大，各施工过程安排应尽量紧凑。挖土与垫层施工之间间隔时间不宜太长，垫层施工完成后，一定要留有技术间歇时间，使其具有一定强度之后，再进行下一道工序施工。回填土应在基础完成后一次分层回填压实，对地坪（±0.000）以下室内回填土，最好与基槽（坑）回填土同时进行，如不能同时回填，也可留在装饰工程之前，与主体结构施工同时交叉进行。各种管道沟挖土和管道铺设等工程，应尽可能与基础工程配合平行搭接施工。

铺设防潮层等零星工作的工程量比较小，可以合并在砌砖基础施工中。不必单列一个施工过程。因此砖基础的施工顺序也可为：挖土→做垫层→砌砖基础→回填土。

2）混凝土基础

混凝土基础的类型较多，有柱下独立基础、墙下（柱下）钢筋混凝土条形基础、杯口基础、筏形基础、箱形基础等，但其施工顺序基本相同。

钢筋混凝土基础的施工顺序，如图 6-4 所示。

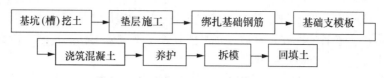

图6-4　钢筋混凝土基础的一般施工顺序

基坑（槽）在开挖过程中，如果开挖深度较大，地下水位较高，则在挖土前应进行土壁支护和施工降水等工作。

箱形基础工程的施工顺序，如图6-5所示。

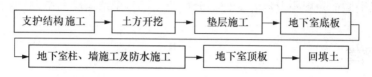

图6-5　箱形基础工程的一般施工顺序

含有地下室工程的高层建筑的基础均为深基础，在工期要求很紧的情况下也可采用逆作法施工，通常施工顺序如图6-6所示。

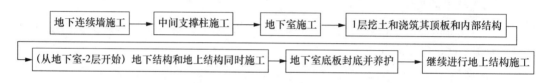

图6-6　逆作法的一般施工顺序

3）桩基础

（1）预制桩施工顺序，如图6-7所示。

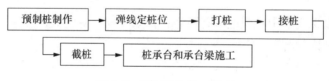

图6-7　预制桩的施工顺序

桩承台和承台梁的施工顺序，如图6-8所示。

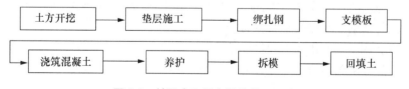

图6-8　桩承台和承台梁的施工顺序

（2）灌注桩施工顺序，如图6-9所示。

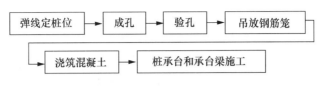

图 6-9　灌注桩的施工顺序

灌注桩桩承台和承台梁施工的施工顺序基本与预制桩相同，灌注桩钢筋笼的绑扎可以和灌注桩成孔同时进行。如果采用人工挖孔桩，还要进行护壁的施工，护壁与成孔挖土交替进行。

2．施工方法及施工机械

1）土石方工程

土石方工程包括土石方的开挖、运输、填筑、平整和压实等主要施工过程，以及排水、降水和土壁支撑等准备工作和辅助工作。

（1）确定土石方开挖方法。土石方工程有人工开挖、机械开挖和爆破三种开挖方法。人工开挖只适用于小型基坑（槽）、管沟及土方量少的场所，对大量土方一般均选择机械开挖。当开挖难度很大，如冻土、岩石土的开挖，也可以采用爆破技术进行爆破。如果采用爆破，则应选择炸药的种类、进行药包量的计算、确定起爆的方法和器材，并拟定爆破安全措施等。

土方开挖应遵循"开槽支撑，先撑后挖，分层开挖，严禁超挖"的原则。开挖基坑（槽）按规定的尺寸合理确定开挖顺序和分层开挖深度，连续地进行施工，尽快地完成。挖出的土除预留一部分用于回填外，应把多余的土运到弃土区或运出场外，以免妨碍施工。当采用机械挖土时，应在基底标高以上保留 200～300 mm 厚的土层，待基础施工时再行开挖。基坑（槽）挖好后，应立即做垫层，挖土时不得超挖，如个别超挖处，应用与地基土相同的土料填补，并夯实到要求的密实度。或采用碎石类土填补，重要部位，可用低强度等级的混凝土填补。

深基坑土方的开挖，常见的开挖方式有分层全开挖、分层分区开挖、中心岛法开挖、土壕沟式开挖等。实际施工时应根据开挖深度和开挖机械确定开挖方式。

（2）土方施工机械的选择。土方施工机械选择的内容包括：确定土方施工机械型号、数量和行走路线，以充分利用机械能力，达到最高的机械效率。

土方机械的选择，通常先根据工程特点和技术条件提出几种可行方案，然后进行技术经济比较，选择效率高、费用低的机械进行施工，一般可选用土方单价最小的机械。

① 常用的土方施工机械。土方施工中常用的土方施工机械有推土机、铲运机和单斗挖土机。

② 选择土方施工机械的要点。

a．当地形起伏不大（坡度在 20°以内），挖填平整土方的面积较大，平均运距较短（一般在 1 500 m 以内），土的含水量适当时，采用铲运机较为合适。

b．在地形起伏较大的丘陵地带，挖土高度在 3 m 以上，运输距离超过 2 000 m，土方工程量较大又较集中时，一般选择正铲挖土机挖土，自卸汽车配合运土，并在弃土区配备推土机平整土堆。也可采用推土机预先把土堆成一堆，再采用装载机把土卸到自卸汽车上运走。

　　c. 基坑开挖机械的选择。当土的含水量较小，可结合运距长短、挖掘深浅，分别采用推土机、铲运机或正铲挖土机配合自卸汽车进行施工。基坑深度在1～2 m，而长度又不太长时可采用推土机；对于深度在2 m以内的线状基坑，宜用铲运机开挖；当基坑面积较大，工程量又集中时，可选用正铲挖土机。当地下水位较高，又不采取降水措施，或土质松软，可能造成正铲挖土机和铲运机陷车，则采用反铲、拉铲或抓铲挖土机施工，优先选择反铲挖土机。

　　d. 移挖作填及基坑和管沟的回填土，当运距在100 m以内时，可采用推土机施工。

　　（3）确定土壁放坡开挖的边坡坡度或土壁支护方案。当土质较好或开挖深度不是很深时，可以选择放坡开挖，根据土的类别及开挖深度，确定放坡的坡度。这种方法较经济，但是需要很大的工作面。

　　当土质较差或开挖深度大时，或受场地条件的限制不能选择放坡开挖时，可以采用土壁支护，进行支护的计算，确定支护形式、材料及其施工方法，必要时绘制支护施工图。土壁支护方法，根据工程特点、土质条件、开挖深度、地下水位和施工方法等不同情况，可以选择钢（木）支撑、钢（木）板桩、钢筋混凝土桩、土层锚杆、地下连续墙等。

　　（4）地下水、地表水的处理方法及有关配套设备。地面水的排除通常采用设置排水沟、截水沟或修筑土堤等设施来进行。应尽量利用自然地形来设置排水沟，以便将水直接排至场外，或流入低洼处再用水泵抽走。主排水沟最好设置在施工区域或道路的两旁，其横断面和纵向坡度根据最大流量确定。一般排水沟的横断面不小于0.5 m×0.5 m，纵向坡度根据地形确定，一般不小于3‰。在山坡地区施工，应在较高一面的坡上，先做好永久性截水沟，或设置临时截水沟，阻止山坡水流入施工现场。在低洼地区施工时，除开挖排水沟外，必要时还需修筑土堤，以防止场外水流入施工场地。出水口应设置在远离建筑物或构筑物的低洼地点，并保证排水通畅。

　　降低地下水位的方法有集水井降水法和井点降水法两种。集水井降水法一般宜用于降水深度较小且地层为粗粒土层或黏性土时；井点降水法一般宜用于降水深度较大，或土层为细砂和粉砂，或是软土地区时。

　　采用集水井降水法施工，是在基坑（槽）开挖时，沿坑底周围或中央开挖排水沟，在沟底设置集水井，使坑（槽）内的水经排水沟流向集水井，然后用水泵抽走。抽出的水应引开，以防倒流。排水沟和集水井应设置在基础范围以外，一般排水沟的横断面不小于0.5 m×0.5 m，纵向坡度宜为1‰～2‰；根据地下水量的大小，基坑平面形状及水泵能力，集水井每隔20～40 m设置一个，其直径和宽度一般为0.6～0.8 m，其深度随着挖土的加深而加深，要始终低于挖土面0.7～1.0 m。井壁可用竹、木等简易加固。当基坑挖至设计标高后，集水井底应低于坑底1～2 m，并铺设0.3 m左右的碎石滤水层，以免抽水时将泥沙抽走，并防止集水井底的土被扰动。

　　采用井点降水法施工，是在基坑（槽）开挖前，预先在基坑（槽）周围埋设一定数量的滤水管（井），利用抽水设备不断抽水，使地下水位降低到坑底以下，直至基础工程施工结束为止。井点降水的方法有轻型井点、喷射井点、电渗井点、管井井点和深井井点。施工时可根据土的渗透系数、要求降水的深度、工程特点、设备条件及技术经济比较等来选择合适的降水方法，其中轻型井点应用最广泛。

　　（5）确定回填压实的方法。基础验收合格后，应及时回填。回填土要在基础两侧同时进行，并分层夯实。在土方填筑前，应清除基底的垃圾、树根等杂物，抽出坑穴中的水、淤泥。在水田、沟渠或池塘上填方前，应根据实际情况采用排水疏干、挖除淤泥或抛填块石、砂砾等方法处理后再进行回填。填土区如遇有地下水或滞水时，必须设置排水措施，以保证施工顺利进行。

① 填方土料的选择。含水量符合压实要求的黏性土，可用作各层填料；碎石土、石渣和砂土，可用作表层以下填料，在使用碎石土和石渣作填料时，其最大粒径不得超过每层铺填厚度的 2/3；碎块草皮和有机质含量大于 8% 的土，以及硫酸盐含量大于 5% 的土均不能作填料用；淤泥和淤泥质土不能作填料。

② 土方填筑方法。土方应分层回填，并尽量采用同类土填筑。每层铺土厚度，根据所采用的压实机械及土的种类而定。填方工程若采用不同土填筑时，必须按类分层铺填，并将透水性大的土层置于透水性小的土层之下，不得将各种土料任意混杂使用。当填方位于倾斜的山坡上，应将斜坡挖成阶梯状，阶宽不小于 1 m，然后分层回填，以防填土横向移动。

③ 填土压实方法。填土的压实方法有碾压法、夯实法、振动压实以及利用运土工具压实。碾压法主要适用于场地平整和大面积填土工程，压实机械有平碾、羊足碾和振动碾。平碾对砂类土和黏性土均可压实；羊足碾只适用压实黏性土，对砂土不宜使用；振动碾适用于压实爆破石渣、碎石类土、杂填土或粉土的大型填方，当填料为粉质黏土或黏土时，宜用振动凸块碾压。对小面积的填土工程，则宜采用夯实法，可人工夯实，也可机械夯实。人工夯土用的工具有木夯、石夯等；机械夯实常用的机械主要有蛙式打夯机、夯锤和内燃夯土机。

（6）确定土石方平衡调配方案。根据实际工程规模和施工期限，确定调配的运输机械的类型和数量，选择最经济合理调配方案。在地形复杂的地区进行大面积平整场地时，除确定土石方平衡调配方案外，还应绘制土方调配图表。

2）基础工程

（1）砖基础。在施工之前，应明确砌筑工程施工中的流水分段和劳动组合形式；确定砖基础的组砌方法和质量要求；选择砌筑形式和方法；确定皮数杆的数量和位置；明确弹线及皮数杆的控制方法和要求。基础需设施工缝时，应明确施工缝留设位置、技术要求。

① 基础弹线。垫层施工完毕后，即可进行基础的弹线工作。

② 砖基础砌筑。

a. 砖基础大放脚一般采用一顺一丁的砌筑形式，"三一"砌筑方法。

b. 施工工艺：抄平 →放线 →摆砖样 →立皮数杆 →盘角、挂线 →砌筑。

c. 砖基础的水平灰缝厚度和竖向灰缝宽度一般控制在 8～12 mm。

d. 砌筑不同深度的基础时，应从低处砌起，并由高处向低处搭接，搭接长度不应小于大放脚的高度，在基础高低处要砌成踏步式，踏步长度不小于 1 m，高度不大于 0.5 m。基础中若有洞口、管道等，砌筑时应及时按设计要求留出或预埋。砖基础水平灰缝的砂浆饱满度不得小于 80%，竖缝要错开。大放脚的最下一皮及每层的最上一皮应以丁砌为主。

e. 基础砌完验收合格后，应及时回填土。回填土要在基础两侧同时进行，并分层夯实。

（2）混凝土基础。

① 混凝土基础的施工方案。

a. 基础模板施工方案。根据基础结构形式、荷载大小、地基土类别、施工设备和材料供应等条件进行模板及其支架的设计；并确定模板类型、支模方法、模板的拆除顺序、拆除时间及安全措施；对于复杂的工程还需绘制模板放样图。

b. 基础钢筋工程。选择钢筋的加工（调直、切断、除锈、弯曲、成型、焊接）、运输、安装和检测方法；如钢筋作现场预应力张拉时，应详细制定预应力钢筋的制作、安装和检测方法。确定钢筋加工所需要的设备的类型和数量。确定形成钢筋保护层的方法。

c. 基础混凝土工程。选择混凝土的制备方案，如采用现场制备混凝土或商品混凝土。确定混凝土原材料准备、拌制及输送方法；确定混凝土浇筑顺序、振捣、养护方法；施工缝的留设位置和处理方法；确定混凝土搅拌、运输或泵送、振捣设备的类型、规格和数量。

对于大体积混凝土，一般有三种浇筑方案：全面分层、分段分层、斜面分层。为防止大体积混凝土的开裂，根据结构特点的不同，确定浇筑方案；拟定防止混凝土开裂的措施。

箱形基础施工还包括地下室施工的技术要求以及地下室防水的施工方法。

② 工业厂房基础与设备基础的施工方案。工业厂房的现浇钢筋混凝土杯形基础和设备基础的施工，通常有以下两种施工方案。

a. 当厂房柱基础的埋置深度大于设备基础埋置深度时，则采用"封闭式"施工方案，即厂房柱基础先施工，设备基础待上部结构全部完工后再施工。这种施工顺序的特点是：现场构件预制，起重机开行和构件运输较方便；设备基础在室内施工，不受气候影响；但会出现土方重复开挖、设备基础施工场地狭窄、工期较长的缺点。通常"封闭式"施工顺序多用于厂房施工处于雨期或冬期施工时，或设备基础不大时，在厂房结构安装完毕后对厂房结构稳定性并无影响时，或对于较大较深的设备基础采用了特殊的施工方案（如采用沉井等特殊施工方法施工的较大较深的设备基础），可采用"封闭式"施工。

b. 当设备基础埋置深度大于厂房基础的埋置深度时，通常采用"开敞式"施工，即厂房柱基础和设备基础同时施工。这种施工顺序的优缺点与"封闭式"施工相反。通常，当厂房的设备基础较大较深，基坑的挖土范围连成一体，以及地基的土质情况不明时，才采用"开敞式"施工顺序。

c. 如果设备基础与柱基础埋置深度相同或接近时，两种施工顺序均可选择。只有当设备基础比柱基深很多时，其基坑的挖土范围已经深于厂房柱基础，以及厂房所在地点土质很差时，也可采用设备基础先施工的方案。

（3）桩基础。

① 预制桩的施工方法。确定预制桩的制作程序和方法；明确预制桩起吊、运输、堆放的要求；选择起吊、运输的机械；确定预制桩打设的方法，选择打桩设备。

较短的预制桩多在预制厂生产，较长的桩一般在打桩现场或附近就地预制。现场预制桩多用叠浇法施工，重叠层数一般不宜超过4层。桩在浇筑混凝土时，应由桩顶向桩尖一次性连续浇筑完成。制桩时，应做好浇筑日期、混凝土强度、外观检查、质量鉴定等记录。混凝土预制桩在达到设计强度70%后方可起吊，达到100%后方可运输。桩在起吊和搬运时，吊点应符合设计规定。预制桩在打桩前应先做好准备工作，并确定合理的打桩顺序，其打桩顺序一般有逐排打设、从中间向四周打设、分段打设、间隔跳打等，如图 6-10所示。打入时还应根据基础的设计标高和桩的规格，宜采用先浅后深、先大后小、先长后短的施工顺序。预制桩按打桩设备和打桩方法，可分为锤击法、振动法、水冲法和静力压桩等。

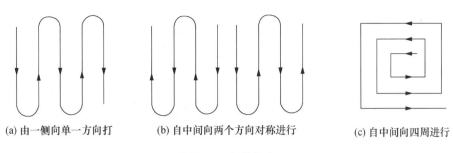

(a) 由一侧向单一方向打   (b) 自中间向两个方向对称进行   (c) 自中间向四周进行

图 6-10　打桩顺序

② 灌注桩的施工方法。根据灌注桩的类型确定施工方法，选择成孔机械的类型和其他施工设备的类型及数量，明确灌注桩的质量要求，拟定安全措施等。

灌注桩按成孔方法可分为泥浆护壁灌注桩、干作业成孔灌注桩、沉管灌注桩、人工挖孔灌注桩和爆扩灌注桩等。

施工中通常要根据土质、地下水位等情况选择不同的施工工艺和施工设备。干作业成孔灌注桩适用于地下水位较低，在成孔深度内无地下水的土质。目前，常用螺旋钻机成孔，也有用洛阳铲成孔的。不论地下水位高低，泥浆护壁成孔灌注桩皆可使用，多用于含水量高的软土地区。锤击沉管灌注桩宜用于一般黏性土、淤泥质土、砂土和人工填土地基。振动沉管施工法有单打法、反插法和复打法，单打法适用于含水量较小的土层；反插法和复打法适用于软弱饱和土层，但在流动性淤泥以及坚硬土层中不宜采用反插法。大直径人工挖孔桩采用人工开挖，质量易于保证，即使在狭窄地区也能顺利施工。当土质复杂时，可以边挖边用肉眼验证土质情况，但人工消耗大，开挖效率低且有一定的危险。爆扩灌注桩适用于地下水位以上的黏性土、黄土、碎石土以及风化岩。

不同的成孔工艺在施工过程中需要着重考虑的因素不同，如钻孔灌注桩要注意孔壁塌陷和钻孔偏斜，而套管灌注桩则常易发生断桩、缩颈、桩靴进水或进泥等问题。如出现问题，则应采取相应的措施予以及时补救。

3. **流水施工组织**

1）**基础工程流水施工组织的步骤**

第一步，划分施工过程。按照划分施工过程的原则，把起主导作用的、影响工期的施工过程单独列项。

第二步，划分施工段。为了组织流水施工，按照划分施工段的原则，并结合实际工程情况划分施工段，施工段的数目一定要合理，不能过多或过少。

第三步，组织专业班组。按工种组织单一或混合专业班组，连续施工。

第四步，组织流水施工，绘制进度计划。按流水施工组织方式，组织搭接施工。进度计划常有横道图和网络图两种表达方式。

2）**砖基础的流水施工组织**

砖基础工程一般划分为土方开挖、垫层施工、砌筑基础、回填土 4 个施工过程。例如，某基础工程分三段组织流水施工，各施工段上的流水节拍均为 3 天，绘制横道图和网络图，如图 6-11 和图 6-12 所示。

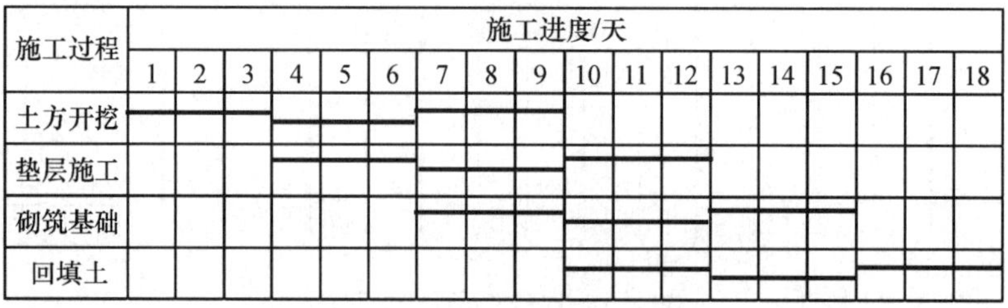

施工过程
施工进度/天
1 2 3 4 5 6 7 8 9 10 11 12 13 14 15 16 17 18
土方开挖
垫层施工
砌筑基础
回填土

图 6-11　砖基础工程三段施工横道图

挖土1
挖土2
挖土3
垫层1
垫层2
垫层3
砖基1
砖基2
砖基3
回填土1
回填土2
回填土3
1
2
3
4
5
6
7
8
9
10
11
12
13
14

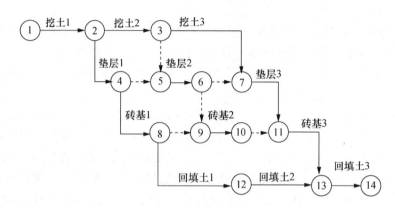

图 6-12　砖基础工程三段施工网络图

3）钢筋混凝土基础的流水施工组织

按照划分施工过程的原则，钢筋混凝土基础可划分为挖土、垫层、支模板、绑扎钢筋、浇混凝土并养护、回填土 6 个施工过程；也可将支模板、绑扎钢筋、浇混凝土并养护合并为一个施工过程为钢筋混凝土条形基础，即为挖土、垫层、混凝土基础、回填土 4 个施工过程。

（1）若划分为挖土、垫层、混凝土基础、回填土 4 个施工过程，其组织流水施工同砖基础工程。

（2）若划分为挖土、垫层、支模板、绑扎钢筋、浇混凝土并养护、拆模及回填土 6 个施工过程，分两段施工，绘制横道图和网络图，如图 6-13 和图 6-14 所示。

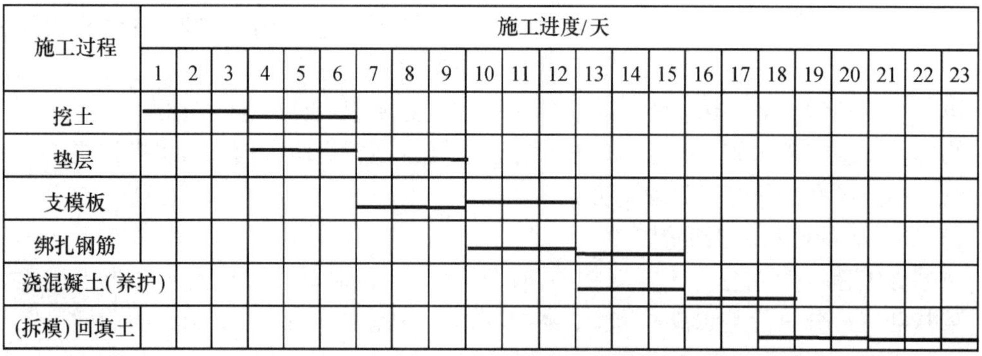

施工过程
施工进度/天
1 2 3 4 5 6 7 8 9 10 11 12 13 14 15 16 17 18 19 20 21 22 23
挖土
垫层
支模板
绑扎钢筋
浇混凝土(养护)
(拆模) 回填土

图 6-13　钢筋混凝土基础两段施工横道图

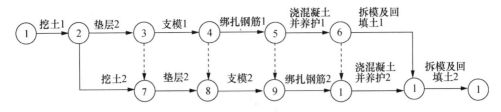

图 6-14 钢筋混凝土基础两段施工网络图

4. 桩基础工程施工方案设计实例

根据附录某职工宿舍工程施工图纸，编制静压桩基础施工方案。

某职工宿舍工程桩基施工方案如下。

1）桩机选择

根据设计要求单桩承载力标准值为 1 000 kN，静压桩终压力 3 000 kN 的要求，决定选用 JND-400 静压桩机。

表 6-3　JND-400 静压桩机性能表

型号	横向行程 /（次/m）	纵向行程 /（次/m）	最大回转角度	最大压入力/kN	油泵	
					系统压力/MPa	最大流量/（L/S）
JND-400	2.5	0.5	18	4 000	31.5	230
电动机功率/kW	接地比压				整机/t	
	大船/（t/m²）		小船/（t/m²）		自重/t	配重/t
120	10.5		11.3		180	230

2）压桩施工顺序与施工要点

测量桩位→静压桩机就位→吊桩喂桩→桩身对中调直→静压沉桩→接桩→压桩与送桩→稳压→桩机移位。

（1）静压桩机就位。经选定的压桩机进场安装调试好后，行至桩位处，使桩机夹持钳口中心（可挂中心线陀）与地面上的样桩基本对准，调平压桩机，再次校核无误，将长步履（长船）落地受力。

（2）吊桩喂桩。静压预制管桩桩节长度一般不超过 12 m，可直接用压桩机上的工作吊机自行吊桩喂桩。管桩运到桩位附近后，一般采用一点起吊，采用双千斤顶加小扁担的起吊法使桩身竖直进入夹桩的钳口中。

（3）桩身对中调直。当桩被吊入夹桩钳口后，由指挥员指挥吊机司机将桩徐徐下降至桩尖离地面 10 cm 左右为止，然后夹紧桩身，微调压桩机使桩尖对准桩位，并将桩压入土中 0.5～1 m，暂停下压，从两个正交侧面摆设吊线锤校正桩身垂直度，待其偏差小于 0.5% 时方可正式压桩。

（4）压桩。压桩是通过主机的压桩油缸伸程之力将桩压入土中，然后夹松，上升；再夹，再压。如此反复进行，将一节桩压下。当一节桩压到离地面 80～100 cm 时可进行接桩。

（5）接桩。采用焊接法。焊条选用 E43。焊接时应先点焊固定，然后对称焊接。

（6）送桩。施压管桩最后一节桩时，当桩顶面到达地面以上 1.5 m 左右时，应吊另一节桩放在被压桩顶面代替送桩器（但不要将接头连接），一直下压，将被压桩的桩顶压入土层中直至符合终压控制条件为止，然后将最上这一节桩拔出来即可。

（7）当压力表读数达到两倍设计荷载或桩端已达到持力层时，便可停止压桩。

（8）终止压桩。对于长度小于 15 m 时的短静压桩：应稳压不少于 5 次，每次 1 分钟，并记录最后三次稳压时的贯入度。特别是计划长度小于 8 m 的短桩，连续满载复压的次数应适当增多。

3）劳动力组织

本工程考虑一台桩机作业时间 12 小时，现场以计件方式承包。具体劳动力计划如表 6-4 所示。

表 6-4　静力压桩施工劳动力计划表

机手	电工	起重工	普工	电焊工	合计
1 人	1 人	2 人	2 人	2 人	8 人

4）静力压桩质量检验标准

（1）垂直度：允许偏差 ≤0.5%。

（2）桩顶标高：允许偏差 −50～ +50 mm。

（3）焊接质量：按钢结构焊接及验收规程执行。

（4）静载试验：随机抽取一根工程桩做试验，检验单桩承载力是否达到设计要求。

（5）预制桩桩位允许偏差如表 6-5 所示。

表 6-5　预制桩桩位的允许偏差

序号	项目	允许偏差
1	盖有基础梁的桩： （1）垂直基础梁的中心线 （2）沿基础梁的中心线	100 + 0.01 H 150 + 0.01 H
2	桩数为 1～3 根桩基中的桩	100
3	桩数为 4～16 根桩基中的桩	1/2 桩径或边长
4	桩数大于 16 根桩基中的桩： （1）最外边的桩 （2）中间桩	1/3 桩径或边长 1/2 桩径或边长

二、主体工程施工方案

1. 施工顺序的确定

1）砖混结构

砖混结构主体的楼板可预制也可现浇，楼梯一般都现浇。

若楼板为预制构件时，砖混结构主体工程的施工顺序一般如图 6-15 所示。

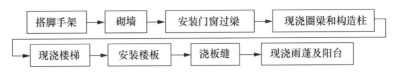

图 6-15 砖混结构主体工程施工顺序（预制楼板）

当楼板现浇时，其主体工程的施工顺序一般如图 6-16 所示。

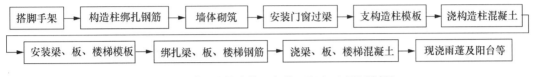

图 6-16 砖混结构主体工程施工顺序（现浇楼板）

主导施工过程有两种划分形式：一种是砌墙和浇筑混凝土（或安装混凝土构件）两个主导施工过程。砌墙施工过程中包括搭脚手架、运砖、砌墙、安门窗框、浇筑圈梁和构造柱、现浇楼梯等；浇筑混凝土（或安装混凝土构件）包括安装（或现浇）楼板及板缝处理、安装其他预制过梁、部分现浇楼盖等。墙体砌筑与安装楼板这两个主导施工过程，它们在各楼层之间的施工是先后交替进行的。砌筑墙体时，一般以每个自然层作为一个砌筑层，然后分层进行流水作业。现浇卫生间楼板的支模、绑筋可安排在墙体砌筑的最后一步插入，在浇筑圈梁、构造柱的同时浇筑厨房、卫生间楼板。

另一种是砌墙、浇混凝土和楼板施工三个主导施工过程。砌墙施工过程中包括搭脚手架、运砖、砌墙、安门窗框等，浇混凝土施工过程包括浇筑圈梁和构造柱、现浇楼梯等，楼板施工包括安装（或现浇）楼板及板缝处理、安装其他预制过梁等。

2）钢筋混凝土框架结构

（1）当楼层不高或工程量不大时，柱、梁、板可一次整体浇筑，柱与梁板间不留施工缝。柱浇筑后，须停顿 1～1.5 h，待柱混凝土初步沉实后，再浇筑其上的梁板，以避免因柱混凝土下沉在梁、柱接头处形成裂缝。

梁板柱整体现浇时，框架结构主体的施工顺序一般如图 6-17 所示。

图 6-17 框架结构主体工程施工顺序（梁板柱整体现浇）

（2）当楼层较高或工程量较大时，柱与梁、板间分两次浇筑，柱与梁、板间施工缝留在梁底（或梁托下）。待柱混凝土强度达 1.2 N/mm² 以上后，再浇筑梁和板。

先浇柱后浇梁板时，框架结构主体的施工顺序一般如图 6-18 所示。

图 6-18 框架结构主体工程施工顺序（先浇柱后浇梁板）

（3）浇筑钢筋混凝土电梯井的施工顺序一般如图6-19所示。

绑扎电梯井钢筋 → 支电梯井内、外模板 → 浇筑电梯井混凝土 → 混凝土养护 → 拆模

图6-19　钢筋混凝土电梯井施工顺序

（4）柱的浇筑顺序。柱宜在梁板模板安装后钢筋未绑扎前浇筑，以便利用梁板模板作横向支撑和柱浇筑操作平台用。一施工段内的柱应按排或列由外向内对称地依次浇筑，不要从一端向另一端推进，以避免柱模因混凝土单向浇筑受推倾斜而使误差积累难以纠正。

与墙体同时浇筑的柱子，两侧浇筑的高差不能太大，以防柱子中心移动。

（5）梁和楼板的浇筑顺序。肋形楼板的梁板应同时浇筑，顺次梁方向从一端向前推进。根据梁高分层浇筑成阶梯形，当达到板底位置时即与板的混凝土一起浇筑，而且倾倒混凝土的方向与浇筑方向相反。

梁高大于1m时，可先单独浇筑梁，其施工缝留在板底以下20～30mm处，待梁混凝土强度达到1.2 N/mm^{2}以上时再浇筑楼板。

无梁楼盖浇筑时，在柱帽下50mm处暂停，然后分层浇筑柱帽，待混凝土接近楼板底面时，再连同楼板一起浇筑。

（6）楼梯浇筑顺序。楼梯宜自下而上一次浇筑完成，当必须留置施工缝时，其位置应留在跨中1/3范围内。

3）剪力墙结构

主体结构为现浇钢筋混凝土剪力墙，可采用大模板或滑模工艺。

现浇钢筋混凝土剪力墙结构采用大模板工艺，分段组织流水施工，施工速度快，结构整体性、抗震性好。其标准层的施工顺序一般如图6-20所示。随着楼层施工，电梯井、楼梯等部位也逐层插入施工。

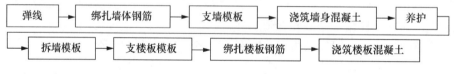

弹线 → 绑扎墙体钢筋 → 支墙模板 → 浇筑墙身混凝土 → 养护
→ 拆墙模板 → 支楼板模板 → 绑扎楼板钢筋 → 浇筑楼板混凝土

图6-20　剪力墙标准层一般施工顺序（大模板工艺）

采用滑升模板工艺时，其施工顺序一般如图6-21所示。

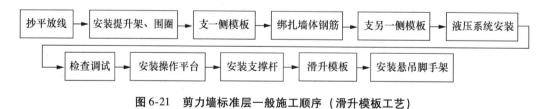

抄平放线 → 安装提升架、围圈 → 支一侧模板 → 绑扎墙体钢筋 → 支另一侧模板 → 液压系统安装
→ 检查调试 → 安装操作平台 → 安装支撑杆 → 滑升模板 → 安装悬吊脚手架

图6-21　剪力墙标准层一般施工顺序（滑升模板工艺）

4）装配式工业厂房

（1）预制阶段的施工顺序。现场预制钢筋混凝土柱的施工顺序如图6-22所示。

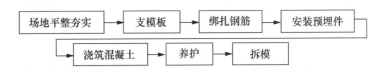

图 6-22　现场预制钢筋混凝土柱的施工顺序

现场预制预应力屋架的施工顺序如图 6-23 所示。

图 6-23　现场预制预应力屋架的施工顺序

（2）结构安装阶段的施工顺序。装配式工业厂房的结构安装是整个厂房施工的主导施工过程，其他施工过程应配合安装顺序。结构安装阶段的施工顺序如图 6-24 所示。每个构件的安装工艺顺序如图 6-25 所示。

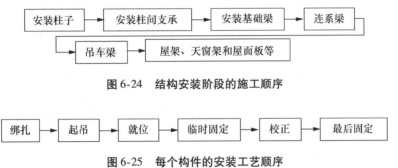

图 6-24　结构安装阶段的施工顺序

图 6-25　每个构件的安装工艺顺序

构件吊装顺序取决于吊装方法，单层工业厂房结构安装法有分件吊装法和综合吊装法两种。分件吊装法的构件吊装顺序如图 6-26 所示，综合吊装法的构件吊装顺序如图 6-27 所示。

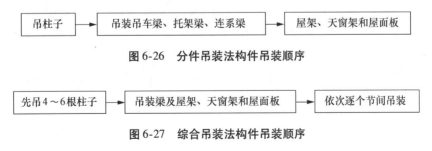

图 6-26　分件吊装法构件吊装顺序

图 6-27　综合吊装法构件吊装顺序

5）装配式大板结构

装配式大板标准层施工顺序如图 6-28 所示。

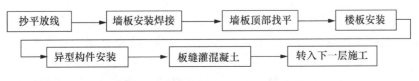

图 6-28　装配式大板结构标准层施工顺序

2. 施工方法及施工机械

1）测量控制工程

（1）说明测量工作的总要求。测量工作应由专人操作，操作人员必须按照操作程序、操作规程进行操作，经常进行仪器、观测点和测量设备的检查验证，配合好各工序的穿插和检查验收工作。

（2）工程轴线的控制和引测。说明实测前的准备工作、建筑物平面位置的测定方法，首层及各层轴线的定位、放线方法及轴线控制要求。

（3）标高的控制和引测。说明实测前的准备工作、标高的控制的引测的方法。

（4）垂直度控制。说明建筑物垂直控制的方法，包括外围垂直度和内部每层垂直度的控制方法，并说明确保控制质量的措施。

（5）沉降观测。可根据设计要求，说明沉降观测的方法、步骤和要求。

2）脚手架工程

脚手架应在基础回填土之后，配合主体工程搭设，在室外装饰之后，散水施工前拆除。

（1）明确脚手架的基本要求。脚手架应由架子工搭设，应满足工人操作、材料堆置和运输的需要；要坚固稳定，安全可靠；搭设简单，搬移方便；尽量节约材料，能多次周转使用。

（2）选择脚手架的类型。选择脚手架的依据主要有以下几个因素。

① 工程特点，包括建筑物的外形、高度、结构形式、工期要求等。

② 材料配备情况，如是否可用拆下待用的脚手架或是否可就地取材。

③ 施工方法，是斜道、井架还是采用塔吊等。

④ 安全、坚固、适用、经济等因素。

多层房屋外脚手架通常采用扣件式双排落地式脚手架。在高层建筑施工中经常采用如下方案：裙房或低于30～50 m 的部分采用落地式单排或双排脚手架；高于30～50 m 的部分常用悬挑式脚手架、附壁套管式外挂脚手架、附壁轨道式外挂脚手架和整体提升式脚手架等。

（3）确定脚手架搭设方法和技术要求。多立杆式脚手架有单排和双排两种形式，一般采用双排；并确定脚手架的搭设宽度和每步架高；为了保证脚手架的稳定，要设置连墙杆、剪刀撑、抛撑等支撑体系，并确定其搭设方法和设置要求。

（4）脚手架的安全防护。为了保证安全，脚手架通常要挂安全网，确定安全网的布置，并对脚手架采取避雷措施。

3）垂直运输机械的选择

（1）垂直运输体系的选择。高层建筑施工中垂直运输作业具有运输量大、机械费用大、对工期影响大的特点。施工的速度在一定程度上取决于施工所需物料的垂直运输速度。

垂直运输体系一般有下列组合。

① 施工电梯＋塔式起重机。塔式起重机负责吊送模板、钢筋、混凝土，人员和零散材料由电梯运送。其优点是供应范围大，易调节安排；缺点是集中运送混凝土的效率不高。适用于混凝土量不是特别大而吊装量大的结构。

② 施工电梯＋塔式起重机＋混凝土泵（带布料杆）。混凝土泵运送混凝土，塔式起重

机吊送模板、钢筋等大件材料，人员和零散材料由电梯运送。其优点是供应范围大，供应能力强，更易调节安排；缺点是投资和费用很高。适用于工程量大、工期紧的高层建筑。

③ 施工电梯 + 高层井架（带摇臂拔杆）。井架负责运送混凝土，拔杆负责运送模板，电梯负责运送人员和散料。其优点是垂直输送能力强，费用不高；缺点是供应范围和吊装能力较小，需要增加水平运输设施。适用于吊装量不大，特别是无大件吊装的情况且工程量不是很大、工作面相对集中的结构。

④ 施工电梯 + 高层井架 + 塔式起重机。井架负责运送大宗材料，塔式起重机吊送模板、钢筋等大件材料，人员和散料由电梯运送。其优点是供应范围大，供应能力强；缺点是投资和费用较高，有时设备能力过剩。适用于吊装量、现浇工程量较大的结构。

⑤ 塔式起重机 + 普通井架。塔式起重机吊送模板、钢筋等大件材料，井架运送混凝土等大宗材料，人员通过室内楼梯上下。其优点是费用较低，且设备比较常见；缺点是人员上下不太方便。适用于建筑物高度 50 m 以下的建筑。

选择垂直运输体系时，应全面考虑以下几个方面。

a. 运输能力要满足规定工期的要求。

b. 机械费用低。

c. 综合经济效益好。

从我国的现状及发展趋势看，采用"施工电梯 + 塔式起重机 + 混凝土泵"方案的越来越多，国外情况也类似。

（2）塔式起重机的选择。

① 选择方法：根据结构形式（附墙位置）、建筑物高度、采用的模板体系、现场周边情况、平面布局形式及各种材料的吊运次数，以起重量 Q、起重高度 H 和回转半径 R 为主要参数，经吊次、台班费用分析比较，选择塔式起重机的型号和台数。

② 塔式起重机的平面定位原则：塔吊施工消灭死角；塔吊相互之间不干涉（塔臂与塔身不相碰）；塔吊立、拆安全方便。

③ 施工电梯的选择。

a. 选择方法：以定额载重量、最大架设高度为主要性能参数满足本工程使用要求，可靠性高，经济效益，能与塔吊组成完善的垂直运输系统。

b. 平面定位原则：布置便于人员上下及物料集散，距各部位的平均距离最近，且便于安装附着。

4）混凝土及砌筑工程施工设备

（1）混凝土搅拌机械的选择。当工程采用自拌混凝土时，就必须认真考虑选择适宜的混凝土搅拌机械。

混凝土搅拌机械主要根据混凝土的坍落度大小选择搅拌机的类型，按工程量的大小及工期的要求选择混凝土搅拌机的型号。

干硬性混凝土宜选用强制式混凝土搅拌机；塑性混凝土宜选用自落式混凝土搅拌机；工程量较大、工程紧的工程宜选用大容量的混凝土搅拌机或选用多台搅拌机；当工程量较小时，可选用小容量的混凝土搅拌机。

（2）混凝土振捣机械的选择。混凝土振捣机械的类型主要根据建筑结构选择。薄型结构（如楼板、平板）可选用平板振捣器；现浇混凝土墙可采用外部振捣器；混凝土梁、柱、基础及其他混凝土结构可选用插入式振捣器。

振捣器的型号、数量按工程量的大小或工期要求选择。

（3）钢筋加工机械的选择。

① 钢筋焊接机械选择。一般情况下，焊接少量、零星钢筋时，可选用电弧焊；当钢筋加工数量较大，在下料前进行连接时，一般选用对焊机；框架结构钢筋进行竖向连接时，可采用电渣压力焊或钢筋挤压连接或螺纹套筒连接。

② 钢筋下料机械和弯曲成型机械选择。当加工少量、小直径钢筋时，可采用人工下料和弯曲成型；当钢筋加工数量较大时，应选择钢筋下料机和钢筋成型机进行钢筋下料成型。

（4）砂浆搅拌机的选择

工期紧、工程量大的工程应选用生产效率高的搅拌机或多台搅拌机。常用砂浆搅拌机型号有 HJ-200、HJ1-200A、HJ1-200B 和 HJ-325 型。

建筑工地如没有配备砂浆搅拌机时，也可以采用混凝土搅拌机来搅拌砂浆。

5）砌筑工程

砌筑工程是一个综合的施工过程，它包括砂浆制备、材料运输、搭脚手架和墙体砌筑等。

（1）明确砌筑质量和要求。砌体一般要求灰缝横平竖直，砂浆饱满，厚薄均匀，上下错缝，内外搭接，接槎牢固，墙面垂直。

（2）明确砌筑工程施工组织形式。砌筑工程施工采用分段组织流水施工，明确流水分段和劳动组合形式。

（3）确定墙体的组砌形式和方法。普通砖墙的砌筑形式主要有一顺一丁、三顺一丁、两平一侧、梅花丁和全顺式。

普通砖墙的砌筑方法主要有"三一"砌砖法、挤浆法、刮浆法和满口灰法。

（4）确定砌筑工程施工方法。

① 砖墙的砌筑方法。砖墙的砌筑一般有抄平放线、摆砖、立皮数杆、挂线盘角、砌筑和勾缝清理等工序。

砌墙前先在基础防潮层或楼面上定出各层标高，并用 M7.5 水泥砂浆或 C10 细石混凝土找平，然后根据龙门板上标志的轴线，弹出墙身轴线、边线及门窗洞口位置。二楼以上墙体的轴线可以用经纬仪或垂球将轴线引测上去。然后根据墙身长度和组砌方式，先用干砖在放线的基面上试摆，使其符合模数，排列和灰缝均匀，以尽可能减少砍砖次数。一般在房屋外纵墙方向摆顺砖，在山墙方向摆丁砖，摆砖由一个大角摆到另一个大角，砖与砖留 10 mm 缝隙。

确定皮数杆的数量和位置。皮数杆一般设置在房屋的四大角、纵横墙的交接处、楼梯间及洞口多的地方，如墙过长时，应每隔 10～15 m 立一根。皮数杆需用水平仪统一树立并确定 ±0.00 的位置。砌砖前，先在皮数杆上挂通线，一般一砖墙、一砖半墙可单面挂线，一砖半以上墙体应双面挂线。墙角是控制墙面横平竖直的主要依据，一般砌筑前先盘角，每次盘角不得超过六皮砖，在盘角过程中应随时用托线板检查墙角是否竖直平整，砖层高度和灰缝是否与皮数杆相符合，做到"三皮一吊，五皮一靠"。

砌筑时全部砖墙应平行砌起，砖层必须水平，砖层正确位置用皮数杆控制，基础和每楼层砌完后必须校对一次水平、轴线和标高，在允许偏差范围内，其偏差值应在基础或楼板顶面调整。砖墙的水平灰缝厚度和竖缝宽度一般为 10 mm，但不小于 8 mm，也不大于

12 mm。水平灰缝的砂浆饱满度不低于80%，砂浆饱满度用百格网检查。竖向灰缝宜用挤浆或加浆方法，使其砂浆饱满，严禁用水冲浆灌缝。

砖墙的转角处和交接处应同时砌筑。不能同时砌筑处，应砌成斜槎，斜槎长度不应小于高度的2/3。如临时间断处留斜槎确有困难，除转角处外，也可以留直槎，但必须做成阳槎，并加设拉结筋。拉结筋的数量为每120 mm墙厚设置一根直径为6 mm的钢筋；间距沿墙高不得超过500 mm；埋入长度从墙的留槎处算起，每边均不应小于500 mm；末端应有90°弯钩。抗震设防地区建筑的临时间断处不得留直槎。

隔墙与墙或柱若不能同时砌筑而又不留成斜槎时，可于墙或柱中引出直槎，或于墙或柱的灰缝中预埋拉结筋（其构造与上述相同，但每道不得少于2根）。抗震设防地区建筑物的隔墙，除应留直槎外，沿墙高每500 mm配置2φ6钢筋与承重墙或柱拉结，伸入每边墙内的长度不应小于500 mm。

砖砌体接槎时，必须将接槎处的表面清理干净，浇水湿润，并应填实砂浆，保持灰缝平直。

每层承重墙的最上一皮砖、梁或梁垫的下面及挑檐、腰线等处，应是整砖丁砌。填充墙砌至接近梁、板底时，应留一定空隙，待填充墙砌筑完并应至少间隔7天后，再将其补砌挤紧。设有钢筋混凝土构造柱的抗震多层砖混房屋，应先绑扎钢筋，而后砌砖墙，最后浇柱混凝土。墙与柱应沿高度方向500 mm设2φ6钢筋，每边伸入墙内不应少于1 m；构造柱应与圈梁连接；砖墙应砌成马牙槎，每一马牙槎沿高度方向的尺寸不超过300 mm，马牙槎从每层柱脚开始，应先退后进。该层构造柱混凝土浇完之后，才能进行上一层的施工。砖墙每天砌筑高度不宜超过1.8 m，雨天施工时，每天砌筑高度不宜超过1.2 m。砖砌体相邻工作段的高度差，不得超过一个楼层的高度，也不宜大于4 m。工作段的分段位置宜设在伸缩缝、沉降缝、防震缝或门窗洞口处。砌体临时间断处的高度差不得超过一步脚手架的高度。砌筑时宽度小于1 m的窗间墙应选用整砖砌筑。半砖或破损的砖，应分散使用于墙的填心和受力较小的部位。砌好的墙体，当横隔墙很少不能安装楼板或屋面板时，要设置必要的支撑，以保证其稳定性，防止大风刮倒。

施工洞口必须按尺寸和部位进行预留。不允许砌成后，再凿墙开洞。那样会振动墙身，影响墙体的质量。对于大的施工洞口，必须留在不重要的部位，如窗台下暂时不砌，作为内外运输通道用；在山墙上留洞应留成尖顶形状，才不致影响墙体质量。

② 砌块的砌筑方法。在施工之前，应确定大规格砌块砌筑的方法和质量要求，选择砌筑形式，确定皮数杆的数量和位置，明确弹线及皮数杆的控制方法和要求。绘制砌块排列图，选择专门设备吊装砌块。

砌块安装的主要工序为铺灰、吊砌块就位、校正、灌缝和镶砖。砌块墙在砌筑吊装前，应先画出砌块排列图。

砌块安装有两种方案：a. 轻型塔式起重机负责砌块、砂浆运输，砌块由台灵架吊装；b. 井架负责材料、砌块、砂浆的运输，台灵架负责砌块吊装。预制构件及材料的水平运输采用砌块车和手推车，台灵架负责砌块的吊装。

③ 砖柱的砌筑方法。矩形砖柱的砌筑方法，应使柱面上下皮砖的竖缝至少错开1/4砖长，柱心无通缝。少砍砖并尽量利用1/4砖。不得采用光砌四周后填心的包心砌法。砖柱砌筑前应检查中心线及柱基顶面标高，多根柱子在一条直线上要拉通线。如发现中间柱有高低不平时，要用C10号细石混凝土和砖找平，使各个柱第一层砖都在同一标高上。砌柱

用的脚手架要牢固，不能靠在柱子上，更不能留脚手眼，影响砌筑质量。柱子每天砌筑高度不宜超过1.8 m。砌完一步架要刮缝，清扫柱子表面。在楼层上砌砖柱时，要检查弹的墨线位置与下层柱是否对中，防止砌筑的柱子不在同一轴线上。有网状配筋的砖柱，砌入的钢筋网在柱子一侧要露出1～2 mm，以便检查。

④ 砖垛的砌筑方法。砖垛的砌法，要根据墙厚不同及垛的大小而定，无论哪种砌法都应使垛与墙身逐皮搭接，切不可分离砌筑，搭接长度至少为1/4砖长。根据错缝需要可加砌3/4砖或半砖。

当砌完一个施工层后，应进行墙面、柱面的勾缝和清理，以及落地灰的清理。

⑤ 确定施工缝留设位置和技术要求。施工段的分段位置应设在伸缩缝、沉降缝、防震缝或门窗洞口处。

6）钢筋混凝土工程

现浇钢筋混凝土工程由模板、钢筋、混凝土三个工种相互配合进行。

（1）模板工程。

① 木模板或木胶合板施工。

a. 柱子模板。柱模板是由两块相对的内拼板夹在两块外拼板之间钉成的。

安装柱模板前，应先绑扎好钢筋，测出标高并标在钢筋上，同时在已浇筑的基础顶面或楼面上弹出边线，并固定好柱模板底部的木框。根据柱边线及木框位置竖立模板，并用支撑临时固定，然后从顶部用垂球校正垂直度。检查无误后，将柱箍箍紧，再用支撑钉牢。同一轴线上的柱，应先校正两端的柱模板，在柱模板上口拉中心线来校正中间的柱模。柱模之间用水平撑及剪刀撑相互撑牢。

b. 梁模板。梁模板主要由侧模、底模及支撑系统组成。梁底模下有支架（琵琶撑）支撑，支架的立柱最好做成可以伸缩的，以便调整高度，底部应支承在坚实的地面、楼板上或垫木板。在多层框架结构施工中，上下层支架的立柱应对准。支架间用水平和斜向拉杆拉牢，当层间高度大于5 m时，宜选桁架作模板的支架。梁侧模板底部用钉在支架顶部的夹条夹住，顶部可由支承楼板的搁栅或支撑顶住。高大的梁，可在侧模板中上位置用钢丝或螺栓相互撑拉。梁跨度在4 m及4 m以上时，底模应起拱，若设计无规定时，起拱高度宜为全跨长度的（1～3）/1 000。

c. 楼板模板。楼板模板是由底模和支架系统组成的。底模支承在搁栅上，搁栅支承在梁侧模外的横档上，跨度大的楼板，搁栅中间加支撑作为支架系统。楼板模板的安装顺序是，在主次梁模板安装完毕后，按楼板标高往下减去楼板底模板的厚度和楞木的高度，在楞木和固定夹板之间支好短撑。在短撑上安装托板，在托板上安装楞木，在楞木上铺设楼板底模。铺好后核对楼板标高、预留孔洞及预埋件的尺寸和位置。然后对梁的顶撑和楼板中间支架进行水平和剪刀撑的连接。

d. 楼梯模板。楼板模板安装时，在楼梯间的墙上按设计标高画出楼梯段、楼梯踏步及平台板、平台梁的位置。先立平台梁和平台板的模板及支撑，然后在楼梯段基础梁侧模上钉托木，楼梯模板的斜楞钉在基础梁和平台梁侧模板的托木上。在斜楞上铺钉楼梯底模板，下面设杠木和斜向支撑，斜向支撑的间距为1～1.2 m，其间用拉杆拉结。再沿楼梯边立外帮板，用外帮板上的横档木、斜撑和固定夹木将外帮板钉固在杠木上。再在靠墙的一面把反三角模板立起，反三角模板的两端可钉在平台梁和梯基的侧板上。然后在反三角板与外帮板之间逐块钉上踏步侧板。如果楼梯较宽，应在梯段中间再加设反三角板。在楼梯段模板放线时，特别要注意每层楼梯的第一踏步和最后一个踏步的高度，常因疏忽了楼地面面层厚度不同而造成高低不同的现象。

肋形楼盖模板安装的全过程，如图 6-29 所示。

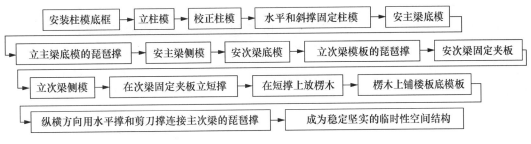

图 6-29　肋形楼盖模板安装的全过程

② 钢模板施工。定型组合钢模板由钢模板、连接件和支撑件组成。施工时可在现场直接组装，也可预拼装成大块模板用起重机吊运安装。组合钢模板的设计应使钢模板的块数最少，木板镶拼补量最少，并合理使用转角模板，使支撑件布置简单，钢模板尽量采用横排或竖排，不用横竖兼排的方式。

③ 模板拆除。现浇结构模板的拆除时间，取决于结构的性质、模板的用途和混凝土硬化速度。模板的拆除顺序一般是先支后拆、后支先拆，先拆除非承重部分后拆除承重部分，一般谁安谁拆。重大复杂的模板拆除，事先应制订拆除方案。框架结构模板的拆除顺序：柱模板→楼板底模→梁侧模板→梁底模板。多层楼板模板支架的拆除，应按下列要求进行：上层楼板正在浇筑混凝土时，下一层楼板支柱不得拆除，再下一层楼板的支柱仅可拆除一部分；跨度 4 m 及 4 m 以上的梁下均应保留支柱，其间距不得大于 3 m。

（2）钢筋工程。

① 钢筋加工。钢筋加工工艺流程，如图 6-30 所示。

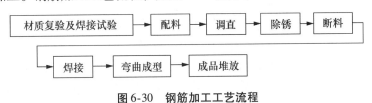

图 6-30　钢筋加工工艺流程

钢筋的冷加工包括钢筋冷拉和钢筋冷拔。钢筋冷拉控制方法采用控制应力和控制冷拉率两种方法。用作预应力钢筋混凝土结构的预应力筋采用控制应力的方法，不能分清炉批的钢筋采用控制应力的方法。钢筋冷拉采用控制冷拉率方法时，冷拉率必须由试验确定。预应力钢筋如由几段对焊而成，应在焊接后再进行冷拉。

钢筋调直的方法有人工调直和机械调直两种。对于直径在 12 mm 以下的圆盘钢筋，一般用铰磨、卷扬机或调直机，调直时要控制冷拉率；大直径钢筋可用卷扬机、弯曲机、平直机、平直锤或人工锤击法调直。经过调直的钢筋基本已达到除锈目的，但已调直除锈的钢筋时间长了又被生锈，其除锈方法有机械除锈（电动除锈机除锈）、手工除锈（钢丝刷、沙盘等）、喷砂及酸洗除锈等。

钢筋切断的方法有钢筋切断机和手动切断器两种，手动切断器一般用于切断直径小于 12 mm 的钢筋，大直径钢筋的切断一般采用钢筋切断机。

钢筋弯曲成型的方法分人工和机械两种。手工弯曲是在成型工作台上进行，施工现场常采用；大量钢筋加工时，应采用钢筋弯曲机。

② 钢筋的连接。钢筋连接方法有绑扎连接、焊接和机械连接。施工规范规定，受力钢筋优先选择焊接和机械连接，并且接头应相互错开。

钢筋的焊接方法有闪光对焊、电弧焊、电渣压力焊、电阻点焊和气压焊等。

闪光对焊广泛用于钢筋接长及预应力钢筋与螺丝端杆的焊接。热轧钢筋的焊接优先选择闪光对焊，条件不可能时才用电弧焊。闪光对焊适用于焊接直径 10～40 mm 的钢筋。钢筋闪光对焊后，除对接头进行外观检查外，还应按《钢筋焊接及验收规程》的规定进行抗拉强度和冷弯试验。

钢筋电弧焊可分为搭接焊、帮条焊、坡口焊和熔槽帮条焊 4 种接头形式。帮条焊适用于直径 10～40 mm 的各级热轧钢筋；搭接焊接头只适用于直径 10～40 mm 的 HPB 235、HRB 335 级钢筋。坡口焊接头有平焊和立焊两种，适用于在现场焊接装配式构件接头中直径 18～40 mm 的各级热轧钢筋。帮条焊、搭接焊和坡口焊的焊接接头，除应进行外观质量检查外，还需抽样做抗拉试验。

电阻点焊主要用于焊接钢筋网片、钢筋骨架，适用于直径 6～14 mm 的 HPB 235、HRB 335 级钢筋和直径 3～5 mm 的冷拔低碳钢丝。电阻点焊的焊点应进行外观检查和强度试验，热轧钢筋的焊点应进行抗剪试验，冷处理钢筋除进行抗剪实验外，还应进行抗拉试验。

电渣压力焊主要适用于现浇钢筋混凝土框架结构中竖向钢筋的连接，宜采用自动或手工电渣压力焊进行焊接直径 14～40 mm 的 HPB 235、HPB 300、HRB 335 钢筋。电渣压力焊的接头应按规范规定的方法检查外观质量和进行抗拉试验。

钢筋气压焊属于热压焊，适用于各种位置的钢筋。气压焊接的钢筋要用砂轮切割机切断料，不能用钢筋切断机切断，要求断面与钢筋轴线垂直。气压焊的接头，应按规定的方法检查外观质量和进行抗拉试验。

钢筋机械连接常用挤压连接和螺纹连接形式，是大直径钢筋现场连接的主要方法。

③ 钢筋的绑扎和安装。钢筋绑扎的程序是：画线、摆筋、穿箍、绑扎、安放垫块等。画线时应注意间距、数量，标明加密箍筋位置。板类摆筋顺序一般先排主筋后排副筋；梁类摆筋一般先摆纵筋；有变截面的箍筋，应事先将箍筋排列清楚，然后安装纵向钢筋。绑扎钢筋用的钢丝，可采用 20～22 号钢丝或镀锌钢丝，当绑扎楼板钢筋网时，一般用单根 22 号钢丝；绑扎梁柱钢筋骨架则用双根钢丝绑扎。板和墙的钢筋网，除靠近外围两横钢筋的相交点全部扎牢外，中间部分的相交点可相隔交错扎牢；双向受力的钢筋，须所有交叉点全部扎牢。

④ 钢筋保护层施工。控制钢筋的混凝土保护层可采用水泥砂浆垫块或塑料卡。水泥砂浆垫块的厚度等于保护层厚度，其平面尺寸：当保护层的厚度 ≤ 20 mm 时为 30 mm × 30 mm；≥ 20 mm 时为 50 mm × 50 mm；在垂直方向使用的垫块，应在垫块中埋入 20 号钢丝，用钢丝把垫块绑在钢筋上。塑料卡的形状有塑料垫块和塑料环圈两种，塑料垫块用于水平构件，塑料环圈用于垂直构件。

（3）混凝土工程。确定混凝土制备方案（商品混凝土或现场拌制混凝土），确定混凝土原材料准备、搅拌、运输及浇筑顺序和方法，以及泵送混凝土和普通垂直运输混凝土的机械选择；确定混凝土搅拌、振捣设备的类型和规格、养护制度及施工缝的位置和处理方法。

① 混凝土的搅拌。现场拌制混凝土可采用人工或机械拌和方法，一般都用搅拌机拌和混凝土。

② 混凝土的运输。混凝土运输分为地面运输、垂直运输和楼面运输。

混凝土地面运输，如采用商品混凝土运输距离较远时，我国多用混凝土搅拌运输车；混凝土如来自工地搅拌站，则多用载重约 1 t 的小型机动翻斗车，近距离也用双轮手推车，有时还用皮带运输机和窄轨翻斗车。混凝土垂直运输多用塔式起重机、混凝土泵、快速提升斗和井架。混凝土楼面运输以双轮手推车为主，如用混凝土泵则用布料机布料。

施工中常常使用商品混凝土，用混凝土搅拌运输车运送到施工现场，再由塔式起重机或混凝土泵运至浇筑地点。

塔式起重机运输混凝土应配备混凝土料斗联合使用；用井架和龙门架运输混凝土时，应配备手推车。

③ 混凝土的浇筑。混凝土浇筑前应检查模板、支架、钢筋和预埋件，并进行验收。浇筑混凝土时一定要防止分层离析，为此需控制混凝土自高处倾落的自由倾落高度不宜超过 2 m，在竖向结构中自由倾落高度不宜超过 3 m，否则应采用串筒、溜槽、溜管等下料。浇筑竖向结构混凝土前先要在底部填筑一层 50～100 mm 厚与混凝土成分相同的水泥砂浆。

浇捣混凝土应连续进行，若需长时间间歇，则应留置混凝土施工缝。混凝土施工缝宜留在结构剪力较小的部位，同时要方便施工。柱子宜留在基础顶面、梁或吊车梁牛腿的下面、吊车梁的上面、无梁楼盖柱帽的下面，和板连成整体的大截面梁应留在板底面以下 20～30 mm 处，当板下有梁托时，留置在梁托下部。单向板可留在平行于板短边的任何位置。有主次梁的楼盖宜顺着次梁方向浇筑，施工缝应留在次梁跨度的中间 1/3 长度范围内。墙可留在门洞口过梁跨中 1/3 范围内，也可留在纵横墙的交接处。双向受力的楼板、大体积混凝土结构、拱、薄壳、多层框架等及其他复杂结构，应按设计要求留置施工缝。在施工缝处继续浇筑混凝土时，应除掉水泥浮浆和松动石子，并用水冲洗干净，待已浇筑的混凝土的强度不低于 1.2 MPa 时才允许继续浇筑，在结合面应先铺抹一层水泥浆或与混凝土砂浆成分相同的砂浆。

a. 现浇多层钢筋混凝土框架的浇筑。浇筑这种结构首先要划分施工层和施工段，施工层一般按结构层划分，而每一施工层如何划分施工段，则要考虑工序数量、技术要求、结构特点等。要做到木工在第一施工层安装完模板，准备转移到第二施工层的第一施工段上时，该施工段所浇筑的混凝土强度应达到允许工人在上面操作的强度（1.2 MPa）。施工层与施工段确定后，就可求出每班（或每小时）应完成的工程量，据此选择施工机具和设备并计算其数量。混凝土浇筑前应做好必要的准备工作，如模板、钢筋和预埋管线的检查和清理以及隐蔽工程的验收；浇筑用脚手架、走道的搭设和安全检查；根据实验室下达的混凝土配合比通知单准备和检查材料；并做好施工用具的准备等。浇筑柱子时，施工段内的每排柱子应由外向内对称地顺序浇筑，不要由一端向另一端推进，预防柱子模板因湿胀造成受推倾斜而误差积累难以纠正。截面在 400 mm×400 mm 以内，或有交叉箍筋的柱子，应在柱子模板侧面开孔用斜溜槽分段浇筑，每段高度不超过 2 m。截面在 400 mm×400 mm 以上、无交叉箍筋的柱子，如柱高不超过 4.0 m，可从柱顶浇筑；如用轻骨料混凝土从柱顶浇筑，则柱高不得超过 3.5 m。柱子开始浇筑时，底部应先浇筑一层厚 50～100 mm 与所浇筑混凝土成分相同的水泥砂浆。浇筑完毕，如柱顶处有较大厚度的砂浆层，则应加以处理。柱子浇筑后，应间隔1～1.5 h，待所浇混凝土拌和物初步沉实，再浇筑上面的梁板结构。梁和板一般应同时浇筑，从一端开始向前推进。只有当梁高大于1 m时才允许将梁单独浇筑，此时的施工缝留在楼板板面下20～30 mm处。梁底与梁侧面注意振实，振动器不要直接触及钢筋和预埋件。楼板混凝土的虚铺厚度应略大于板厚，用表面振动器或内部振动器振实，用铁插尺检查混凝土厚度，振捣完后用长的木抹子抹平。

b. 大体积混凝土结构的浇筑。编写大体积混凝土结构的施工方案时，主要考虑三方面的内容：一是应采取防止产生温度裂缝的措施；二是合理的浇筑方案；三是施工过程中的温度监测。为防止产生温度裂缝，应着重在控制混凝土温升、延缓混凝土降温速率、减少混凝土收缩、提高混凝土极限拉伸值、改善约束和完善构造设计等方面采取措施。大体积混凝土结构的浇筑方案需根据结构大小、混凝土供应等实际情况决定。一般有全面分层、分段分层和斜面分层浇筑等方案。

方案编写时，对不同的工程，由于工程特点、工期、质量要求、施工季节、地域、施工条件的不同，采用的防止产生温度裂缝的措施和混凝土的浇筑方案、温度监测设备和监测方法也不相同。

④ 混凝土的振捣。混凝土的捣实方法有人工和机械两种。人工捣实是用钢钎、捣锤或插钎等工具，这种方法仅适用于塑性混凝土，当缺少振捣机械或工程量不大的情况下采用。有条件时应尽量采用机械振捣的方法。

常用的振捣机械有内部振动器（振动棒）、表面振动器（平板振动器）。振动棒可振捣塑性和干硬性混凝土，适用于振捣梁、墙、基础和厚板，不适用于楼板、屋面板等构件。振捣时振动棒不要碰撞钢筋和模板，重点要振捣好下列部位：钢筋主筋的下面、钢筋密集处、石料多的部位、模板阴角处、钢筋与侧模之间等。表面振动器适用于捣实楼板、地面、板形构件和薄壳等厚度小、面积大的构件。

⑤混凝土的养护。混凝土养护方法分自然养护和人工养护。现浇构件多采用自然养护，只有在冬期施工温度很低时，才采用人工养护。采用自然养护时，在混凝土浇筑完毕后一定时间（12 h）内要覆盖并浇水养护。

（4）预应力混凝土的施工方法、控制应力和张拉设备。预应力钢材、锚夹具、张拉设备的选用和验收，成孔材料及成孔方法（包括灌浆孔、泌水孔），端部和梁柱节点处的处理方法，预应力张拉力、张拉程序以及灌浆方法、要求等；混凝土的养护及质量评定。如钢筋现场预应力张拉时，应详细制定预应力钢筋的制作、安装和检测方法。

7）结构安装工程

根据起重量、起重高度、起重半径、选择起重机械，确定结构安装方法，拟定安装顺序，起重机开行路线及停机位置；构件平面布置设计，工厂预制构件的运输、装卸、堆放方法；现场预制构件的就位、堆放的方法，吊装前的准备工作，主要工程量和吊装进度的确定。

（1）确定起重机类型、型号和数量。在单层工业厂房结构安装工程中，如采用自行式起重机，一般选择分件吊装法，起重机在厂房内三次开行才能吊装完厂房结构构件；而选择桅杆式起重机，则必须采用综合吊装法。综合吊装法与分件吊装法开行路线及构件平面布置是不同的。

当厂房面积较大时，可采用两台或多台起重机安装，柱子和吊车梁、屋盖系统分别流水作业，可加速工期。对一般中、小型单层厂房，选用一台起重机为宜，这在经济上比较合理，对于工期要求特别紧迫的工程，则作为特殊情况考虑。

（2）确定结构构件安装方法。工业厂房结构安装法有分件吊装法和综合吊装法两种。单层厂房安装顺序通常采用分件吊装法，即先顺序安装和校正全部柱子，然后安装屋盖系统等。采用这种方式，起重机在同一时间安装同一类型的构件，包括就位、绑扎、临时固定、校正等工序，并且使用同一种索具，劳动力组织不变，可提高安装效率；缺点是增加起重机开行路线。另一种方式是综合吊装法，即逐开间安装，连续向前推进。方法是先安装四根柱子，立即校正后安装吊车梁与屋盖系统，一次性安装好纵向一个柱距的开间。采用这种方式可缩短起重机开行路线，并且可为后续工序提前创造工作面，尽早搭接施工；缺点是安装索具和劳动力组织有周期性变化而影响生产率。上述两种方法在单层厂房安装工程中均有采用，或者也有采用混合式，即柱子安装用大流水，而其余构件包括屋盖系统在内用综合安装。这些均取决于具体条件和安装队的施工经验。抗风柱可随一般柱子的开行路线从单层厂房一端开始安装，由于抗风柱的长度较大，安装后应立即校正、灌浆，并用上下两道缆风绳四周锚固。另一种方法是待单层厂房全部屋盖安装完之后再吊装全部抗风柱。

（3）构件制作平面布置、拼装场地、机械开行路线。当采用分件吊装法时，预制构件的施工有三种方案。

① 当场地狭小而工期又允许时，构件制作可分别进行，首先预制柱和吊车梁，待柱和梁安装完毕再进行屋架预制。

② 当场地宽敞时，在柱、梁预制完后即进行屋架预制。

③ 当场地狭小而工期又紧时，可将柱和梁等预制构件在拟建厂房内就地预制，同时在拟建厂房外进行屋架预制。

（4）其他。确定构件运输、装卸、堆放和所需机具设备型号、数量和运输道路要求。

8）围护工程

围护工程的施工包括搭脚手架、内外墙体砌筑、安装门窗框等。在主体工程结束后，或完成一部分区段后即可开始内外墙砌筑工程的分段施工。此时，不同工程之间可组织立体交叉、平行流水施工，内隔墙的砌筑则应根据内隔墙的基础形式而定；有的需在地面工程完成后进行，有的则可以在地面工程之前与外墙同时进行。

3．流水施工组织

1）主体工程流水施工组织的步骤

第一步，划分施工过程。按照划分施工过程的原则，把起主导作用的、影响工期的施工过程单独列项。

第二步，划分施工段。为了组织流水施工，按照划分施工段的原则，并结合实际工程情况划分施工段，施工段的数目一定要合理，不能过多或过少。

第三步，组织专业班组。按工种组织单一或混合专业班组，连续施工。

第四步，组织流水施工，绘制进度计划。按流水施工组织方式，组织搭接施工。进度计划常有横道图和网络图两种表达方式。

2）砖混结构的流水施工组织

砖混结构主体工程可以采用两种划分方法。第一种，划分为砌墙、楼板施工两个施工过程；第二种，划分为砌墙、浇混凝土、楼板施工三个施工过程。

（1）砖混主体标准层划分砌砖墙、楼板施工两个施工过程，分三段组织流水施工，每个施工段上的流水节拍均为 3 天，绘制横道图和网络图，如图 6-31 和图 6-32 所示。

（2）砖混主体标准层划分砌砖墙、浇混凝土、楼板施工三个施工过程。分三段组织流水施工，绘制横道图和网络图，如图 6-33 和图 6-34 所示。

施工过程	施工进度/天																													
	1	2	3	4	5	6	7	8	9	10	11	12	13	14	15	16	17	18	19	20	21	22	23	24	25	26	27	28	29	30
砌砖墙	一 Ⅰ			一 Ⅱ			一 Ⅲ			二 Ⅰ			二 Ⅱ			二 Ⅲ			三 Ⅰ			三 Ⅱ			三 Ⅲ					
楼板施工				一 Ⅰ			一 Ⅱ			一 Ⅲ			二 Ⅰ			二 Ⅱ			二 Ⅲ			三 Ⅰ			三 Ⅱ			三 Ⅲ		

图 6-31　三层砖混主体两个施工过程三段施工横道图

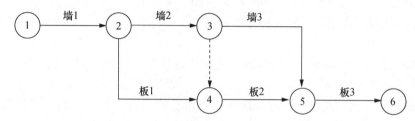

图 6-32　砖混主体标准层两个施工过程三段施工网络图

施工过程	施工进度/天																																
	1	2	3	4	5	6	7	8	9	10	11	12	13	14	15	16	17	18	19	20	21	22	23	24	25	26	27	28	29	30	31	32	33
砌砖墙	一 Ⅰ			一 Ⅱ			一 Ⅲ			二 Ⅰ			二 Ⅱ			二 Ⅲ			三 Ⅰ			三 Ⅱ			三 Ⅲ								
浇混凝土				一 Ⅰ			一 Ⅱ			一 Ⅲ			二 Ⅰ			二 Ⅱ			二 Ⅲ			三 Ⅰ			三 Ⅱ			三 Ⅲ				
楼板施工							一 Ⅰ			一 Ⅱ			一 Ⅲ			二 Ⅰ			二 Ⅱ			二 Ⅲ			三 Ⅰ			三 Ⅱ			三 Ⅲ		

图 6-33　三层砖混主体三个施工过程三段施工横道图

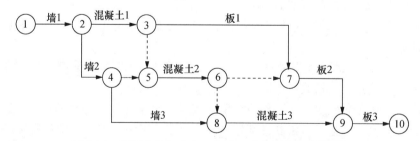

图 6-34　砖混主体标准层三个施工过程三段施工网络图

3）框架结构主体工程的流水施工组织

按照划分施工过程的原则，把有些施工过程合并，框架结构主体梁板柱一起浇筑时，可划分为 4 个施工过程：绑扎柱钢筋、支梁板柱模板、绑扎梁板钢筋、浇筑混凝土。各施工过程均包含楼梯间部分的施工。

框架结构主体标准层划分为绑扎柱钢筋、支梁板柱模板、绑扎梁板钢筋、浇筑混凝土4个过程，分三段组织流水施工，绘制网络图，如图6-35所示。

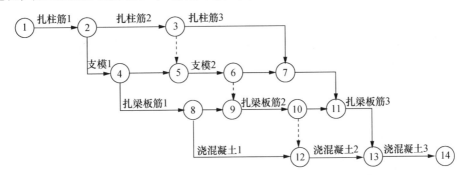

图6-35　现浇框架主体标准层四个施工过程三段施工网络图

4. 钢筋混凝土框架结构主体工程施工方案设计实例

根据附录某职工宿舍楼工程施工图纸，编制主体结构工程施工方案。

某职工宿舍楼工程钢筋混凝土框架结构工程施工方案如下。

1）钢筋混凝土框架结构工程的施工顺序

主体结构施工流程如图6-36所示。

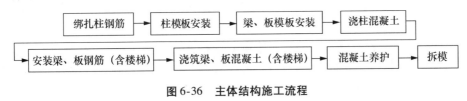

图6-36　主体结构施工流程

2）施工方法

（1）模板工程。

① 柱模板。

a. 柱采用18 mm厚七夹板或竹胶合板模板，每面配成一块。合模后用ϕ48钢管配合螺栓加固。模板背龙骨用50×100枋木，龙骨间距≤300 mm。柱箍间距500 mm。柱沿竖直方向每1500 mm高与满堂脚手架通过扣件横向连接加固，以增加柱模稳定性。

b. 模板安装工艺流程：弹柱位置线→抹找平层作定位墩→绑扎柱钢筋→安装柱模板→按柱箍→按拉杆或斜撑→办预检。

c. 模板的安装：在已浇筑好的楼面上弹出柱的四周边线及轴线后，在柱底钉一小木框，用以固定模板和调节柱模板的标高。每根柱子底部开一清扫孔，清扫孔的宽为柱子的宽度，高300 mm。在模板支设好之后将建筑杂物清扫干净，然后将盖板封好。模板初步固定之后，先在柱子高出地面或楼面300 mm的位置加一道柱箍对模板进行临时固定，然后在柱顶吊下铅锤线，校正柱子的垂直度，确定柱子垂直度达到要求之后，箍紧柱箍。再往上每隔500 mm加设一道柱箍，每加设一道柱箍都要对柱模板进行垂直度的校正。柱模板安装示意图如图6-37所示。

② 梁模板。

a. 梁模板采用18 mm厚七夹板或竹胶合板，侧模及底模均用整片板，加固肋采用

50 mm × 100 mm 木枋。梁、板采用 $\phi48 \times 3.5$ 钢管搭设满堂脚手架作为支撑系统，各钢管通过扣件相连。梁底模支撑采用双排钢管架，双排钢管架横向间距根据梁宽而定，主梁纵向立杆间距为 0.8 m，竖向步距为 1.5 m，沿横向每挡与满堂脚手架相连以加强其稳定性和整体刚度。

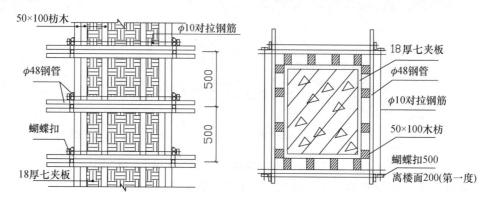

图 6-37　柱模板安装示意图

b. 梁模板安装。

● 搭设排架：依照图纸，在梁下面搭设双排钢管，间距根据梁的宽度而定。立杆之间设立水平拉杆，互相拉撑成一整体，离楼地面 200 mm 处设一道，以上每隔 1 200 mm 设一道。在底层搭设排架时，应先将地基夯实，并在地面上垫通长的垫板。

● 梁底板的固定：将制作好的梁底板刷好脱模剂后，运至操作点，在柱顶的梁缺口的两边沿底板表面拉线，调直底板，底板伸入柱模板中。调直后在底板两侧用扣件固定。

● 侧模板的安装：为了钢筋绑扎方便，侧模板安装前先放好钢筋笼，也可以先支好一侧模板后，绑扎钢筋笼，然后再安装另一侧模板。

将制作好的模板刷好脱模剂，运至操作点；侧模的下边放在底板的承托上，并包住底板，侧模不得伸入柱模，与柱模的外表面连接，用铁钉将连接处拼缝钉严，但决不允许影响柱模顶部的垂直度即要保证柱顶的尺寸。在底板承托钢管上架立管固顶侧板，再在立管上架设斜撑。立管顶部与侧模平齐，然后在立管上架设横档钢管，使横档钢管的上表面到侧模顶部的高度刚好等于一根钢管的直径。梁模板安装示意图如图 6-38 所示。

③ 楼板模板。

a. 楼板模板采用 18 mm 厚七夹板或竹胶合板，宽等于板底净尺寸，整块铺装。板模搁置在梁侧枋木上。支撑选用 $\phi48 \times 3.5$ 钢管搭设满堂脚手架，立杆纵横向间距为 1 200 mm × 1 200 mm，底部设扫地杆，距地小于 200 mm，竖向步距 1 200～1 500 mm，与梁支架相配合。

b. 沿板长跨方向，在小横档钢管上满铺承托板模板的钢管，钢管平行于板的短跨。对于长跨较长的板，如果一块标准板铺不到位，应在中间加一根木横档用于固定模板。在板与柱交接的地方，应在板上弹出柱的边线，弹线要垂直、清晰，尺寸要准确，做到一次到位。在支板模板的过程当中，要时时校正梁上部的尺寸，二人配合工作，一个人控制梁上部的尺寸，另一人将板模板钉在四周梁侧模板上，使的边沿与梁侧模的内表面在同一平面内，钉子间距为 300～500 mm。板与柱交接处，将板模板钉在柱的模板上，要保证柱的尺寸，并做到接缝严密。

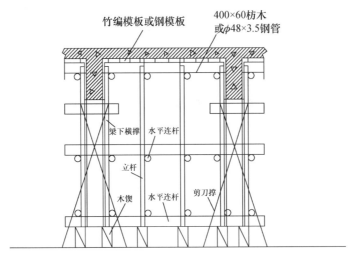

图 6-38　梁模板安装示意图

c. 模板上拼缝、接头处应封堵严密，不得漏浆；模板上小的孔洞以及两块模板之间的拼缝用胶布贴好。模板支好后，清扫一遍，然后涂刷脱模剂。

④ 支架的搭设。依照图纸，在框架梁侧面搭设双排立管，间距按梁宽而定，设水平拉杆，间距为 1 200 mm。离楼地面 200 mm 处设一道。在底层搭设排架时，在地面上垫 300 mm×1 200 mm 垫板。纵横两方向的竖管均布置连续的剪刀撑。

楼板模板支架搭设高度为 3 m，搭设尺寸为：立杆的纵距 $b = 1.2$ m，立杆的横距 $l = 1.2$ m，立杆的步距 $h = 1.2 \sim 1.50$ m。

⑤ 模板拆除。

a. 模板拆除的一般顺序。先支后拆，后支先拆；先拆除非承重部分，后拆除承重部分。框架结构模板的拆除顺序，首先是柱模板，然后是楼板底模，梁侧模板，最后是梁底模板。多层楼板模板支架的拆除，应按下列要求进行：上层楼板正在浇筑混凝土时，下一层楼板支柱不得拆除，再下一层楼板的支柱仅可拆除一部分；跨度 4 m 及 4 m 以上的梁下均应保留支柱，其间距不得大于 3 m。

b. 模板拆除的规定。

● 非承重模板（如侧板），应在混凝土强度能保证其表面及棱角不因拆除模板而受损坏时，方可拆除。

● 承重模板应在与结构同条件养护的试块达到表 6-6 规定的强度，方可拆除。

表 6-6　拆模时所需的混凝土强度

项次	结构类型	结构跨度/m	按设计混凝土强度的标准值百分率计/（%）
1	板	≤2,	50
		>2, ≤8	75
		>8	100
2	梁、拱、壳	≤8	75
		>8	100
3	悬臂梁构件		100

（2）钢筋工程。

① 钢筋原材料要求。

a. 进场钢筋必须具有出厂合格证明、原材料质量证明书和试验报告单，并分批量作机械性能试验。试验鉴定的抗拉强度必须大于设计强度，抗弯强度应符合相关规范要求。

b. 钢筋进场后，应及时将验收合格的钢材运进堆场，堆放整齐，挂上标签，并采取有效措施，避免钢筋锈蚀或油污。

② 钢筋加工（统一在场内加工厂加工）。

a. 钢筋加工工艺流程：材质复验及焊接试验→配料→调直→除锈→断料→焊接→弯曲成型→成品堆放。

b. 钢筋调直：采用卷扬机拉直设备，调直时要控制冷拉率；HPB235、HPB300 冷拉率不大于 4%；HRB335、HRB400 冷拉率不大于 1%。

c. 钢筋切断：采用钢筋切断机，钢筋弯曲成型采用钢筋弯曲机。

d. 钢筋加工：应根据图纸及规范要求进行钢筋下料，钢筋加工按钢筋下料单加工，钢筋的形状、尺寸必须符合设计及现场施工规范要求。

③ 钢筋的连接。

a. 框架柱纵向钢筋采用电渣压力焊连接，两个接头间距离大于 500 mm 且大于 35d；对其他部位纵向钢筋，$d < 16$ mm 时采用绑扎连接；$d > 164$ mm 时采用电弧焊。

b. 统一连接区段内，纵向钢筋搭接接头面积百分率应符合设计要求；当设计无具体要求时，应符合下列规定：对梁类、板类构件，不宜大于 25%；对柱类构件，不宜大于 50%。

c. 电渣压力焊。

● 焊机使用 BX3 – 1 – 500 型，每台焊机配备两副夹具。焊剂采用 J431，使用前经 250°C 烘焙 2 h。

● 工艺流程：检查设备、电源→钢筋端头制备→选择焊接参数→安装焊接夹具和钢筋→安放铁丝球→安放焊剂罐、填装焊剂→试焊、作试片→确定焊接参数→施焊→回收焊剂→卸下夹具→质量检查。

● 电渣压力焊操作要点：用夹具夹紧钢筋，使上、下钢筋同心，轴线偏差不大于 2 mm；在接头处放 10 mm 左右的铁丝圈，作为引弧材料；将已烘烤合格的焊药装满在焊剂盒内，装填前应用缠绕的石棉绳封焊剂盒的下口，以防焊药泄漏。试焊时应按照可靠的"引弧过程"，充分的"电弧过程"、短而稳的"电渣过程"和适当的"挤压过程"进行，即借助铁丝圈引弧，使电弧顺利引燃，形成"电弧过程"，随着电弧的稳定燃烧，电弧周围的焊剂逐渐熔化，上部钢筋加速熔化，上部钢筋端部逐渐熔入渣池，此时电弧熄灭，转入"电渣过程"，由于高温渣池具有一定导电性，因此产生大量电阻热能，促使钢筋端部继续熔化，当钢筋熔化到一定程度，在切断电源的同时，迅速顶压钢筋，并持续一定时间，使钢筋接头稳固接合。电渣压力焊接头必须检查其外观质量，焊包突出表面高度应满足规范要求。

④ 钢筋绑扎。

a. 柱子钢筋绑扎。按设计要求的箍筋间距和数量，先将箍筋按弯钩错开要求套进柱子主筋，在主筋上用粉笔标出箍筋间距，然后将套好的箍筋向上移动，由上往下用铅丝绑扎。箍筋应与主筋垂直，箍筋转角与主筋交点均要绑扎。

b. 梁、板钢筋绑扎。梁钢筋在底模上绑扎，先按设计要求的箍筋间距在模板上或梁的纵向钢筋上画线，然后按次序进行绑扎。框架梁钢筋应放在柱的纵向钢筋内侧，梁的上部贯通筋采用机械连接或焊接；板、次梁与主梁交叉处，板的钢筋在上，次梁的钢筋居中，主梁的钢筋在下。

c. 梁、柱节点钢筋绑扎。现浇钢筋混凝土框架梁，柱节点的钢筋绑扎质量将直接影响结构的抗震性能，而且该部位又是钢筋加密区，因此应严格控制该部位的施工程序，即设有梁底模→穿梁底钢筋→套节点处柱箍筋→穿梁面筋。

柱、梁板钢筋的接头位置、锚固长度、搭接长度应满足设计和施工规范要求，钢筋绑扎完成后应固定好垫块或撑铁，以防止出现露钢筋现象，同时要控制内外排钢筋之间的间距，防止钢筋保护层过大或过小。

⑤ 钢筋保护层施工。钢筋保护层水平方向采用水泥砂浆垫块；垂直方向采用塑料环圈。水泥砂浆垫块的厚度等于保护层的厚度，其平面尺寸为 50 mm × 50 mm，间距 1 000 mm × 1 000 mm。

（3）混凝土工程。

① 混凝土选用：采用商品混凝土。

② 混凝土的运输：地面运输采用混凝土搅拌运输车；用汽车泵泵送楼面混凝土。

③ 混凝土浇筑。

a. 柱混凝土浇筑。

● 柱混凝土在楼面模板安装后，楼面钢筋绑扎前进行。浇筑前先在柱根部浇筑 50 mm 厚的与混凝土同配合比的水泥砂浆。浇筑时要分层浇筑，且每层厚度不大于 500 mm，待混凝土沉积、收缩完成后，再进行第二次混凝土浇筑，但应在前层混凝土初凝之前，将次层混凝土浇筑完毕。振捣时振动棒不能触动钢筋，一直浇筑到梁底面下 20～30 mm 处，中间不留施工缝。

● 每层柱混凝土浇筑时，采用串筒下料，防止离析、漏振。

● 使用插入式振动器振捣，振捣时应快插慢拔，插点要均匀排列，逐点移动，按顺序进行，不得漏振，做到均匀振实。

b. 梁、板混凝土浇筑。

● 准备工作：浇筑前在板的四周模板上弹出板厚度水平线钉上标记，在板跨中每距 1 500 mm 焊接水平标志筋，并在钢筋端头刷上红漆，作为衡量板厚和水平的标尺。浇筑楼面混凝土采用 "A" 字凳搭设水平走桥，严禁施工人员蹾压钢筋。

● 浇筑方法：梁混凝土应分层浇筑，厚度控制为 300～400 mm，后一层混凝土应在前一层混凝土浇筑后 2 h 以内进行。采用插入式振动棒振实。混凝土浇筑到达楼板位置时，再与板混凝土一起浇筑，随着阶梯的不断延伸，梁板混凝土连续向前推进直至完成浇筑。浇筑板混凝土的虚铺厚度应略大于板厚，用平板振捣器垂直于浇筑方向来回振捣。振捣完毕后要用长木抹子压实抹平。

楼梯混凝土应沿梯段自下而上进行浇筑，先振实底板混凝土，达到踏步位置时再与踏步混凝土一起浇筑，连续向上推进，并用木抹子将踏步上表面抹平。

浇筑柱梁交叉处的混凝土时，因此处钢筋较密，宜采用小直径的 $\phi 35$ 振动棒，必要时可以辅助用同强度等级的细石混凝土浇筑，并用人工配合捣固。

浇筑悬臂板时应注意不使上部负弯矩筋下移，当铺完底层混凝土后应随即将钢筋提到设计位置，再继续浇筑。

● 施工缝留置：每层柱顶梁下留置一道水平施工缝；其余主次梁和楼板均不留施工缝。梁板混凝土浇筑前柱头表面要凿毛，并用水冲洗干净，之后浇一层水泥素浆，然后再浇筑混凝土并振捣密实，使之结合良好。

c. 混凝土养护。采用保温保湿养护法。混凝土浇筑完毕后，12 h 以内应在混凝土表面覆盖农用塑料薄膜和浇水，浇水次数应能保持混凝土有足够湿润状态。养护时间不少于 7 昼夜。

d. 拆模。模板的拆除应在混凝土强度超过设计强度等级的 70% 以后进行。悬臂构件应达 100% 后拆模。模板拆除后，应设专人对模板进行清理，铲出黏带的混凝土残渣，刷好隔离剂，按规格堆放整齐。

e. 质量标准。混凝土原材料合格，强度达到设计要求；构件尺寸允许偏差如下：

柱、梁轴线允许偏差：≤8 mm；柱、梁截面尺寸允许偏差：+8 mm、−5 mm；柱垂直度允许偏差：全高≤10 mm；板表面平整度允许偏差：≤8 mm。

三、屋面防水工程施工方案

1. 施工顺序的确定

屋面防水工程的施工手工操作多、需要时间长、应在主体结构封顶后尽快完成，使室内装饰尽早进行。一般情况下，屋面工程可以和装饰工程搭接或平行施工。

屋面防水工程可分为柔性防水和刚性防水两种。防水工程施工工艺要求严格细致，一丝不苟，应避开雨期和冬期施工。

1）柔性防水屋面的施工顺序

南方温度较高，一般不做保温层。无保温层、架空层的柔性防水屋面的施工顺序一般为：结构基层处理→找平找坡→冷底子油结合层→铺卷材防水层→做保护层。

北方温度较低，一般要做保温层。有保温层的柔性防水屋面的施工顺序一般为：结构基层处理→找平层→隔气层→铺保温层→找平找坡→冷底子油结合层→铺卷材防水层→做保护层。

柔性防水屋面的施工待找平层干燥后才能刷冷底子油、铺贴卷材防水层。若是工业厂房，在铺卷材之前应将天窗扇及玻璃安装好，特别要注意天窗架部分的屋面防水、天窗围护工作等，确保屋面防水的质量。

2）刚性防水屋面的施工顺序

刚性防水屋面最常用细石混凝土屋面。细石混凝土防水屋面的施工顺序为：结构基层处理→隔离层→细石混凝土防水层→养护→嵌缝。对于刚性防水屋面的现浇钢筋混凝土防水层，分格缝的施工应在主体结构完成后开始，并应尽快完成，以便为室内装饰创造条件。季节温差大的地区，混凝土受温差的影响易开裂，故一般不采用刚性防水屋面。

2. 施工方法及施工机械

确定屋面材料的运输方式，屋面工程各分项工程的施工操作及质量要求；材料运输及储存方式，各分项工程的操作及质量要求，新材料的特殊工艺及质量要求，确定工艺流程和劳动组织进行流水施工。

1）卷材防水屋面的施工方法

卷材防水屋面又称为柔性防水屋面，是用胶结材料粘贴卷材进行防水。常用的卷材有沥青防水卷材、高聚物改性沥青防水卷材和合成高分子防水卷材三大系列。

卷材防水层施工应在屋面上其他工程完工后进行。铺设多跨和高低跨房屋卷材防水层时，应按先高后低、先远后近的顺序进行；在铺设同一跨时应先铺设排水比较集中的水落口、檐口、斜沟、天沟等部位及油毡附加层，按标高由低到高的顺序进行；坡面与立面的油毡，应由下开始向上铺贴，使油毡按流水方向搭接。油毡铺设的方向应根据屋面坡度或屋面是否存在振动而确定。当坡度小于3%时，油毡宜平行屋脊方向铺贴，当坡度在3%～15%之间时，油毡可平行或垂直屋脊方向铺贴；坡度大于15%或屋面受震动时，应垂直屋脊铺贴。卷材防水屋面坡度不宜超过25%。油毡平行屋脊铺贴时，长边搭接不小于70 mm；短边搭接平屋顶不应小于100 mm，坡屋顶不宜小于150 mm。当第一层油毡采用条粘、点粘或空铺时，长边搭接不应小于500 mm，上下两层油毡应错开1/3或1/2幅宽；上下两层油毡不宜相互垂直铺贴；垂直于屋脊的搭接缝应顺主导风向搭接；接头顺水流方向，每幅油毡铺过屋脊的长度应不小于200 mm。铺贴油毡时应弹出标线，油毡铺贴前应使找平层干燥。

（1）油毡的铺贴方法。

① 油毡热铺贴施工。该法分为满贴法、条贴法、空铺法和点粘法4种。满贴法是指在油毡下满涂沥青胶使油毡与基层全部黏结。铺贴的工序为浇油铺贴和收边滚压；条贴法是在铺贴第一层油毡时，不满涂浇沥青胶而是用蛇形或条形撒贴的做法，使第一层油毡与基层之间形成若干互相连通的空隙构成"排气屋面"，可从排气孔处排出水气，避免油毡起泡，空铺法、点粘法铺贴防水卷材的施工方法与条贴法相似。

② 油毡冷粘法施工。冷粘法是指在油毡下采用冷沥青胶做黏结材料使之与基层黏结。施工方法与热铺法相同。冷沥青胶使用时应搅拌均匀，可加入稀释剂调释稠度。每层厚度为1～1.5 mm。

③ 油毡自粘法施工。自粘法施工是指采用带有自黏胶的防水卷材，不用热施工，也不需涂胶结材料而进行黏结的方法。铺贴前，基层表面应均匀涂刷基层处理剂，待干燥后及时铺贴卷材。铺贴时，应先将自黏胶底面隔离纸完全撕净，排除卷材下面的空气，并辗压黏结牢固，不得空鼓。搭接部位必须采用热风焊枪加热后随即粘贴牢固，溢出的自黏胶随即刮平封口。接缝口用不小于10 mm宽的密封材料封严。

④ 高聚物改性沥青卷材热熔法施工。该法又可分为滚铺法和展铺法两种。滚铺法是一种不展开卷材，而采用边加热边烤边滚动卷材铺贴，然后用排气辊滚压使卷材与基层黏结牢固。展铺法是先将卷材平铺于基层，再沿边缘掀开卷材予以加热粘贴，此法适用于条粘法铺贴卷材。所有接缝应用密封材料封严，涂封宽度不应小于10 mm。对厚度小于3 mm的高聚物改性沥青防水卷材，严禁采用热熔法施工。

⑤ 高聚物改性沥青卷材冷粘法施工。该法是在基层或基层和卷材底面涂刷胶黏剂进行卷材与基层或卷材与卷材的黏结。主要工序有胶黏剂的选择和涂刷、铺粘卷材、搭接缝处理等。卷材铺贴要控制好胶黏剂涂刷与卷材铺贴的间隔时间，一般可凭经验，当胶黏剂不粘手时即可开始粘贴卷材。

⑥ 合成高分子防水卷材施工。合成高分子防水卷材可用冷粘法、自粘法、热风焊接法施工。自粘贴卷材施工方法是施工时只要剥去隔离纸后即可直接铺贴；带有防粘层时，

在粘贴搭接缝前应将防粘层先溶化掉，方可达到黏结牢固。热风焊接法是利用热空气焊枪进行防水卷材搭接黏合的方法。焊接前卷材铺放应平整顺直，搭接尺寸正确；施工时焊接缝的结合面应清扫干净，应无水滴、油污及附着物。先焊长边搭接缝，后焊短边搭接缝，焊接处不得有漏焊、缺焊、焊焦或焊接不牢的现象，也不得损害非焊接部位的卷材。

铺贴卷材防水屋面时，檐口、女儿墙、檐沟、天沟、斜沟、变形缝、天窗壁、板缝、泛水和雨水管等处均为重点防水部位，均需铺贴附加卷材，做到黏结严密，然后由低标高处往上进行铺贴、压实，表面平整，每铺完一层立即检查，发现有皱纹、开裂、粘贴不牢不实、起泡等缺陷，应立即割开，浇油灌填严实，并加贴一块卷材盖住。屋面与突出屋面结构的连接处，卷材贴在立面上的高度不宜小于 250 mm，一般用叉接法与屋面卷材相连接；每幅油毡贴好后，应立即将油毡上端固定在墙上。如用铁皮泛水覆盖时，泛水与油毡的上端应用钉子钉牢在墙内的预埋木砖上。在无保温层装配式屋面上，沿屋架、支承梁和支承墙上的屋面板端缝上，应先点贴一层宽度为 200～300 mm 的附加卷材，然后再铺贴油毡，以避免结构变形将油毡防水层拉裂。

（2）保护层施工。

① 绿豆砂保护层施工：油毡防水层铺设完毕后并经检查合格后，应立即进行绿豆砂保护层施工，以免油毡表面遭受破坏。施工时，应选用色浅、耐风化、清洁、干燥、粒径为 3～5 mm 的绿豆砂，加热至 100℃ 左右后均匀撒铺在涂刷过 2～3 mm 厚的沥青胶结材料的油毡防水层上，并使其 1/2 粒径嵌入到表面沥青胶中。未黏结的绿豆砂应随时清扫干净。

② 预制板块保护层施工：当采用砂结合层时，铺砌块体前应将砂洒水压实刮平；块体应对接铺砌，缝隙宽度为 10 mm 左右；板缝用 1∶2 水泥砂浆勾成凹缝；为防止砂子流失，保护层四周 500 mm 范围内，应改用低强度等级水泥砂浆做结合层。若采用水泥砂浆做结合层时，应先在防水层上做隔离层，隔离层可用单层油毡空铺，搭接边宽度不小于 70 mm。块体预先湿润后再铺砌，铺砌可用铺灰法或摆铺法。块体保护层每 100 m² 以内应留设分格缝，缝宽 20 mm，缝内嵌填密封材料，可避免因热胀冷缩造成板块拱起或板缝开裂。

2）细石混凝土刚性防水屋面的施工方法

刚性防水屋面最常用细石混凝土防水屋面，它是由结构层、隔离层和细石混凝土防水层三层组成。

（1）结构层施工。当屋面结构层为装配式钢筋混凝土屋面板时，应采用细石混凝土灌缝，强度等级不应小于 C20 级，并可掺微膨胀剂，板缝内应设置构造钢筋，板端缝应用密封材料嵌缝处理，找坡应采用结构找坡，坡度宜为 2%～3%，天沟、檐沟应用水泥砂浆找坡，找坡厚度大于 20 mm 时，宜采用细石混凝土。刚性防水屋面的结构层宜为整体浇筑的钢筋混凝土结构。

（2）隔离层施工。在结构层与防水层之间设有一道隔离层，以便结构层与防水层的变形互不制约，从而减少防水层受到的拉应力，避免开裂。隔离层可用石灰黏土砂浆或纸筋灰、麻筋灰、卷材、塑料薄膜等起隔离作用的材料制成。

① 石灰黏土砂浆隔离层施工。基层板面清扫干净、洒水湿润后，将石灰膏∶砂∶黏土配合质量比为 1∶2.4∶3.6 的配制料铺抹在板面上，厚度为 10～20 mm，表面压实、抹光、平整、干燥后进行防水层施工。

② 卷材隔离层施工。在干燥的找平层上铺一层 3～8 mm 的干细砂滑动层，再铺一层卷材，搭接缝用热沥青、沥青胶胶结，或在找平层上铺一层塑料薄膜作为隔离层，注意保护隔离层。

刚性防水层与山墙、女儿墙、变形缝两侧墙体交接处应留有宽度为 30 mm 的缝隙，并用密封材料嵌填。泛水处应铺设卷材或涂膜附加层，收头和变形缝做法应符合设计或规范要求。

（3）刚性防水层施工。刚性防水层宜设分格缝，分格缝应设在屋面板支撑处、屋面转折处或交接处。分格缝间距一般宜不大于 64 m，或"一间一格"。分格面积不超过 364 m^2 为宜，缝宽宜为 20～40 mm，分格缝中应嵌填密封材料。

① 现浇细石混凝土防水层施工。首先清理干净隔离层表面，支分格缝隔板，不设隔离层时，可在基层上刷一遍 1∶1 素水泥浆，放置双向冷拔低碳钢丝网片，间距为 100～200 mm，位置宜居中稍偏上，保护层厚度不小于 10 mm，且在分格缝处断开。混凝土的浇筑按先远后近，先低后高的顺序，一次浇完一个分格，不留施工缝，防水层厚度不宜小于 50 mm，泛水高度不应低于 120 mm 应同屋面防水层同时施工，泛水转角处要做成圆弧或钝角。混凝土宜用机械振捣，直至密实和表面泛浆，泛浆后用铁抹子压实抹平。混凝土收水初凝后，及时取出分格缝隔板，修补缺损，二次压实抹光；终凝前进行第三次抹光；终凝后，立即养护，养护时间不得少于14 d，施工合适气温为 5～35℃。

② 补偿收缩混凝土防水层施工。在细石混凝土中掺入膨胀剂，硬化后产生微膨胀来补偿混凝土的收缩；混凝土中的钢筋约束混凝土膨胀，又使混凝土产生预压自应力，从而提高其密实性和抗裂性，提高抗渗能力。膨胀剂的掺量按配合比准确称量，膨胀剂与水泥同时投料，连续搅拌时间应不少于 3 分钟。

3. 流水施工组织

现分别组织柔性防水和刚性流水施工。

1）屋面防水工程流水施工组织的步骤

第一步，划分施工过程。按照划分施工过程的原则，把起主导作用的、影响工期的施工过程单独列项。

第二步，划分施工段。为了组织流水施工，按照划分施工段的原则，并结合实际工程情况划分施工段。施工段的数目一定要合理，不能过多或过少。屋面工程组织施工时若没有高低层，或没有设置变形缝，一般不分段施工，而是采用依次施工的方式组织施工。

第三步，组织专业班组。按工种组织单一或混合专业班组，连续施工。

第四步，组织流水施工，绘制进度计划。按流水施工组织方式，组织搭接施工。进度计划常有横道图和网络图两种表达方式。

2）防水屋面的施工组织

（1）无保温层、架空层的柔性防水屋面一般划分找平找坡、铺卷材、做保护层三个施工过程。其施工网络计划如图 6-39 所示。

图 6-39　无保温层的柔性防水屋面施工网络图

（2）有保温层的柔性防水屋面一般划分找平层、铺保温层、找平找坡、铺卷材、做保护层5个施工过程。其施工网络计划如图6-40所示。

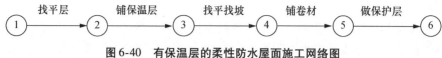

图6-40　有保温层的柔性防水屋面施工网络图

（3）刚性防水屋面划分为细石混凝土防水层（含隔离层）、养护、嵌缝三个施工过程。其施工网络计划如图6-41所示。

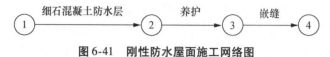

图6-41　刚性防水屋面施工网络图

对于工程量小的屋面也可以把屋面防水工程只作为一个施工过程对待。

四、装饰工程施工方案

1．施工顺序的确定

1）室内装饰与室外装饰的施工顺序

装饰工程可分为室外装饰（外墙装饰、勒脚、散水，台阶、明沟、水落管等）和室内装饰（顶棚、墙面、楼地面、楼梯抹灰、门窗扇安装、门窗油漆、安玻璃、做墙裙、做踢脚线等）。室内外装饰工程的施工顺序通常有先内后外、先外后内、内外同时进行三种顺序，具体确定哪种顺序，应视施工条件和气候条件而定。通常室外装饰应避开冬期或雨期。当室内为水磨石楼面时，为防止楼面施工时水的渗漏对外墙面的影响，应先完成水磨石的施工；如果为了加快脚手架周转或要赶在冬期或雨期来之前完成外装修，则应采取先外后内的顺序。

2）内装饰的施工顺序和施工流向

（1）施工流向。室内装饰工程一般有自上而下、自下而上、自中而下再自上而中三种施工流向。

① 自上而下的施工流向。自上而下的施工流向是指主体结构封顶、屋面防水层完成后，从屋顶开始，逐层向下进行。其优点是主体恒载已到位，结构物已有一定沉降时间；屋面防水完成后，可以防止雨水对屋面结构的渗透，有利于室内抹灰的质量；工序之间交叉作业少，互相影响少，有利于成品保护，施工安全。其缺点是不能尽早地与主体搭接施工，工期相对较长。该种顺序适用于层数不多且工期要求不太紧迫的工程，如图6-42所示。

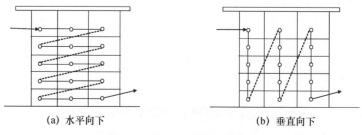

(a) 水平向下　　　　　　　　(b) 垂直向下

图6-42　自上而下的施工流向

② 自下而上施工流向。自下而上施工流向是指主体结构已完成三层以上时，室内抹灰自底层逐层向上进行。其优点是主体工程与装饰工程交叉进行施工，工期较短；其缺点是工序之间交叉作业多，质量、安全、成品保护不易保证。因此，采取这种流向，必须有一定的技术组织措施作保证，如相邻两层中，先做好上层地面，确保不会渗水，再做好下层顶棚抹灰。这种方法适用于层数较多。且工期紧迫的工程，如图 6-43 所示。

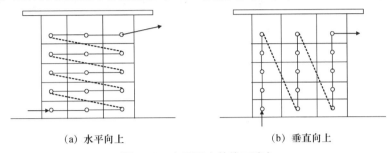

(a) 水平向上   (b) 垂直向上

图 6-43　自下而上的施工流向

③ 自中而下再自上而中施工流向。该工序集中了前两种施工顺序的优点，适用于高层建筑的室内装饰施工。

（2）室内装饰整体施工顺序。室内装饰工程施工顺序随装饰设计的不同而不同。例如，某框架结构主体室内装饰工程施工顺序，如图 6-44 所示。

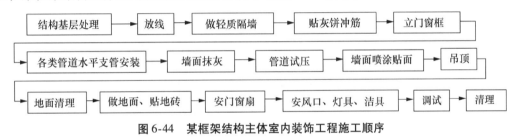

图 6-44　某框架结构主体室内装饰工程施工顺序

（3）同一层室内装饰的施工顺序。同一层的室内抹灰施工顺序有："楼地面→顶棚→墙面"和"顶棚→墙面→楼地面"两种。前一种顺序便于清理地面和保证地面质量，且便于收集墙面和顶棚的落地灰，节省材料。但由于地面需要养护时间及采取保护措施，使墙面和顶棚抹灰时间推迟，影响后续工序，工期较长。后一种顺序在做地面前，必须将楼板上的落地灰和渣子扫清洗净后，再做面层，否则会影响地面面层与混凝土楼板间的黏结，引起地面起鼓。

底层地面一般多是在各层顶棚、墙面、楼地面做好之后进行。楼梯间和踏步抹面由于其在施工期间较易损坏，通常在整个抹灰工程完成后，自上而下统一施工。门窗扇的安装一般在抹灰之前或抹灰之后进行，视气候和施工条件而定，一般是先抹灰后安装门窗扇。若室内抹灰在冬期施工，为防止抹灰层冻结和加速干燥，则门窗扇和玻璃应在抹灰前安装好。门窗安玻璃一般在门窗扇油漆之后进行。

3）室外装饰的施工顺序和施工流向

（1）室外装饰的施工流向。室外装饰工程一般都采用由上而下施工流向，即从女儿墙开始，逐层向下进行。在由上往下每层所有分项工程（工序）全部完成后，即开始拆除该层的脚手架，拆除外脚手架后，填补脚手眼，待脚手眼灰浆干燥后，再进行室内装饰。各层完工后，则可以进行勒脚、散水及台阶的施工。

（2）室外装饰整体施工顺序。室外装饰工程施工顺序随装饰设计的不同而不同。例如，某框架结构主体室外装饰工程施工顺序，如图6-45所示。

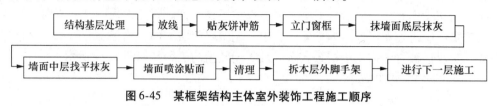

图6-45　某框架结构主体室外装饰工程施工顺序

由于大模板墙面平整，只需在板面刮腻子，面层刷涂料。大模板不采用外脚手架，结构室外装饰采用吊式脚手架（吊篮）。

2. 施工方法及施工机械

1）室外装饰施工方法和施工机具

室外装饰施工方法与室内装饰大致相同，不同的是外墙受温度影响较大，通常需设置分格缝，就多了分格条的施工过程。

2）室内装饰施工方法和施工机具

（1）楼地面工程。

① 水泥砂浆地面。

a. 水泥砂浆地面施工工艺，如图6-46所示。

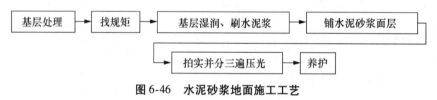

图6-46　水泥砂浆地面施工工艺

b. 施工方法和施工机具的选择。在基层处理后，进行弹准线、做标筋，然后铺抹砂浆并压光。铺水泥砂浆，用刮尺赶平，并用木抹子压实，待砂浆初凝后终凝前，用铁抹子反复压光三遍，不允许撒干灰砂收水抹压。面层抹完后，在常温下铺盖草垫或锯末屑进行浇水养护。

水泥砂浆地面施工常用机具有铁抹子、木抹子、刮尺、地面分格器等。

② 细石混凝土地面。

a. 细石混凝土地面施工工艺，如图6-47所示。

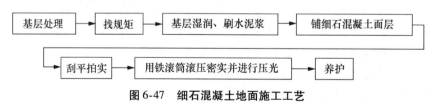

图6-47　细石混凝土地面施工工艺

b. 施工方法和施工机具的选择。混凝土铺设时，预先在地坪四周弹出水平线，并用木板隔成宽小于3 m的条形区段，先刷水灰比为0.4～0.5的水泥浆，随刷随铺混凝土，用刮尺找平，用表面振动器振捣密实或采用滚筒交叉来回滚压3～5遍，至表面泛浆为止，然后进行抹平和压光。混凝土面层应在初凝前完成抹平工作，终凝前完成压光工作。混凝土面层三遍压光成活及养护同水泥砂浆地面面层。

常用的施工机具有铁抹子、木抹子、刮尺、地面分格器、振动器、滚筒等。

③ 现浇水磨石地面。

a. 现浇水磨石地面施工工艺，如图 6-48 所示。

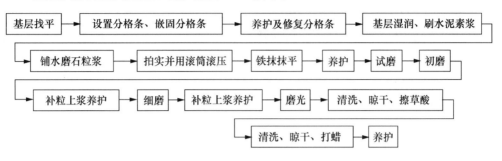

图 6-48　现浇水磨石地面施工工艺

b. 施工方法。水磨石面层施工一般在完成顶棚、墙面抹灰后进行，也可以在水磨石磨光两遍后进行顶棚、墙面的抹灰，然后进行水磨石面层的细磨和打蜡工作，但水磨石半成品必须采取有效的保护措施。

铺设水泥石粒浆面层时，如在同一平面上有几种颜色的水磨石，应先做深色，后做浅色；先做大面，后做镶边；待前一种色浆凝固后，再抹后一种色浆。水磨石的磨光一般常用"二浆三磨"法，即整个磨光过程为磨光三遍，补浆二次。

现浇水磨石地面的施工常用一般磨石机、湿式磨光机、滚筒、铁抹子、木抹子、刮尺、水平尺等。

④ 块材地面。块材地面主要包括陶瓷锦砖、瓷砖、地砖、大理石、花岗岩、碎拼大理石以及预制混凝土、水磨石地面等。

a. 块材地面施工工艺。大理石、花岗岩、预制水磨石板施工工艺，如图 6-49 所示。

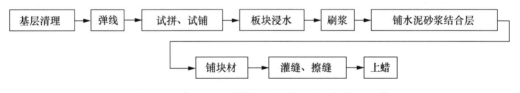

图 6-49　大理石、花岗岩、预制水磨石板施工工艺

碎拼大理石施工工艺，如图 6-50 所示。

图 6-50　碎拼大理石施工工艺

陶瓷地砖楼地面，如图 6-51 所示。

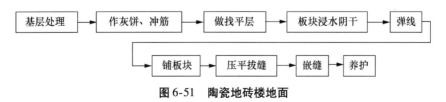

图 6-51　陶瓷地砖楼地面

b．施工方法和施工机具的选择

铺设前一般应在干净湿润的基层上浇水灰比为 0.5 的素水泥浆，并及时铺抹水泥砂浆找平层。贴好的块材应注意养护，粘贴一天后，每天洒水少许，并防止地面受外力震动，需养护 3～5 天。

块材地面常用的施工机具有石材切割机、钢卷尺、水平尺、方尺、墨斗线、尼龙线靠尺、木刮尺、橡皮锤或木锤、抹子、喷水壶、灰铲、台钻、砂轮、磨石机等。

⑤ 木质地面。

a．木质地面施工工艺。普通实木地板搁栅式的施工工艺，如图 6-52 所示。

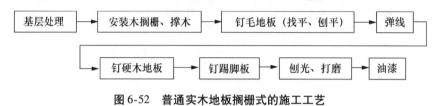

图 6-52　普通实木地板搁栅式的施工工艺

粘贴式施工工艺，如图 6-53 所示。

图 6-53　粘贴式施工工艺

复合地板的施工工艺，如图 6-54 所示。

图 6-54　复合地板的施工工艺

b．施工方法和施工机具的选择。木地板施工之前，应在墙四周弹水平线，以便于找平。面板的铺设有两种方法：钉固法和粘贴法。复合地板只能悬浮铺装，不能将地板粘固或者钉在地面上。铺装前需要铺设一层垫层，如聚乙烯泡沫塑料薄膜或较厚的发泡底垫等材料，然后铺设复合地板。

木地板铺设常用的机具有小电锯、小电刨、平刨、电动圆锯（台锯）、冲击钻、手电钻、磨光机、手锯、手刨、锤子、斧子、凿子、螺丝刀、撬棍、方尺、木折尺、墨斗、磨刀石、回力钩等。

⑥ 地毯地面。

a．地毯地面施工工艺。固定式地毯地面施工工艺，如图 6-55 所示。

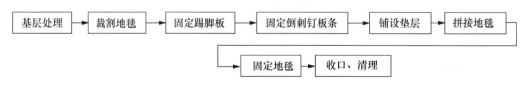

图 6-55　固定式地毯地面施工工艺

活动式地毯地面施工工艺，如图 6-56 所示。

图 6-56 活动式地毯地面施工工艺

b. 施工方式和施工工具的选择。地毯铺设方式可分为满铺和局部铺设两种。铺设的方法有固定式与活动式。活动式铺设是将地毯直接铺在地面上，不需要将地毯与基层固定。固定式铺设是将地毯裁边，黏结拼缝成为整片，摊铺后四周与房间地面加以固定。固定方式又分为粘贴法和倒刺板条固定法。活动式铺设是将地毯直接铺在地面上，不需要将地毯与基层固定的一种铺设方法。活动式铺设地毯的方法是：首先是基层处理，然后进行地毯的铺设。若采用方块地毯，先按地毯方块在基层上弹出方格控制线，然后从房间中间向四周展开铺排，逐块就位放平并且相互靠紧，收口部位应按设计要求选择适当的收口条。在人活动频繁且容易被人掀起的部位，也可以在地毯背面少刷一点胶，以增加地毯的耐久性，防止被掀起。

常用的施工机具：裁毯刀、地毯撑子、扁铲、墩拐；用于缝合的尖嘴钳、烫斗、地毯修边器、直尺、米尺、手枪式电钻、调胶容器、修绒电铲、吸尘器等。

（2）内墙装饰工程。内墙装饰的类型，按材料和施工方法不同可分为抹灰类、贴面类、涂刷类、裱糊类。

① 抹灰类内墙饰面。

a. 内墙一般抹灰的施工工艺，如图 6-57 所示。

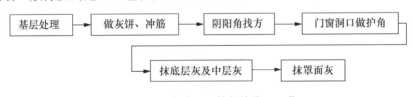

图 6-57 内墙一般抹灰的施工工艺

b. 施工方法和施工机具的选择。做灰饼是在墙面的一定位置上抹上砂浆团，以控制抹灰层的平整度、竖直度和厚度，凡窗口、垛角处必须做灰饼。冲筋厚度同灰饼，应抹成八字形（底宽面窄）。中级抹灰要求阳角找方，高级抹灰要求阴阳角都要找方。方法是用阴阳角方尺检查阴阳角的直角度，并检查竖直度，然后定抹灰厚度，浇水湿润。或者用木制阴角器和阳角器分别进行阴阳角处抹灰，先抹底层灰，使其基本达到直角，再抹中层灰，使阴阳角方正。阴阳角找方应与墙面抹灰同时进行。标筋达到一定强度后即可抹底层及中层灰，这道工序也称为装档或刮糙，待底层灰 7～8 成干时即可抹中层灰，其厚度以垫平标筋为准，也可以略高于标筋。中层灰要用刮尺刮平，并用木抹子来回搓抹，去高补低。搓平后用 2 m 靠尺检查，超过质量标准允许偏差时应修整至合格。在中层灰 7～8 成干后即可抹罩面灰，普通抹灰应用麻刀灰罩面，中高级抹灰应用纸筋灰罩面。抹灰前先在中层灰上洒水，然后将面层砂浆分遍均匀抹涂上去，一般也应按从上到下、从左到右的顺序。抹满后用铁抹子分遍压实压光。铁抹子各遍的运行方向应互相垂直，最后一遍宜竖直方向。

常用的施工机具：木抹子、塑料抹子、铁抹子、钢抹子、压板、阴角抹子、阳角抹子、托灰板、挂线板、方尺、八字靠尺及钢筋卡子、刮尺、筛子、尼龙线等。

② 内墙饰面砖。

a. 内墙饰面砖（板）的施工工艺，如图 6-58 所示。

图 6-58　内墙饰面砖（板）的施工工艺

b. 内墙饰面砖的施工方法和施工机具的选择。不同的基体应进行不同的处理，以解决找平层与基层的黏结问题。基体基层处理好后，用 1∶3 水泥砂浆或 1∶1∶4 的混合砂浆打底找平。待找平层六七成干时，按图纸要求，结合瓷砖规格进行弹线。先量出镶贴瓷砖的尺寸，立好皮数杆，在墙面上从上到下弹出若干条水平线，控制好水平皮数，再按整块瓷砖的尺寸弹出竖直方向的控制线。先按颜色的深浅不同进行归类，然后再对其几何尺寸的大小进行分选。在同一墙面上的横竖排列，不宜有一行以上的非整砖，且非整砖要排在次要位置或阴角处。瓷砖在镶贴前应在水中充分浸泡，一般浸水时间不少于 2 h，取出阴干备用，阴干时间以手摸无水感为宜。内墙面砖镶贴排列的方法主要有直缝排列和错缝排列。当饰面砖尺寸不一时，极易造成缝不直，这种砖最好采用错缝排列。若饰面砖厚薄不一时，按厚度分类，分别贴在不同的墙面上，如果分不开，则先贴厚砖，然后用面砖背面填砂浆加厚的方法贴薄砖，瓷砖铺贴方式有离缝式和无缝式两种。无缝式铺贴要求阳角转角铺贴时要倒角，即将瓷砖的阳角边厚度用瓷砖切割机打磨成 30°～45° 以便对缝。依砖的位置，排砖有矩形长边水平排列和竖直排列两种。大面积饰面砖铺贴顺序是由下向上，从阳角开始向另一边铺贴。饰面砖铺贴完毕后，应用棉纱或棉质毛巾蘸水将砖面灰浆擦净。

常用的施工机具：手提切割机、橡皮锤（木锤）、铅锤、水平尺、靠尺、开刀、托线板、硬木拍板、刮杠、方尺、墨斗、铁铲、拌灰桶、尼龙线、薄钢片、手动切割器、细砂轮片、棉丝、擦布、胡桃钳等。

③ 涂料类内墙面。

a. 涂料类内墙饰面的施工工艺，如图 6-59 所示。

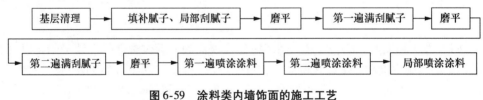

图 6-59　涂料类内墙饰面的施工工艺

b. 涂料类内墙饰面的施工方法和施工机具的选择。

内墙涂料品种繁多，其施涂方法基本上都是采用刷涂、喷涂、滚涂、抹涂、刮涂等。不同的涂料品种会有一些微小差别。

常用的施工机具：刮铲、钢丝刷、尖头锤、圆头锉、弯头刮刀、棕毛刷、羊毛刷、排笔、涂料辊、喷枪、高压无空气喷涂机、手提式涂料搅拌器等。

④ 裱糊类内墙饰面。

a. 裱糊类内墙饰面的施工工艺。壁纸裱糊施工工艺流程，如图 6-60 所示。

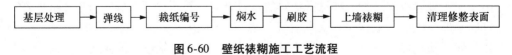

图 6-60　壁纸裱糊施工工艺流程

金属壁纸的施工工艺流程，如图 6-61 所示。

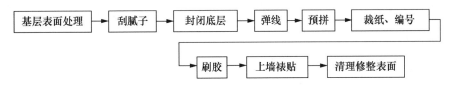

图 6-61 金属壁纸的施工工艺流程

墙布及锦缎裱糊施工工艺流程，如图 6-62 所示。

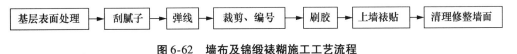

图 6-62 墙布及锦缎裱糊施工工艺流程

b. 裱糊类内墙饰面的施工方法和施工机具的选择。裱糊壁纸的基层表面为了达到平整光洁、颜色一致的要求，应视基层的实际情况，采取局部刮腻子、满刮一遍或满刮两遍腻子，每遍干透后用 0～2 号砂纸磨平。不同基体材料的相接处，如石膏板和木基层相接处，应用穿孔纸带黏糊，处理好的基层表面要喷或刷一遍汁浆。按壁纸的标准宽度找规矩，弹出水平及垂直准线。为了使壁纸花纹对称，应在窗户上弹好中线，再向两侧分弹。如果窗户不在中间，为保证窗间墙的阳角花饰对称，应弹窗间墙中线，由中心线向两侧再分格弹线。根据壁纸规格及墙面尺寸进行裁纸，裁纸长度应比实际尺寸大 20～30 mm。壁纸上墙前，应先在壁纸背面刷清水一遍，立即刷胶，或将壁纸浸入水中 3～5 min 后，取出将水擦净，静置约 15 min 后，再进行刷胶。塑料壁纸背面和基层表面都要涂刷胶黏剂。裱糊时先贴长墙面，后贴短墙面。每面墙从显眼处墙角开始，至阴角处收口，由上而下进行。上端不留余量，包角压实。遇有墙面上卸不下来的设备或附件，裱糊时可在壁纸上剪口裱上去。

常用的施工机具：活动裁纸刀、刮板、薄钢片刮板、胶皮刮板、塑料刮板、胶滚、铝合金直尺、裁纸案台、钢卷尺、水平尺、2 m 直尺、普通剪刀、粉线包、软布、毛巾、排笔及板刷、注射用针管及针头等。

⑤ 大型饰面板的安装。大型饰面板的安装多采用浆锚法和干挂法施工。

（3）顶棚装饰工程。顶棚的做法有抹灰、涂料以及吊顶。抹灰及涂料顶棚的施工方法与墙面大致相同。吊顶顶棚主要是悬挂系统、龙骨架、饰面层及其相配套的连接件和配件组成。

① 吊顶工程施工工艺流程，如图 6-63 所示。

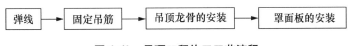

图 6-63 吊顶工程施工工艺流程

② 施工方法和施工机具的选择。安装前，应先按龙骨的标高沿房屋四周在墙上弹出水平线，再按龙骨的间距弹出龙骨中心线，找出吊杆中心点。吊杆用 $\phi 6～10$ mm 的钢筋制作，上人吊顶吊杆间距一般为 900～1 200 mm，不上人吊顶吊杆间距一般为 1 200～1 500 mm。按照已找出的吊杆中心点，计算好吊杆的长度，将吊杆上端焊接固定在预埋件上，下端套丝，并配好螺帽，以便与主龙骨连接。木龙骨需做防腐处理和防火处理，现常用轻钢龙骨。轻钢龙骨的断面形状可分为 U 形、T 形、C 形、Y 形、L 形等，分别作为主

龙骨、次龙骨、边龙骨配套使用。吊顶轻钢龙骨架作为吊顶造型骨架，由大龙骨（主龙骨、承载龙骨）、次龙骨（中龙骨）、横撑龙骨及其相应的连接件组装而成。主龙骨安装，用吊挂件将主龙骨连接在吊杆上，拧紧螺丝卡牢，然后以一个房间为单位，将大龙骨调整平直。调整方法可用 60 mm×60 mm 方木按主龙骨间距钉圆钉，将主龙骨卡住，临时固定。中龙骨安装，中龙骨垂直于主龙骨，在交叉点用中龙骨吊挂件将其固定在主龙骨上，吊挂件上端搭在主龙骨上，挂件 U 形腿用钳子卧入龙骨内。中龙骨的间距因饰面板是密缝安装还是离缝安装而异，中龙骨间距应计算准确并要翻样确定。横撑龙骨安装，横撑龙骨应由中龙骨截取。安装时，将截取的中龙骨的端头插入挂插件，扣在纵向龙骨上，并用钳子将挂插件弯入纵向龙骨内。组装好后，纵向龙骨和横撑龙骨底面（即饰面板背面）要求平齐。横撑龙骨间距应视实际使用的饰面板规格尺寸而定。灯具处理，一般轻型灯具可固定在中龙骨或附加的横撑龙骨上，较重的需吊于大龙骨或附加大龙骨上；重型的应按设计要求决定，且不得与轻钢龙骨连接。

铝合金龙骨的安装，主、次龙骨安装时宜从同一方向同时安装，按主龙骨（大龙骨）已确定的位置及标高线，先将其大致基本就位。次龙骨（中、小龙骨）与主龙骨应紧贴安装就位。龙骨接长一般选择用配套连接件，连接件可用铝合金，也可用镀锌钢板，在其表面冲成倒刺，与龙骨方孔相连。龙骨架基本就位后，以纵横两个方向满拉控制标高线（十字线），从一端开始边安装边进行调整，直至龙骨调平调直为止。如面积较大，在中间应适当起拱，起拱高度应不少于房间短向跨度的 1/300～1/200。钉固边龙骨，沿标高线固定角铝边龙骨，其底面与标高线齐平。一般可用水泥钉直接将角铝钉在墙面或柱面上，或用膨胀螺栓等方法固定，钉距宜小于 500 mm。罩面板安装前应对吊顶龙骨架安装质量进行检验，符合要求后，方可进行罩面板安装。

罩面板的安装，一般采用黏合法、钉子固定法、方板搁置式、方板卡入式安装等。

吊顶常用的施工机具：电动冲击钻、手电钻、电动修边机、木刨、槽刨、无齿锯、射钉枪、手锯、手刨、螺丝刀、扳手、方尺、钢尺、钢水平尺、锯、锤、斧、卷尺、水平尺、墨线斗等。

3. 流水施工组织

装饰工程流水施工组织的步骤如下。

第一步，划分施工过程。按照划分施工过程的原则，把起主导作用的、影响工期的施工过程单独列项。

第二步，划分施工段。为了组织流水施工，按照划分施工段的原则，并结合实际工程情况划分施工段。施工段的数目一定要合理，不能过多或过少。

第三步，组织专业班组。按工种组织单一或混合专业班组，连续施工。

第四步，组织流水施工，绘制进度计划。按流水施工组织方式，组织搭接施工。进度计划常有横道图和网络图两种表达方式。

装饰工程平面上一般不分段，立面上分段，通常把一个结构楼层作为一个施工段。室外装饰只划分为一个施工过程，采用自上而下的流向组织施工。室内装饰一般划分为楼地面施工、顶棚及内墙抹灰（内抹灰）、门窗扇的安装、涂料工程 4 个施工过程。

例如，某五层建筑物，采用自上而下的流向组织施工，绘制时按楼层排列，其网络计划如图 6-64 所示。

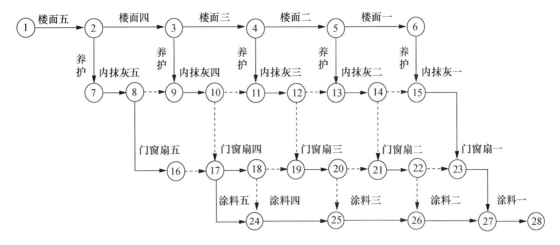

图 6-64　某装饰工程流水施工网络计划

4. 装饰工程施工方案设计实例

根据附录某职工宿舍楼工程施工图纸，编写其装饰工程施工方案。

某职工宿舍楼工程装修工程施工方案如下。

1）陶瓷地砖地面施工

工艺流程：基层处理→找标高、弹线→抹灰饼和标筋→装档→弹铺砖控制线→铺砖→勾缝、擦缝→养护→踢脚板安装。

（1）基层处理：将混凝土基层上的杂物清理掉，并用錾子刮掉砂浆落地灰，用钢丝刷刷净浮浆层。如基层有油污时，应用 10% 火碱水刷净，并用清水及时将其上的碱液冲净。

（2）找标高、弹线：根据墙上的 +50 cm 水平标高线，往下量测出面层标高，并弹在墙上。

（3）抹灰饼和标筋：在已弹好的面层水平线复量至找平层上皮的标高（面层标高减去砖厚及黏结层的厚度），抹灰饼间距 1.5 m，灰饼上平就是水泥砂浆找平层的标高，然后从房间一侧开始抹标筋（又称为冲筋）。有地漏的房间，应由四周向地漏方向放射形抹标筋，并找好坡度。抹灰饼和标筋应使用干硬性砂浆，厚度不宜小于 2 cm。

（4）装档（即在标筋间装铺水泥砂浆）：清净抹标筋的剩余浆渣，涂一遍水泥浆（水灰比为 0.4～0.5）黏结层，要随涂刷随铺砂浆。然后根据标筋的标高，用小平铁锹或木槎子将已拌的水泥砂浆（配合比为 1:3～1:4）铺装在标筋之间，用木抹子摊平、拍实，小木杆刮平，再用木抹子槎平，使用铺设的砂浆与标筋找平，并用大木杆横竖检查其平整度，同时检查其标高和泛水坡度是否正确，24h 后浇水养护。

（5）弹铺砖控制线：在找平层砂浆抗压强度达到 1.2 MPa 时，开始上人弹铺砖控制线。预先根据设计要求和砖板块规格尺寸，确定板块铺砌的缝隙宽度，当设计无规定时，紧密铺贴缝隙宽度不宜大于 1 mm，虚缝铺贴缝隙宽度宜为 5～10 mm。在房间中分纵、横两个方面配尺寸，但尺寸不足整砖倍数时，将非整砖用于边角处。根据已确定的砖数和缝宽，在地面上弹纵、横控制线（每隔 4 块砖弹一根控制线）。

（6）铺砖：为了找好位置和标高，应从门口开始，纵向先铺 2～3 行砖，以此为标筋拉纵横水平标高，铺时应从里向外退着操作，人不得踏在刚铺好的砖面上，每块砖应跟线，操作程序是：铺砌前将砖板块放入半截水桶中浸水湿润，晾干后表面无明水时，方可使用。找平层上洒水湿润，均匀涂刷素水泥浆（水灰比为0～0.5），涂刷面积不要过大，铺多少刷多少。

（7）勾缝：面层铺贴应在24 h内进行擦缝、勾缝工作，并应采用同品种、同标号、同颜色的水泥。勾缝用1：1水泥细砂浆，缝内深度为砖厚的1/3，要求缝内砂浆密实、平整、光滑。随勾随将剩余水泥砂浆清走、擦净。

2）外墙面砖施工

工艺流程：基层处理→吊垂直套方→找规矩→贴灰饼→抹底层砂浆→弹线分格→排砖→浸砖→镶贴釉面砖→面砖勾缝与擦缝。

外墙砖施工应分隔控制均匀，纵横通顺，整齐清晰。其具体施工方法为：

（1）基层处理：施工时墙面应提前清扫干净，洒水湿润。

（2）吊垂直、套方、找规矩、贴灰饼：大墙面、四角及门窗口边，必须由顶层到底一次弹出垂直线，并确定面砖出墙尺寸，分层设点，做灰饼。横线以楼层为水平线交圈控制，竖向线则以四周大角和柱子为基线控制。每层打底时以此灰饼为基准点进行冲筋，使底层灰横平竖直。同时要注意找好突出檐口、窗台、雨篷等饰面的流水坡度。

（3）抹底层砂浆：先将墙面浇水湿润，然后用6 mm厚1：3水泥砂浆刮一道，接着用相同标号的砂浆与所冲的筋抹平，随即用木杆刮平，木抹搓毛，终凝后浇水养护。

（4）弹线分格：待基层灰达到六七成干时，即可按图纸要求进行分段、分格弹线，同时进行面层贴标准点的工作，以控制面层出墙尺寸及面层的垂直度、平整度。

（5）排砖：根据大样图及墙面尺寸进行横竖向排砖，以保证面砖缝隙均匀，符合设计图纸要求，注意大墙面、垛子要排整砖，以及在同一墙面上的横竖排列，均不得有一行以上的非整砖。非整砖行应排在次要部位，如窗间墙或阴角处等。但也要注意一致和对称。如遇有突出的卡件，应用整砖套割吻合，不得用非整砖随意拼凑镶贴。

（6）浸砖：釉面砖镶贴前，首先要将面砖清扫干净，放入净水中浸泡2 h以上，取出待表面晾干或擦干后方可使用。

（7）镶贴釉面砖：镶贴应自上而下进行，墙较高时，可分段进行。在每一分段或分块内的面砖，均为自下而上相贴。从最下一层砖下皮的位置线先稳好靠尺，以此托住第一批釉面砖。在面砖外皮上口拉水平通线，作为镶贴的标准。

（8）面砖勾缝与擦缝：勾缝用1：1水泥砂浆掺3%的铁黑（掺量根据需要确定）。勾完缝后，将砖表面的砂浆用棉纱擦干净后，用10%的盐酸溶液擦洗，用净水冲洗干净。

5. 脚手架工程施工方案设计实例

某职工宿舍楼工程脚手架工程施工方案如下。

1）主要材料

（1）钢管：直径为48 mm、壁厚为3.5 mm的焊接钢管，用做立杆、大横杆、小横杆、斜撑、防护栏杆等。

（2）扣件：主要有旋转扣、直角扣、对接扣；材料采用铸铁扣件。

（3）底座：用钢管与钢板焊成，用于立杆的垫脚，也可用不小于5 cm×20 cm×300 cm的坚实木板做垫板。

（4）脚手板：选用竹串脚手板。竹串脚手板宜用直径8～10 mm螺栓、间距500～600 mm穿过并列竹片拧紧而成，板的厚度一般不小于50 mm。

2）搭设顺序

放线定位→摆放扫地杆→逐根竖立立杆并与扫地杆扣牢→安第一步大横杆与立杆扣紧→安第一步小横杆与大横杆扣紧→安第二步大横杆→安第二步小横杆→加设斜撑杆与上端立杆或大横杆扣紧（在装设两道连墙杆后可拆除）→安第三步及以上立杆、大横杆、小横杆→安连墙杆→加设剪刀撑。架高 2 m 以上逐层加设防护栏杆、挡脚板或围网。

3）搭设要求

（1）双排架的内外立杆的间距（横距）为 1.05 m，纵距为 1.5 m，内排立杆距墙面为 0.25～0.45 m。立杆底部应垂直套在底座或竖立在长垫板上，刚搭一步架子时，为防止架子倾斜，搭设时可设临时支撑固定。立杆的接长，应采取端部用对接扣件扣牢，并与相邻立杆错开一个步距，其接头距大横杆不大于步距的 1/3。大横杆与用直角扣件与立杆扣牢，保持平直。里外排大横杆的接长应使用对接扣件，错开一个立杆纵距，并与相邻立杆的距离不大于纵距 1/3；扣接不得遗漏或隔步设置。

（2）大横杆的垂直步距：用于砌筑为 1.2～1.4 m，用于装饰为 1.6～1.8 m。当架高超过 30 m 时，要从底部开始将相邻两步架的大横杆错开布置在立杆的内外侧，以减少立杆偏心受载情况。小横杆应尽量贴近立杆布置，用直角扣件扣在大横杆的上部。

（3）小横杆水平距：砌筑用不大于 1 m，装修（装饰）用不大于 1.5 m。双排架的小横杆挑向墙面的悬臂长度应不大于 0.4 m（上面可铺一块架板），但其端部应距离墙面 50～150 mm。单排架的小横杆伸入墙体部分不得小于 240 mm，通过门窗洞口或过道或不允许入墙处，如小横杆的间距大于 1.5 m 时，应绑扣吊杆，紧贴于洞口墙体内侧的墙面，吊杆中部并应加设顶撑，保持垂直扣牢。

（4）剪刀撑（斜撑）：当架高不超过 7 m 时，可用斜撑上端支撑于架子外侧的立杆或大横杆处，间距应不大于 64 m，用旋转扣件扣牢，下端与地面呈 60°角用木楔或桩头抵牢。当架高超过 7 m 时，应在架子外侧绑设剪刀撑，位置设于脚手架的端部及拐角处。中间部位则每隔 12～15 m 加设一道，并用旋转扣件与 3～4 根立杆和小横杆扣牢。

（5）搭设剪刀撑，应将其斜杆扣在立杆上或扣在小横杆端部，斜杆两端的扣件与立杆和大横杆交汇点的距离不应大于 20 cm，最下面的斜杆端部与立杆扣牢，扣接点与地面高差不大于 30 cm。连墙杆应随施工进度设置，而且应设置在框架梁或楼板附近等具有较好抗水平推力作用的结构部位，并与脚手架里外立杆相连接，其垂直间距不大于 4 m，水平间距不大于 7 m，搭设设计方案另有规定的按其规定。连墙杆的设置如从门窗洞穿过时，其杆件端部应用两根短钢管紧靠里外墙体竖向或横向用直角扣件扣牢（或与人架或柱、梁体扣牢）。

（6）护身栏杆、安全网；在脚手架的操作层外侧设置的护身栏杆高度为 1～1.2 m，并在架子外侧架板上靠立杆设置不低于 18 cm 高的挡脚板，如不设挡脚板。则在架体外侧立面用密目安全立网围护，在二层楼口的架子外侧挂设一道固定平网。支设平网应用钢管斜支撑与地面夹角 45°，与大横杆用扣件扣牢，平网应绑在里外大横杆上，外高里低呈 15°，不得用小横杆支撑平网，平网投影面积的宽度不小于 3 m。在有斜坡屋面的外脚手架设置护栏高度为 1.5 m 的栏杆两道，每道高 0.75 m。

（7）脚手架满铺，端部用铁丝与小横杆绑扎稳固。脚手板错头搭设时，端部超过小横杆不少于 20 m；对头铺设时，端部、下部各设一根小横杆，两杆相距为 30 cm，但拐角处两个方向的脚手板应重叠放置，避免探头板及空挡现象。高度 10 m 以上的脚手架，除操作层铺满架板外，下面的一架也应满铺一层手板，其他处则每间隔不超过 12 m 保留一层满铺脚手板。

4）脚手架搭设平面图与立面图，如图 6-65 与图 6-66 所示。

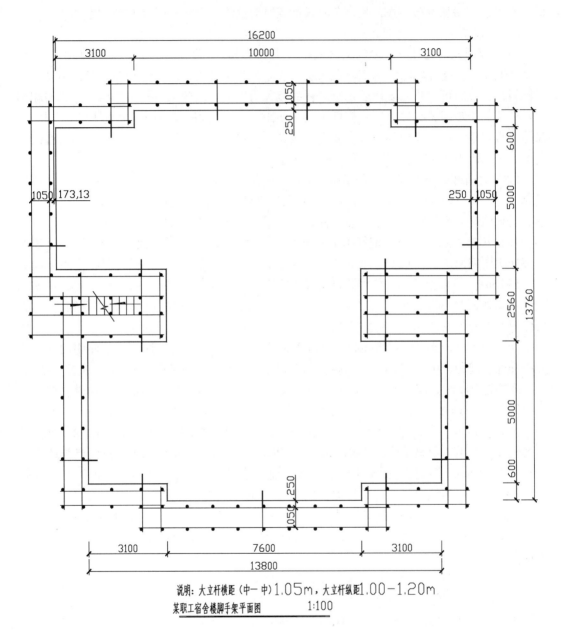

说明：大立杆横距（中—中）1.05m，大立杆纵距1.00-1.20m

某职工宿舍楼脚手架平面图　　　　　1:100

图 6-65　脚手架搭设平面图

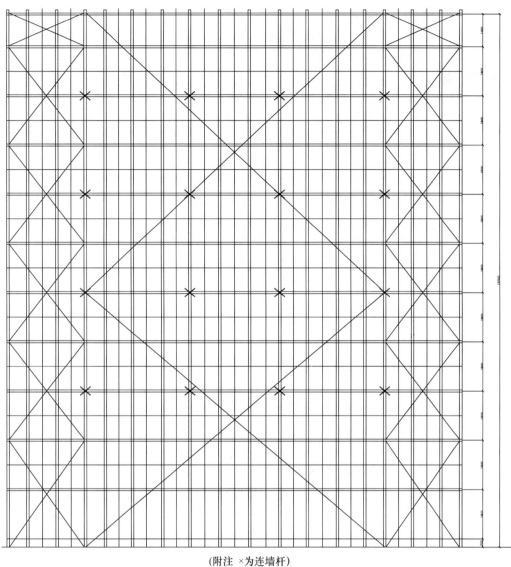

(附注　×为连墙杆)

南立面 1:100

图 6-66　脚手架搭设立面图

小　　结

　　施工方案是单位工程施工组织设计的核心部分。本项目阐述了施工方案选择的具体内容，包括施工方案的制订步骤、施工技术方案和施工组织方案的设计。

　　施工方案制订的步骤：熟悉工程文件和资料、划分施工过程、计算工程量、确定施工顺序和流向、选择施工方法和施工机械、确定关键技术路线。

　　施工方案包括施工技术方案和施工组织方案两大部分，主要内容包括施工方法、施工机械的选择、施工顺序的合理安排等。

　　1. 施工程序是指单位工程中各部分工程和各施工阶段的先后次序及其制约关系，主要应解决好时间上的搭接问题。单位工程施工顺序应满足以下要求。

（1）严格执行开工报告制度。

（2）遵守先地下后地上、先土建后设备、先主体后围护、先结构后装修的原则。

（3）做好土建施工和设备安装施工的程序安排。

2. 施工起点和流向是指单位工程在平面上或空间上开始施工的部位和在平面上或空间上展开的方向。单位工程施工流向的主要决定因素包括：车间的生产工艺流程和使用要求，施工方法的要求，选用的施工机械，工程现场施工条件和施工组织的分层分段。

3. 施工顺序是指各施工过程之间的先后次序，也称为各分项工程的施工顺序。确定施工顺序时，必须符合施工工艺的要求，必须与施工方法一致，必须考虑施工组织的要求，必须保证施工质量的要求，必须考虑当地气候条件，必须考虑安全施工要求。

4. 选择施工方法时应遵守的原则如下。

（1）着重考虑主导施工过程。

（2）所选择的施工方法应先进，技术上可行，经济上合理，满足施工工艺及施工安全要求。

（3）应符合国家颁布的施工验收规范和质量评定标准的有关规定。

（4）要与所选择的施工机械及所划分的流水工作阶段相协调。

（5）尽量采用标准化、机械化施工。

（6）满足工期、质量、成本、安全的要求。

5. 选择施工机械时应遵循的原则如下。

（1）应根据工程的特点，选择适宜主导工程的施工机械，所选择的机械设备应在技术上可行，经济上合理。

（2）在同一个建筑工地上所选的机械类型、规格、型号应该统一，以便于操作、管理与维护。

（3）尽可能使所选择的机械设备一机多用，以提高其生产效率。

（4）选择机械时，应考虑到本企业工人的技术操作水平，尽可能选择施工企业现有的施工机械。

（5）各种辅助机械或运输工具应与主导机械的生产能力协调配置，以充分发挥主导机械的效率。

推荐阅读资料

1. 中华人民共和国国家标准《建筑施工组织设计规范》（GB/T 50502—2009）。

2.《建筑施工手册（之施工组织设计）》第五版，中国建筑工业出版社。

3.《施工组织设计》卢青 主编，机械工业出版社。

4.《工程施工组织与管理》林知炎、曹吉鸣主编，同济大学出版社。

学习鉴定

1. 施工方案的选择应解决哪些主要问题？

2. 施工方案设计的内容有哪些？为什么说施工方案是施工组织设计的核心？

3. 如何确定单位工程的施工流向和施工顺序？

4. 试述多层砖混结构建筑的施工顺序？

5. 试述多层框架结构建筑的施工顺序？

6. 试述装配式单层工业厂房的施工顺序？

实训任务

1. 编制某住宅楼装饰工程施工方案

（1）实训任务

根据某住宅楼工程施工图纸和实训指导书，编制装饰工程施工方案。

（2）任务要求

① 确定施工程序和施工顺序。

② 选择施工工艺和施工方法。

2. 编制某住宅楼脚手架工程施工方案

（1）实训任务

根据某住宅楼工程施工图纸和实训指导书，编制脚手架工程施工方案。

（2）任务要求

① 选择脚手架类别。

② 脚手架搭设、拆除顺序及要求。

③ 绘制脚手架平面图、立面图。

④ 根据附录"某住宅楼工程施工图纸"，编制屋面工程的施工方案。

单位工程施工进度计划的编制

学习目标

1. 了解施工进度计划的作用及分类；
2. 熟悉施工进度计划的编制依据和编制程序；
3. 熟悉施工进度计划的编制内容；
4. 掌握施工进度计划的编制步骤和方法；
5. 掌握劳动力需要量计划的编制；
6. 掌握主要材料、构件、半成品需要量计划的编制；
7. 掌握施工机械需要量计划的编制；
8. 熟悉工程施工定额。

技能目标

1. 能编制单位工程施工进度计划；
2. 能编制各项资源需要量计划；
3. 能够应用施工定额计算平均综合定额。

问题引入

施工进度计划是施工组织设计的中心内容，它要保证建设工程按合同规定的期限交付使用。施工中的其他工作必须围绕着并适应施工进度计划的要求安排。

施工进度计划的种类和施工组织设计相适应，分为总进度计划和单位工程施工进度计划。施工总进度计划包括建设项目（企业、住宅区等）的施工进度计划和施工准备阶段的进度计划。它按生产工艺和建设要求，确定投产建筑群的主要和辅助的建筑物与构筑物的施工顺序、相互衔接和开、竣工时间，以及施工准备工程的顺序和工期。单位工程施工进度计划是总进度计划有关项目施工进度的具体化，一般土建工程的施工组织设计还应考虑专业和安装工程的施工时间。

下面主要讲述单位工程施工进度计划的编制方法及步骤，以及施工中各项资源需用量计划的编制。

 知识课堂

课题 1　工程施工定额及其应用

1.1　工程施工定额的基本概念

施工定额就是在一定的施工生产技术组织条件下，为完成一定计量单位的合格产品所必需的人工、材料、机械消耗的数量标准。

施工定额由劳动定额、材料消耗定额、机械台班定额组成。施工定额是施工企业依据现行设计图、施工图、设计规范及管理、装备、技术水平等编制的，是施工企业编制施工组织设计用的一种定额，也是编制预算定额的基础。此外，用施工定额还可以编制作业进度计划，签发工程任务单（包括限额领料单），结算计件工程和超额奖励及材料节约奖金等。因此施工定额既是施工企业内部实行经济核算的依据，又是开展班组经济核算的依据。

1.2　施工定额编制的原则

（1）要以有利于不断提高工程质量、提高经济效益、改变企业的经营管理和促进生产技术不断发展为原则。

（2）平均先进水平的原则。施工定额平均先进水平是指在正常的施工条件下（劳动组织合理，管理制度健全，原材料供应及时，工程任务适量，保证质量均能满足），经过努力，多数施工企业和劳动者，可以达到或超过，少数施工企业和劳动者，可以接近的水平。更具体点说，这个平均先进水平，低于先进企业和先进劳动者的水平，高于后进企业和后进劳动者的水平，同时，略高于大多数企业和劳动者的平均水平。

（3）内容适用的原则。施工定额的内容，要求简明、准确、适用，既简而准确，又细而不繁。

1.3　施工定额的内容

施工定额包括劳动定额、材料消耗定额和机械使用定额。

1. 劳动定额

劳动定额是指在一定的生产技术组织条件下，完成合格的单位产品所必需的劳动力数量消耗的标准。劳动定额一般用两种形式来表示，即时间定额和产量定额。

1）时间定额

时间定额是指在一定的生产技术组织条件下，规定劳动者应完成质量合格的单位产品所需的时间。它一般以工日（工天）为计量单位，也可以工时为计量单位。时间定额的计算式如下：

$$时间定额 = \frac{工作人数 \times 工作时间}{工作时间内完成的产品数量} \qquad (7\text{-}1)$$

时间定额中的时间，包括准备与结束时间、作业时间、休息和生理需要时间、工艺技术中断时间。

2）产量定额

产量定额是指在一定的生产技术组织条件下，规定劳动者在单位时间内应完成合格产品的数量。产量定额的计算式如下：

$$产量定额 = \frac{工作时间内完成的产品数量}{工作人数 \times 工作时间} \qquad (7-2)$$

时间定额和产量定额，是同一劳动定额的两种不同表现形式。时间定额，以工日为单位，便于计算分部分项工程的总需工日数，计算工期和核算工资。因此，劳动定额通常采用时间定额来表示。产量定额是以产品的数量，作为计量单位，便于小组分配任务，编制作业计划和考核生产效率。

3）两者关系

时间定额是计算产量定额的依据，也就是说产量定额是在时间定额基础上制定的。时间定额和产量定额在数值上互成反比例关系或互为倒数关系。当时间定额减少或增加时，产量定额也就增加或减少。其关系可用下列公式表示。

$$H = \frac{1}{S} \quad 或 \quad S = \frac{1}{H} \qquad (7-3)$$

式中：H ——时间定额；

S ——产量定额。

2. 材料消耗定额

材料消耗定额是指在一定的生产技术组织条件下，完成合格的单位产品所必需的一定规格的材料消耗的数量标准。

材料消耗定额按材料消耗的特征可分为基本材料消耗定额和辅助材料消耗定额。

基本材料消耗定额是构成建筑产品实体的材料消耗的数量标准。例如，混凝土工程中的水泥、碎石、砂、钢筋等，轨道工程中的钢轨、轨枕、道钉等。

辅助材料消耗定额是指工程所必需但不构成建筑产品实体的材料消耗的数量标准。辅助材料定额进一步可分为一次性材料消耗定额、周转性材料消耗定额。

周转性材料消耗定额，如模板、脚手架等。周转性材料要妥善使用，力争达到或超过使用次数，尽量节约原材料消耗。

在材料消耗定额中，只具体列出了主要材料的品种、规格及用量，零星材料则以"其他材料费"计列在定额里，以"元"表示。一般不因地区变化而变化。周转性材料，在材料消耗定额中只列了摊销量，而不是全部需要的材料数量。

材料消耗定额中包括工地范围内施工操作和搬运过程中的正常损耗量，但不包括场外运输途中的材料损耗数量。

3. 机械使用定额

施工机械使用定额是指在一定的生产技术组织条件下，完成合格的单位产品所必需的施工机械工作数量消耗标准。它有两种形式：一是机械台班定额，一是机械产量定额。

1）机械台班定额

机械台班（时间）定额是指在一定生产技术组织条件下，完成合格的单位产品所必需消耗的机械台班数量标准。公式如下：

$$机械台班定额 = \frac{机械台数 \times 机械工作时间}{工作时间内完成的产品数量} \qquad (7-4)$$

机械工作时间是机械从准备发动到停机的全部时间，包括有效工作时间、不可避免的中断时间和无负荷工作时间。计量单位一般为工作班，简称班。一班为 8 h，一个台班表示一台机械工作 8 h。

2）机械产量定额

机械产量定额是指在一定的生产技术组织条件下，每一个机械台班时间内，所必须完成合格产品的数量标准。

$$机械产量定额 = \frac{工作时间内完成的产品数量}{机械台数 \times 机械工作时间} = \frac{1}{机械台班定额} \tag{7-5}$$

4. 综合时间定额或综合产量定额的确定

在编制施工进度计划时，经常会遇到计划所列项目与施工定额所列项目的工作内容不一致的情况。这时，可先计算平均定额（或称综合定额），再用平均定额计算劳动量。

（1）当同一性质、不同类型的分项工程，其工程量相等时，平均定额可用其绝对平均值，如下式所示：

$$\overline{H} = \frac{H_1 + H_2 + \cdots + H_n}{n} \tag{7-6}$$

式中：$\overline{H}$——同一性质、不同类型分项工程的平均时间定额。

（2）当同一性质、不同类型的分项工程，其工程量不相等时，平均定额应用加权平均值。如下式所示：

$$\overline{H} = \frac{Q_1 + Q_2 + \cdots + Q_n}{\dfrac{Q_1}{S_1} + \dfrac{Q_2}{S_2} + \cdots \dfrac{Q_3}{S_3}} = \frac{\sum Q_i（总工程量）}{\sum P_i（总劳动量）} \tag{7-7}$$

$$\overline{H} = \frac{1}{\overline{S}} \tag{7-8}$$

式中：$\overline{S}$——同一性质、不同类型分项工程的平均产量定额；

Q_i——工程量；

P_i——劳动量。

5. 工程施工定额应用实例

【例 7-1】　某楼房外墙装饰有干粘石、面砖、涂料三种做法，其工程量分别为 865.5 m²、452.6 m²、683.8 m²，所采用的产量定额分别为 4.17 m²/工日，4.05 m²/工日，7.56 m²/工日，求综合产量定额。

【案例剖析】　由式（7-7）　$\overline{S} = \dfrac{\sum Q_i}{\sum P_i}$，可求得该工程的平均产量定额：

依题意有：$\sum Q_i = 865.5 + 452.6 + 683.8 = 2\,001.9（m^2）$，

$$\sum P_i = \frac{865.5}{4.17} + \frac{452.6}{4.05} + \frac{683.8}{7.56} = 409.8（工日），$$

故：$\overline{S} = \dfrac{\sum Q_i}{\sum P_i} = \dfrac{2\,001.9}{409.8} = 4.89（m^2/工日）$，即其综合产量定额为 4.89 m²/工日。

【例 7-2】　根据 $A_1 \sim A_3$ 教师公寓楼工程量，试计算模板和混凝土平均综合时间定额。

【案例剖析】　根据式（7-7），由题目已知条件，可分别求得模板工程和混凝土工程

综合时间定额。

（1）模板工程（一层）综合时间定额计算如表 7-1 所示。

表 7-1　模板工程（一层）综合时间定额

序号	分项工程名称	工程量/ m²	时间定额/ （工日/10 m²）	劳动量/工日	综合时间定额/ （工日/m²）
1	矩形柱模板	108	2.54	27.432	
2	矩形梁模板	12.287	2.6	3.195	
3	圈梁水池模板	18.9	2.55	4.82	
4	楼板（含梁板）	159.51	1.98	31.58	
5	楼梯模板	11.96	2.3	2.75	
6	小计	310.657		69.78	0.522

（2）混凝土工程综合时间定额计算如表 7-2 所示。

表 7-2　混凝土工程综合时间定额

序号	分项工程名称	工程量/ m³	时间定额/ （工日/m³）	劳动量/工日	综合时间定额/ （工日/m³）
1	矩形柱混凝土	62.66	0.823	51.57	
2	矩形梁混凝土	75.58	0.33	24.94	
3	圈梁混凝土	9.11	0.712	6.49	
4	楼板混凝土	81.96	0.211	17.3	
5	楼梯混凝土	11.14	1.032	11.47	
6	水池混凝土	11.4	1.72	19.61	
7	小计	251.85		131.38	0.522

课题 2　单位工程施工进度计划概述

单位工程施工进度计划是在确定了施工方案的基础上，根据计划工期和各种资源供应条件，按照工程的施工顺序，用图表形式（横道图或网络图）表示各分部、分项工程搭接关系及工程开、竣工时间的一种计划安排。

2.1　单位工程施工进度计划的作用

单位工程施工进度计划是单位工程施工组织设计的重要内容，它的主要作用如下。

（1）控制单位工程的施工进度，保证在规定工期内完成工程任务。

（2）确定单位工程的各分部分项工程的施工顺序、施工持续时间及相互衔接和配合关系。

（3）为编制季度、月度生产计划提供依据。

（4）为制订各项资源需要量计划和编制施工准备工作计划提供依据。

（5）具体指导现场的施工安排。

2.2　单位工程施工进度计划的分类

单位工程施工进度计划根据施工项目划分的粗细程度，可分为以下几类。

1. 控制性施工进度计划

它以分部工程来划分施工项目，控制各分部工程的施工时间及其相互搭接配合关系。它主要适用于工程结构较复杂、规模较大、工期较长而需跨年度施工的工程，以及工程具体细节不确定的情况。

2. 指导性施工进度计划

它按分项工程或施工过程来划分施工项目，具体确定各分项工程或施工过程的施工时间及其相互搭接配合关系。它适用于施工任务具体而明确、施工条件基本落实、各种资源供应正常、施工工期不太长的工程。

2.3　单位工程施工进度计划的表示方法

单位工程施工进度计划通常是以图表形式来表示的，有水平图表、垂直图表和网络图 3 种。常用的水平图表如表 7-3 所示。

表 7-3　施工进度计划表

序号	分部分项工程名称	工程量		定额	劳动量		机械名称	每天工作天数	持续天数	施工进度		
		单位	数量		单位	数量						

水平图表也称横道图。它由左、右两大部分组成，表的左边部分列出了分部分项工程的名称、工程量、定额（劳动定额或时间定额）和劳动量、人数、持续时间等计算数据；表的右边部分是从规定的开工日起到竣工之日止的进度指示图表。用不同线条来形象地表现各个分部分项工程的施工进度和搭接关系。有时也在进度指示图表下方汇总每天的资源需求量，组成资源需求量动态曲线。施工进度表中的一格视其工期长短可以代表 1 天或若干天。

2.4　单位工程施工进度计划的编制依据

编制单位工程施工进度计划的主要依据如下。
（1）施工组织总设计对本工程的要求。
（2）有关设计文件，如施工图、地形图、工程地质勘察报告等。
（3）施工工期及开、竣工日期。
（4）施工方案及施工方法，包括施工程序、施工段划分、施工流程、施工顺序、施工方法等。

（5）劳动定额、机械台班定额等。

（6）施工条件，如劳动力、施工机械、材料、构件等供应情况。

2.5 单位工程施工进度计划的编制程序

单位工程施工进度计划的编制程序如图 7-1 所示。

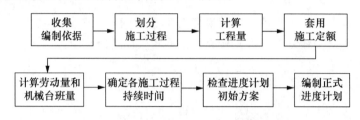

图 7-1　单位工程施工进度计划的编制程序

课题 3　单位工程施工进度计划的编制内容和步骤

3.1　划分施工过程

编制单位工程施工进度计划时，首先应按施工图纸和施工顺序，把拟建工程分解为若干个施工过程，再进行有关内容的计算和设计。

施工过程划分应考虑下述要求。

1. 施工过程划分的粗细程度

施工过程划分的粗细程度主要根据单位工程施工进度计划的作用来确定的。

对于控制性施工进度计划，其施工过程的划分可以粗一些，一般可按分部工程划分施工过程。例如：开工前准备、桩基础工程、基础工程、主体结构工程、屋面防水工程、装饰工程等。

对于指导性施工进度计划，其施工过程的划分可以细一些，要求每个分部工程所包括的主要分项工程均应一一列出，起到指导施工的作用。

2. 施工过程划分不宜太细，应简明清晰

为了使计划简明清晰、突出重点，一些次要的施工过程应合并到主要施工过程中去，如基础防潮层可合并到基础施工过程内；有些虽然重要但是工程量不大的施工过程也可与相邻的施工过程合并，如油漆和玻璃安装可合并为一项；同一时期由同一工种施工的施工项目也可合并在一起。

3. 施工过程的划分应考虑施工工艺和施工方案的要求

（1）划分施工过程应考虑施工工艺要求。现浇钢筋混凝土施工，一般可分为支模、绑扎钢筋、浇筑混凝土等施工过程，是合并还是分别列项，应视工程施工组织、工程量、结构性质等因素研究确定。一般现浇钢筋混凝土框架结构的施工应分别列项，而且可分得细一些，如绑扎柱钢筋、安装柱模板、浇捣柱混凝土、安装梁、板模板、绑扎梁、板钢筋、浇捣梁、板混凝土、养护、拆模等施工过程。但在现浇钢筋混凝土工程量不大的工程中，一般不再细分，可合并为一项，如砌体结构工程中的现浇雨篷、圈梁等，即可列为一项，由施工班组的各工种互相配合施工。

抹灰工程一般分内、外墙抹灰，外墙抹灰工程可能有若干种装饰抹灰的做法要求，一般情况下合并为一项，也可分别列项。室内的各种抹灰应按楼地面抹灰、顶棚及墙面抹灰、楼梯间及踏步抹灰等分别列项，以便组织施工和安排进度。

（2）划分施工过程，应考虑所选择的施工方案。厂房基础采用敞开式施工方案时，柱基础和设备基础可合并为一个施工过程；采用封闭式施工方案时，则必须列出柱基础、设备基础这两个施工过程。

（3）住宅建筑的水、暖、煤、卫、电等房屋设备安装是建筑工程的重要组成部分，应单独列项；工业厂房的各种机电等设备安装也要单独列项，但不必细分，可由专业队或设备安装单位单独编制其施工进度计划。土建施工进度计划中列出设备安装的施工过程，表明其与土建施工的配合关系。

4. 明确施工过程对施工进度的影响程度

根据施工过程对工程进度的影响程度可分为三类：第一类为资源驱动的施工过程，这类施工过程直接在拟建工程上进行作业（如墙体砌筑、现浇混凝土等），占用时间、资源，对工程的完成与否起着决定性的作用，在条件允许的情况下，可以缩短或延长它的工期；第二类为辅助性施工过程，它一般不占用拟建工程的工作面，虽需要一定的时间和消耗一定的资源，但不占用工期，故可不列入施工计划内，如交通运输、场外构件加工或预制等；第三类施工过程虽直接在拟建工程上进行作业，但它的工期不以人的意志为转移，随着客观条件的变化而变化，应根据具体情况将它列入施工计划，如混凝土的养护等。

施工过程划分和确定之后，应按前述施工顺序列出施工过程（分部分项工程）一览表，如表7-4所示。

表7-4 分部分项工程一览表

序号	分部分项工程名称	序号	分部分项工程名称
一	基础工程	二	主体工程
1	挖土	5	模板
2	混凝土垫层	…	…
3	砌砖基础		
4	回填土		

3.2 计算工程量

当确定了施工过程之后，应计算每个施工过程的工程量。工程量应根据施工图纸、工程量计算规则及相应的施工方法进行计算，即按工程的几何形状进行计算。如果施工图预算已经编制，一般可以采用施工图预算的数据，但有些项目应根据实际情况做适当的调整。计算工程量时应注意以下几个问题。

1. 注意工程量的计算单位

每个施工过程的工程量的计量单位应与采用的施工定额的计量单位相一致。这样，在计算劳动量、材料消耗量及机械台班量时就可直接套用施工定额，不需再进行换算。

2. 注意采用的施工方法

计算工程量时，应与采用的施工方法相一致，以便计算的工程量与施工的实际情况相符合。例如，土方工程中，应明确挖土方是否放坡，坡度是多少，是否需增加开挖工作面。当上述因素不同时，土方开挖工程量是不同的。

3. 正确取用预算文件中的工程量

如果编制单位工程施工进度计划时，已编制出预算文件（施工图预算或施工预算），则工程量可从预算文件中抄出并汇总。但是，施工进度计划中某些施工过程与预算文件的内容不同或有出入时（如计量单位、计算规则、采用的定额等），则应根据施工实际情况加以修改、调整或重新计算。

3.3 套用建筑工程施工定额

确定了施工过程及其工程量之后，即可套用建筑工程施工定额（当地实际采用的劳动定额及机械台班定额），以确定劳动量和机械台班量。

在套用国家或当地颁布的定额时，必须注意结合本单位工人的技术等级、实际操作水平、施工机械情况和施工现场条件等因素，确定定额的实际水平，使计算出来的劳动量、机械台班量等符合实际需要。

3.4 计算劳动量和机械台班量

劳动量和机械台班量可根据各分部分项工程的工程量、施工方法和施工定额来确定。一般计算公式为：

$$P_i = \frac{Q_i}{S_i} = Q_i H_i \tag{7-9}$$

式中：P_i——某分项工程的劳动量或机械台班量（工日或台班）；

Q_i——某分项工程的工程量（m^3、m^2、m、t 等）；

S_i——某分项工程计划产量定额（m^3、工日（台班）等）；

H_i——某分项工程计划时间定额（工日（台班）/m^3等）。

当某一施工过程由两个或两个以上不同分项工程合并而成时，其总劳动量应按以下公式计算：

$$P_总 = \sum_{i=1}^{n} P_i = P_1 + P_2 + \cdots + P_n \tag{7-10}$$

当某一施工过程由同一工种、但不同做法、不同材料的若干个分项工程合并组成时，应按以下公式计算其综合产量定额，再求其劳动量。

$$\overline{S} = \frac{\sum\limits_{i=1}^{n} Q_i}{\sum\limits_{i=1}^{n} P_i} = \frac{Q_1 + Q_2 + \cdots + Q_n}{P_1 + P_2 + \cdots + P_n} = \frac{Q_1 + Q_2 + \cdots + Q_n}{\dfrac{Q_1}{S_1} + \dfrac{Q_2}{S_2} + \cdots + \dfrac{Q_n}{S_n}} \tag{7-11}$$

$$\overline{H} = \frac{1}{S} \tag{7-12}$$

式中：$\overline{S}$——某施工过程的综合产量定额（m^3/工日（台班）等）；

$\overline{H}$——某施工过程的综合时间定额（工日（台班）/m^3等）；

$$\sum_{i=1}^{n} P_i$$ ——总劳动量（工日）；

$$\sum_{i=1}^{n} Q_i$$ ——总工程量（m^3、t 等）；

$Q_1, Q_2, \cdots, Q_n$ ——同一施工过程的各分项工程的工程量；

$S_1, S_2, \cdots, S_n$ ——与 $Q_1, Q_2, \cdots, Q_n$ 相对应的产量定额。

【例 7-3】 某基础工程土方开挖总量为 $10\,000\ m^3$，计划用两台挖掘机进行施工，挖掘机台班定额为 $100\ m^3$/台班。计算挖掘机所需的台班量。

解：
$$P_{机械} = \frac{Q_{机械}}{S_{机械}} = 10\,000/(100 \times 2) = 50\ （台班）$$

【例 7-4】 某分项工程依据施工图计算的工程量为 $1\,000\ m^3$，该分项工程采用的施工时间定额为 0.4 工日/m^3。计算完成该分项工程所需的劳动量。

解：
$$P_i = Q_i H_i = 1\,000 \times 0.4 = 400\ （工日）$$

3.5　确定各施工过程的持续时间

施工过程持续时间的确定方法有三种：经验估算法、定额计算法和倒排计划法。

1. 经验估算法

经验估算法先估计出完成该施工过程的最乐观时间、最悲观时间和最可能时间三种施工时间，再根据公式计算出该施工过程的持续时间。这种方法适用于新结构、新技术、新工艺、新材料等无定额可循的施工过程。计算公式为：

$$D = \frac{A + 4B + C}{6} \tag{7-13}$$

式中：D ——施工过程的持续时间；

A ——最乐观的时间估算（最短的时间）；

B ——最可能的时间估算（正常的时间）；

C ——最悲观的时间估算（最长的时间）。

2. 定额计算法

定额计算法是根据施工过程需要的劳动量或机械台班量，以及配备的劳动人数或机械台班，确定施工过程持续时间。计算公式为：

$$D = \frac{P}{N \times R} \tag{7-14}$$

$$D_{机械} = \frac{P_{机械}}{N_{机械} \times R_{机械}} \tag{7-15}$$

式中：D ——某手工操作为主的施工过程持续时间（天）；

P ——该施工过程所需的劳动量（工日）；

R ——该施工过程所配备的施工班组人数（人）；

N ——每天采用的工作班制（班）；

$D_{机械}$ ——某机械施工为主的施工过程持续时间（天）；

$P_{机械}$ ——该施工过程所需的机械台班数（台班）；

$R_{机械}$ ——该施工过程所配备的机械台班数（台）；

$N_{机械}$——每天采用的工作台班数（台班）。

在实际工作中，确定施工班组人数或机械台班数，必须结合施工现场的具体条件、最小工作面与最小劳动组合人数的要求以及机械施工的工作面大小、机械效率、机械必要的停歇维修与保养时间等因素，才能确定出符合实际和要求的施工班组数及机械台班数。

3. 倒排计划法

倒排计划法是根据施工的工期要求，先确定施工过程的持续时间、工作班制，再确定施工班组人数或机械台数。计算公式为：

$$R = \frac{P}{N \times D} \tag{7-16}$$

$$R_{机械} = \frac{P_{机械}}{N_{机械} \times D_{机械}} \tag{7-17}$$

式中参数意义同上。

通常计算时首先按一班制考虑，若算得的工人数或机械台数超过施工单位能提供的数量，或超过工作面能容纳的数量时，可增加工作班次或采取其他措施（如组织平行立体交叉流水施工），使每班投入的人数或机械台数减少到可能更合理的范围内。

3.6 编制施工进度计划的初步方案

下面以横道图为例来说明。上述各项计算内容确定之后，即可编制施工进度计划的初步方案。一般的编制方法如下。

1. 根据施工经验直接安排的方法

这种方法是根据经验资料及有关计算，直接在进度表上画出进度线。其一般步骤是：首先安排主导施工过程的施工进度，组织主导施工过程流水施工，连续施工；然后再安排其余施工过程，它应尽可能配合主导施工过程并最大限度地搭接，形成施工进度计划的初步方案。总的原则是应使每个施工过程尽可能早地投入施工。

2. 按工艺组合组织流水的施工方法

这种方法就是先按各施工过程（即工艺组合流水）初排流水进度线，然后将各工艺组合最大限度地搭接起来。

无论采用上述哪一种方法编排进度，都应注意以下问题。

（1）每个施工过程的施工进度线都应用横道粗实线段表示（初排时可用铅笔细线表示，待检查调整无误后再加粗）。

（2）每个施工过程的进度线所表示的时间（天）应与计算确定的持续时间一致。

（3）每个施工过程的施工起止时间应根据施工工艺顺序及组织顺序确定。

3.7 检查与调整施工进度计划

施工进度计划初步方案编制以后，应根据与建设单位和有关部门的要求、合同规定及施工条件等，先检查各施工过程之间的施工顺序是否合理、工期是否满足要求、劳动力等资源消耗是否均衡，然后再进行调整，直至满足要求，正式形成施工进度计划。

总的要求是：在合理的工期下尽可能地使施工过程连续施工，这样便于资源的合理安排。

课题4 单位工程施工进度计划的技术经济评价

4.1 施工进度计划技术经济评价的主要指标

评价单位工程施工进度计划编制的优劣，主要有下列指标。

1. 工期指标

（1）提前时间：

$$提前时间 = 上级要求或合同要求工期 - 计划工期 \qquad (7\text{-}18)$$

（2）节约时间：

$$节约时间 = 定额工期 - 计划工期 \qquad (7\text{-}19)$$

2. 劳动量消耗的均衡性指标

用劳动量不均衡系数（K）加以评价：

$$K = \frac{最高峰施工时期工人人数}{施工期间每天平均工人人数} \qquad (7\text{-}20)$$

对于单位工程或各个工种来说，每天出勤的工人人数应力求不发生过大的变动，即劳动量消耗应力求均衡，为了反映劳动量消耗的均衡情况，应画出劳动量消耗的动态图。在劳动量消耗动态图上，不允许出现短时期的高峰或长时期的低陷情况，允许出现短时期的甚至是很大的低陷。最理想的情况是 K 接近于1，在2以内为好，超过2则不正常。当一个施工单位在一个工地上有许多单位工程时，则一个单位工程的劳动量消耗是否均衡就不是主要的问题，此时，应控制全工地的劳动力动态图，力求在全工地范围内的劳动量消耗均衡。

3. 主要施工机械的利用程度

主要施工机械一般是指挖土机、塔式起重机、混凝土泵等台班费高、进出场费用大的机械，提高其利用程度有利于降低施工费用，加快施工进度。主要施工机械利用率的计算公式为：

$$主要施工机械利用率 = \frac{报告期内施工机械工作台班数}{报告期内施工机械制度台班数} \times 100\% \qquad (7\text{-}21)$$

4.2 施工进度计划技术经济评价的参考指标

进行施工进度计划的技术经济评价，除以上主要指标外，还可以考虑以下参考指标。

（1）单方用工数：

$$总单方用工数 = \frac{单位工程用工数（工日）}{建筑面积（m^2）} \qquad (7\text{-}22)$$

$$分部工程单方用工数 = \frac{分部工程用工数（工日）}{建筑面积（m^2）} \qquad (7\text{-}23)$$

（2）工日节约率：

$$总工日节约率 = \frac{施工预算用工数（工日） - 计划用工数（工日）}{施工预算用工数（工日）} \times 100\% \qquad (7\text{-}24)$$

分部工程工日节约率 =

$$\frac{施工预算分部工程用工数（工日）- 计划分部工程用工数（工日）}{施工预算分部工程用工数（工日）} \times 100\%$$

$$(7\text{-}25)$$

（3）大型机械单方台班用量（以吊装机械为主）：

$$大型机械单方台班用量 = \frac{大型机械台班量（台班）}{建筑面积（m^2）} \qquad (7\text{-}26)$$

（4）建安工人日产量：

$$建安工人日产量 = \frac{计划施工工程总产值（元）}{进度计划日期 \times 每日平均人数（工日）} \qquad (7\text{-}27)$$

课题 5　各项资源需要量计划的编制

单位工程施工进度计划编制确定以后，便可编制劳动力需要量计划，主要材料、预制构件、门窗等的需要量和加工计划，施工机具及周转材料的需要量和进场计划。它们是做好劳动力与物资的供应、平衡、调度、落实的依据，也是施工单位编制施工作业计划的主要依据之一。

5.1　劳动力需要量计划

劳动力需要量计划是安排劳动力的均衡、调配和衡量劳动力耗用指标的依据，它反映单位工程施工中所需要的各种技术工人、普工人数。一般要求按月分旬编制计划，主要根据确定的施工进度计划编制，其方法是按进度表上每天需要的施工人数，分工种进行统计，得出每天所需工种及人数，按时间进度要求汇总编出，表格形式如表 7-5 与表 7-6 所示。

表 7-5　劳动力需要量计划

序号	专业工种名称	劳动量/工日	需要人数及时间						备注
			年月			年月			
			上旬	中旬	下旬	上旬	中旬	下旬	
1									
2									
……									

表 7-6　月劳动力计划表

工种	1月	2月	3月	4月	5月	6月	7月	……
钢筋工								
木工								
混凝土工								
瓦工								

工种	1 月	2 月	3 月	4 月	5 月	6 月	7 月	……
抹灰工								
水暖工								
电工								
通风工								
普工								
……								
月汇总								

5.2　主要材料需要量计划

编制主要材料需要量计划,要依据施工预算工料分析和施工进度。其编制方法是将施工进度计划表中各施工过程,分析其材料组成,依次确定其材料品种、规格、数量和使用时间,并汇总成表格形式。它主要是备料、确定仓库和堆积面积,以及组织运输的依据。其表格形式如表7-7所示。

表 7-7　主要材料需要量计划

序号	材料名称	规格	需要量		供应时间					
					×月			×月		
			单位	数量	上旬	中旬	下旬	上旬	中旬	上旬
1										
2										
3										

5.3　构件和半成品需要量计划

构件和半成品需要量计划是根据施工图、施工方案及施工进度计划要求编制,主要反映施工中各种预制构件的需要量及供应日期,并作为落实加工单位及按所需规格、数量和使用时间组织构件进场的依据。表格形式如表7-8所示。

表 7-8　构件和半成品需要量计划

序号	构件、半成品名称	规格	图号、型号	需要量		使用部位	加工单位	供应日期	备注
				单位	数量				

5.4　施工机械需要量计划

施工机械需要量计划主要用于确定施工机具类型、数量和进场时间。编制方法是将所需机械类型、数量和进场时间进行汇总成表，以表格形式列出。表格形式如表 7-9 所示。

表 7-9　施工机械需要量计划

序号	机械名称	类型、型号	需要量		电功率/kVA	使用起止时间	备注
			单位	数量			

课题 6　计算机绘制横道图与网络图

随着计算机在管理领域的普及以及相关软件的发展，横道图和网络图完全可以由计算机来绘制。用计算机绘制横道图和网络图，不仅比人工绘制精确度高，图样美观，更重要的是方便用户在计算机中调整网络计划、计算资源消耗量等。

目前，有很多专业软件可以绘制横道图和网络图，如梦龙系列软件、PKPM 系列软件、翰文系列软件等。这些专业软件功能强大，通常可以绘制较复杂工程的横道图和网络图，也可以进行不同施工进度表示方法之间的切换。篇幅所限，此类专业软件在此不多做介绍。

对于较小的工程，其项目简单，工期要求不十分严格，也可采用一些通用的软件如 Excel、WPS、AutoCAD 等软件来绘制横道图和网络图。

　实训课堂

实训八　单位工程施工进度计划的编制

一、单位工程施工进度计划的编制步骤和方法

1. 单位工程施工进度计划的编制步骤

单位工程施工进度计划的编制步骤如图 7-2 所示。

2. 单位工程施工进度计划的编制方法

（1）确定各分部工程的控制工期。在现代工程中，一般单位工程都有合同工期要求或定额工期要求。因此，在编制单位工程施工进度计划时，应以限制要求的工期（合同工期或定额工期）作为控制工期的依据。

根据在制订计划时要"留有余地"的原则，首先确定计划总控制工期 T_p，使 T_p 小于合同工期 T_r。

为了便于计划安排，常将一个单位工程分为基础工程、主体工程、装饰工程三大部分来进行控制。这三大部分的控制工期可以根据施工经验进行估算，或按如下方法估算：

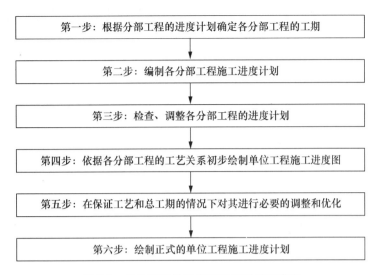

图 7-2 单位工程施工进度计划的编制步骤

基础工程控制工期 = 计划控制工期 T_p × （8% ～15%）

主体工程控制工期 = 计划控制工期 T_p × （43% ～50%）

装饰工期控制工期 = 计划控制工期 – 基础控制工期 – 主体控制工期

（2）编制各分部工程的进度计划。分别编制基础工程、主体工程、装饰工程施工进度表并求出各分部工程的工期，同时进行计划优化。

（3）检查、调整各分部工程的进度计划。根据已初排的分部工程进度计划，分别检查各分部工程计算工期是否满足各分部工程的控制工期，如不满足应加以调整。

（4）依据各分部工程的工艺关系，绘制初始施工进度计划。按照施工程序，将各施工阶段或分部工程的流水作业图最大限度地合理搭接起来，一般需考虑相邻施工阶段或分部工程的前者最后一个分项工程与后者的第一个分项工程的施工顺序关系。最后汇总为单位工程的初始进度计划。因此，只要将基础工程、主体工程、装饰工程三部分施工进度计划进行合理搭接，并在基础工程和主体工程之间，加上搭脚手架的工序；在主体工程与装饰工程之间，以屋面工程作为过渡连接；最后，把室外工程及其他扫尾工程考虑进去，就初步形成了一个单位工程的初始施工进度计划表。

（5）施工进度计划的检查和调整。初始施工进度计划表形成后，要进行检查和调整。主要检查工期能否满足合同规定的工期要求，检查施工工序，平行搭接时间和技术间歇时间是否合理；具体检查、调整内容如下。

① 检查施工进度计划。

第一步，先检查各施工项目间的施工顺序是否合理。施工顺序的安排应符合建筑施工技术上、工艺上、组织上的基本规律，平行搭接和技术间歇应科学合理。

第二步，检查工期是否合理。施工进度计划安排的施工工期首先应满足上级规定或施工合同的要求；其次应满足连续均衡施工，具有较好的经济效果，即安排工期要合理，并不是越短越好。

第三步，检查资源是否均衡。施工进度计划的劳动力、材料、机械设备等供应与使用，应避免集中，尽量连续均衡。

根据资源动态曲线判别劳动力、材料、设备是否趋向均衡。对劳力曲线的变化应尽可能做到：尽量减少劳力曲线的波动范围；尽量减少劳力曲线的波动幅度；尽量使劳力曲线的升与降均匀；同时计算调整曲线 k 值（k 为劳动量不均衡系数），并使 k 值 $\leqslant 2$。

② 施工进度计划的调整工作。经过检查，对于不当之处可做如下调整。

a. 增加或缩短某些施工项目的工作持续时间，以改变工期和资源状态。

b. 在施工顺序允许的状况下，将某些施工项目的施工时间向前或向后移动，优化资源。

c. 必要时可考虑改变施工技术方法或施工组织，以期满足施工顺序、工期、资源等方面的目标。

（6）编制正式的施工进度计划。对水、电、暖、煤、卫、智能化不具体细分，单位工程施工进度计划只要反映出其与土建工程的配合关系，随工程进度穿插在各施工过程中。

二、单位工程施工进度计划的技术经济评价

根据课题 4 的各项指标进行综合分析后评价。

三、单位工程施工进度计划的编制实例

下面以附录"某职工宿舍工程"为例，说明单位工程施工进度计划的编制方法。

1. 控制工期

根据施工经验，初步确定各分部工程控制工期如表 7-10 所示。

表 7-10　各分部工程控制工期表

合同工期	土建工期				水电安装收尾工程	施工准备
	计划工期	基础工期	主体工程	装饰工程		
160 天	150 天	18 天	70 天	62 天	10 天	不占用工期

2. 分部工程进度计划的编制

本单位工程分为以下 4 个分部工程组织流水施工。

1）基础工程施工进度计划的编制

（1）根据施工方案，基础工程按每幢划为一个流水段，三幢为三个流水段，压桩施工选用"送桩"方案。施工过程为：压桩施工→土方开挖→桩承台、基础梁→回填土。选用固定节拍流水施工。

（2）确定工作队人数和流水节拍。施工过程持续时间计算，如表 7-11 所示。

（3）工期计算

根据表 7-11，组织固定节拍流水施工。$m = 3$，$n = 6$，$k = t = 2$，养护、拆模 $t_i = 2$；$t_p = (3 + 6 - 1) \times 2 + 2 = 18$（d）（与控制计划工期相符）。

（4）绘制基础工程施工进度计划，如图 7-3 所示。

2）主体工程施工进度计划的编制

（1）划分施工过程。本工程框架结构采用以下施工顺序：绑扎柱钢筋→支柱模板→支主梁模板→支次梁模板→支楼板模板→绑扎梁钢筋→绑扎板钢筋→浇柱混凝土→浇梁、板混凝土。

表 7-11　基础工程各施工过程持续时间计算表

施工过程	名称	内容	工程量	时间定额	劳动量	总劳动量（或台班）	每天工作人数	工种或设备名称	数量	持续时间/d
A	ϕ400 管桩施工		384 m	5.8 台班/1 000 m	2.23	2 台班	13 人	静压桩机	1 台	2
B		挖土机挖土	208.75 m³	2.17 台班/1 000 m³	0.45	2 台班	5 人	单斗挖土机	1 台	2
		自卸汽车运余土（5 km）	59.02 m³	0.44 台班/10 m³	1.3			自卸汽车	2 台	
C		平整场地	184.6 m²	2.86 工日/100 m²	5.3	10.57	5 人	普工	5 人	2
		人工挖土方	23.2 m³	0.227 工日/ m³	5.27					
D		截桩头	32 个	0.143 工日/个	4.6	8.41	4 人	普工	4 人	2
		桩头插钢筋	0.6 t	6.35 工日/t	3.81					
E	桩承台垫层混凝土 C25		3.52 m³	0.357 工日/m³	1.26	94.13	47 人	木工	28 人	2
	桩承台混凝土 C25	支模板	130 m²	2.56 工日/10 m²	50.42					
		绑钢筋	1.15 t	6.352 工日/t				钢筋工	15 人	
		浇混凝土	36.32 m³	0.271 工日/ m³						
	基础梁混凝土 C25	支模板	133.2 m²	1.762 工日/100 m²	42.45			混凝土工	4 人	
		绑钢筋	1.3 t	6.352 工日/t						
		浇混凝土	13.22 m³	0.813 工日/m³						
F		回填土	172.9 m³	20.58 工日/ m³	35.58	35.58	18 人	普工	18 人	2

根据施工顺序和劳动组织，划为绑扎柱钢筋、支模板、绑扎梁板钢筋和浇筑混凝土 4 个施工工程。各施工过程中均包括楼梯间部分。

在主体结构施工工程中，除上述工序外，尚有搭脚手架、拆模板、混凝土养护、砌筑填充墙等施工过程，考虑到这些施工过程均属于平行穿插施工过程，只根据施工工艺要求，尽量搭接施工即可，因此不纳入流水施工。

（2）划分施工段。考虑结构的整体性和工程量的大小，本工程以每幢为一个流水施工段，m =3，但施工过程数 n =4，此时，$m<n$，专业工作队会出现窝工现象。考虑到工地上尚有在建工程，因此，拟将主导施工过程连续施工。该工程各施工过程中，支模板比较复杂，且劳动量较大，所以支模板为主导施工过程。

（3）确定主体工程各工作队人数和流水节拍。

表 7-12 为主体结构工程各施工过程持续时间计算表。

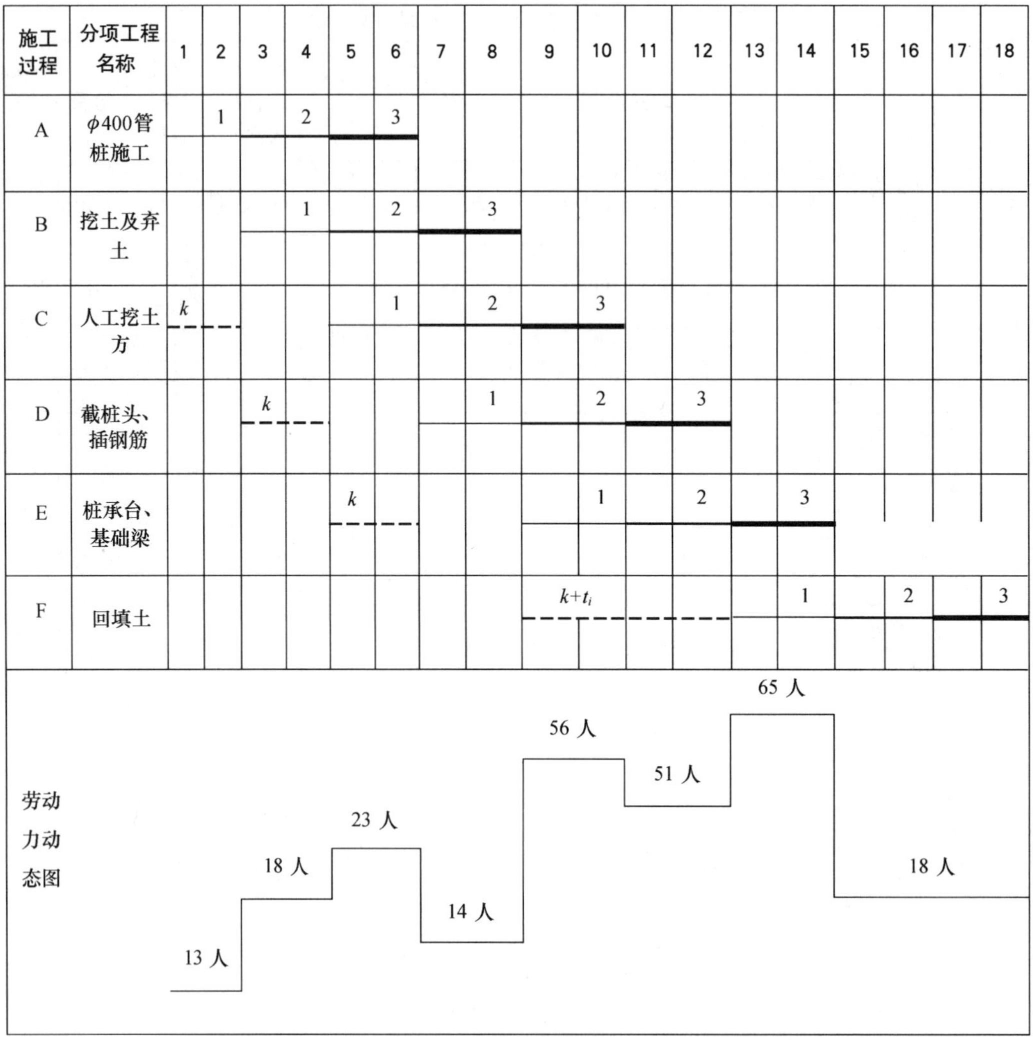

施工过程	分项工程名称	1	2	3	4	5	6	7	8	9	10	11	12	13	14	15	16	17	18
A	ϕ400管桩施工		1		2		3												
B	挖土及弃土				1		2		3										
C	人工挖土方	k					1		2		3								
D	截桩头、插钢筋			k					1		2		3						
E	桩承台、基础梁					k				1		2		3					
F	回填土									$k+t_i$					1		2		3

图 7-3　基础工程横道图施工进度计划

表 7-12　主体结构（框架混凝土）工程各施工过程持续时间计算表

序号	施工过程	工程名称	工程量	时间定额	总劳动量	每层劳动量	每班人数	持续时间	工种	备注
1	A	绑柱筋	1.15 t	4.98 工日/t	5.73 工日	5.73 工日	6	1 d	钢筋工	
2	B	支模板	310.657 m²	0.225 工日/m²	69.78 工日	69.78 工日	23	3 d	木工	
3	C	绑梁板钢筋	3.77 t	4.98 工日/t	18.8 工日	18.8 工日	10	2 d	钢筋工	
4	D	浇混凝土	41.98 m³	0.522 工日/m³	21.91 工日	21.91 工日	22	1 d	混凝土工	
5	E	砌砖	246.42 m³	1.43 工日/m³	352.4 工日	58.7 工日	20	3 d	瓦工	一层和楼梯间合计一层

综合时间计算表，如表7-13所示。

表7-13　综合时间计算表

序号	分项工程名称	内容	工程量	时间定额 Q_v	劳动量 P_i	综合时间定额 $\overline{H}$
1	模板工程（一层）	矩形柱模板	108 m²	2.54 工日/10 m²	27.432 工日	$\sum P_i = 69.777$ 工日 $\sum Q_i = 310.657$ m² $\overline{H} = \dfrac{\sum P_i}{\sum Q_i} = \dfrac{69.777 \text{工日}}{310.657 \text{m}^2}$ $= 0.225$ 工日/m²
2		矩形梁模板	12.287 m²	2.6 工日/10 m²	3.195 工日	
3		圈梁模板及水池（按10%计）	18.9 m²	2.55 工日/10 m²	4.82 工日	
4		楼板模板	159.51 m²	1.98 工日/10 m²	31.58 工日	
5		楼梯模板	11.96 m²	2.3 工日/10 m²	2.75 工日	
6	混凝土工程（六层）	矩形柱混凝土（C30）	62.66 m³	0.823 工日/m³	51.57 工日	$\sum P_i = 131.38$ 工日 $\sum Q_i = 251.85$ m³ $\overline{H} = \dfrac{\sum P_i}{\sum Q_i} = \dfrac{131.38 \text{工日}}{251.85 \text{m}^3}$ $= 0.522$（工日/m³）
7		矩形梁混凝土（C25）	75.58 m³	0.33 工日/m³	24.94 工日	
8		圈梁混凝土（C25）	9.11 m³	0.712 工日/m³	6.49 工日	
9		楼板混凝土（C25）	81.96 m³	0.211 工日/m³	17.3 工日	
10		楼梯混凝土（C25）	11.14 m³	1.03 工日/m³	11.47 工日	
11		水池混凝土	11.4 m³	1.72 工日/m³	19.61 工日	
12	砌筑工程	零星砌筑	16.8 m³	1.81 工日/m³	30.41 工日	$\sum P_i = 351.94$ 工日 $\sum Q_i = 246.42$ m³ $\overline{H} = \dfrac{\sum P_i}{\sum Q_i} = \dfrac{351.94}{246.42}$ $= 1.43$（工日/m³）
13		外墙（190）实心砖墙	113.24 m³	1.44 工日/m³	163.07 工日	
14		内墙（120）实心砖墙	73.54 m³	1.38 工日/m³	101.05 工日	
15		内墙（180）实心砖墙	42.84 m³	1.34 工日/m³	57.41 工日	

（4）资源供应校核。

①浇筑混凝土的校核。混凝土日最大浇筑量为41.98 m³，采用商品混凝土，供应不存在问题。

②支模板的校核。框架结构支模板包括柱、梁、板模板，根据经验一般需要2～3天，本工程选取木工23人，流水节拍3天；由劳动定额知，支模板要求工人小组一般为5～6人，本方案木工工作队取23人，分4个小组进行作业，可以满足规定的木工人数条件。

③绑扎钢筋的校核。绑扎钢筋按定额计算需10人，流水节拍2天。由劳动定额知，绑扎梁、板钢筋工作要求工人小组一般为3～4人，本案钢筋工专业工作队10人，可分为3个小组进行施工。

④ 工作面校核。本工程各施工过程的工人队伍在楼层面上工作，不会发生人员过分拥挤现象，因此不再校核工作面。但是，如砌砖流水节拍改为 2 天，工作队变为 30 人，那么工作面人员过多，而且也不满足砌砖工作队一般为 15～20 人的组合要求。

（5）确定施工工期。本工程采用间断式流水施工，因此无法利用公式计算工期，必须采用分析计算法或作图法来确定施工工期，本工程拟用作图法来复核工期。

本工程考虑广东天气热，混凝土初凝时间快，一层混凝土浇筑完后，养护 1 天，即可上人作业。因此，混凝土养护间歇时间为 1 天；同时，考虑"赶工期"，因此在三层框架柱、梁、楼面施工后，开始插入填充墙砌筑。根据上述条件，绘制主体结构施工进度表（草图）。

查图（见附录 G）可知，$T = 77$ 天 > 控制工期 75 天，考虑工期相差较小，不再做调整。

（6）绘制主体工程施工进度表。主体工程横道图施工进度表详见附录。

3）屋面工程施工进度计划的编制

因本工程规模较小，屋面工程不组织流水施工，直接确定屋面工程的工期。

各施工过程持续时间计算表如表 7-14 所示。

表 7-14　各施工过程持续时间计算表

分项工程名称	工程量/m²	时间定额	劳动量/工日	每天人数	持续时间/d
屋面防水	166.33	0.2 工日/10 m²	3.33	3	1
保温隔热屋面	166.33	7.54 工日/m²	125.41	10	13

考虑屋面工程尚有零星细部防水的工程量未计入，因此可将总工日增加 5%。所以，工期 $T = (1 + 13) \times 1.05 = 14.7$（天），取 15 天。

屋面工程在天面混凝土浇筑后，可以安排施工，本工程安排屋面防水工程与结构砌砖平行作业，因此不占用绝对工期。

4）装饰工程施工进度计划的编制

本装饰工程划分室内装饰和室外装饰工程，根据工期要求及本工程的特点，采取室外装饰和室内装饰平行施工的方案。

（1）室外装饰工程进度计划的编制。主要分项工程的工程量及根据劳动定额查得的各分项工程的时间定额如表 7-15 所示。

表 7-15　主要分项工程的工程量及时间定额

序号	名称	工程量/m²	时间定额/（工日/m²）
1	外墙 45×95 条砖饰面	1 005.63	0.247
2	柱墙 45×95 条砖饰面	101.2	0.476
3	零星项目 45×95 条砖饰面	54	0.512

因考虑到室外散水、台阶以及窗台等处工程量均未计算，故将总用工量提高 10%。

总劳动量 $R = (1\,005.63 \times 0.247 + 101.2 \times 0.476 + 54 \times 0.51) \times 1.10 = (248.39 + 48.17 + 27.54) \times 1.10 = 356.51$（工日）。

若安排 20 人施工，则室外装饰工期每幢为 $T = 356.51/20 = 17.83$（天），取 18 天。

三幢外装饰总工期 $\sum T = 18 \times 3 = 54$（天）＜控制工期 62 天，符合要求。外装饰工程缩短工期 8 天，正好填补主体工程增加的工期，$\sum T = 149$ 天 ＜ $T_{控制} = 150$ 天。

（2）室内装饰工程进度计划的编制。

① 以一层为一个流水施工段，从顶层向底层流水施工，拟组织成倍节拍流水施工。

② 天棚面、墙面刷乳胶漆，油漆栏杆、扶手以及安装玻璃等工作，须等待楼梯抹灰、饰面砖全部完成后，才能开始。同时，需等天棚、墙面抹灰层干燥后，才能刷乳胶漆，因此上述各工序不参与流水施工。

③ 内装饰各施工过程持续时间，如表 7-16 所示。

表 7-16　内装饰各施工过程持续时间

施工过程	名称	工程量	时间定额	劳动量/工日	总劳动量/工日	每天工作人数	持续时间/d	备注
A	顶棚抹灰	1 445.99 m²	0.802 工日/10 m²	115.97	649.41	28	4	考虑门窗套处等零星位置抹灰量未计，将总用工增加5%
	内墙抹灰	2 061.2 m²	0.893 工日/10 m²	184.07				
	铝合金门窗、防盗门	500.7 m²	0.636 工日/m²	318.45				
B	首层地面	146.31 m²	0.22 工日/m²	28.97	495.46	20	4	
	300 mm×300 mm 地砖楼地面	100.6 m²	0.228 工日/m²	23				
	500 mm×500 mm 地砖楼地面	658.96 m²	0.203 工日/m²	133.77				
	踢脚线100高	932.3 m	0.74 工日/10 m	68.99				
	厨、卫瓷片内墙面	472.02 m²	0.51 工日/m²	240.73				
C	楼梯耐磨砖	56.16 m²	4.76 工日/10 m²	26.73	26.73	3	2	
D	天棚刷乳胶漆	1445.99 m²	0.41 工日/10 m²	59.28	230.15	19	2	
	内墙刷乳胶漆	2061.2 m²	0.32 工日/10 m²	65.96				
	30×30方钢栏杆	98.8 t	0.5 工日/t	49.4				
	镀锌钢管楼梯栏杆	35.01 t	0.5 工日/t	17.51				
	安装玻璃	342.34 m²	1.11 工日/10 m²	38				

④ 施工过程 A、B、C 的流水节拍之间存在最大公约数 2，因此可以组成成倍节拍流水，加快施工进度。

⑤ 工作队数计算。通过以上分析可知，施工段 $m=6$，施工过程数 $n=3$，流水步距 $k=2$，A 工作队数 $=4/2=2$，B 工作队数 $=4/2=2$，C 工作队数 $=2/2=1$，总工作队数 $n'=2+2+1=5$。

⑥ 工期计算。由于施工过程 D 的持续时间是 12 天；施工过程 C 是 6 个施工段，即一、二层间楼梯段看成是一层的梯段；二、三层间楼梯段看成是二层的梯段……六层和天面梯间楼梯段作为六层的梯段，则施工过程 C 的持续时间是 12 天。

本工程内装饰工程总工期为 $T = (m + n' - 1) \times k + \sum t_j = (6 + 5 - 1) \times 2 + 12 = 32$ （天）（满足控制工期要求）。

⑦ 内装饰横道图进度计划，如图 7-4 所示。

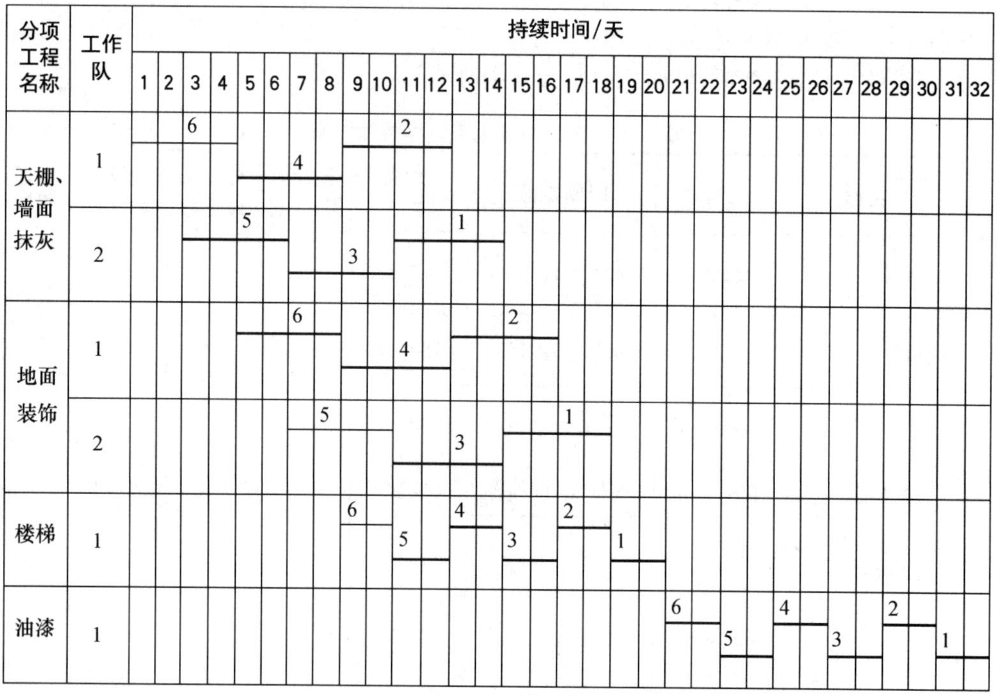

分项工程名称	工作队	持续时间/天																															
		1	2	3	4	5	6	7	8	9	10	11	12	13	14	15	16	17	18	19	20	21	22	23	24	25	26	27	28	29	30	31	32
天棚、墙面抹灰	1			6				4			2																						
	2					5			3				1																				
地面装饰	1							6			4				2																		
	2									5				3			1																
楼梯	1									6	5		4	3		2		1															
油漆	1																					6	5		4		3		2		1		

图 7-4　内装饰横道图进度计划（一幢）

3. 单位工程施工进度计划表的编制

（1）将基础工程、主体工程、装饰工程三部分施工进度计划进行合理搭接，并在基础工程与主体工程之间，加上搭脚手架的工序。在主体工程与装饰工程之间，以屋面工程作为过渡连接。最后把室外工程和其他收尾工程考虑进去，形成单位工程的施工进度计划。

（2）单位工程施工进度计划（横道图），如图 7-5 所示。

4. 单位工程施工进度计划的检查和调整

（1）检查施工顺序是否合理？

检查结果：合理。

（2）工期检查。工期满足合同要求且各工种基本达到连接施工要求。

（3）劳动力均衡测算。

① 查进度计划表 R_{max} = 99 人 + 4 人（架工）+ 2 人（水电）= 105 人。

② 总工日数 = 184.69（基础）+ 1051.58（主体）+ 128.74（屋面）+ 356.51（外装饰）+ 1397.67（内装饰）+ 4×131（架工）+ 2×150（水电）= 3943.19（工日）。

土建总工期：155 天。

平均人数 R_m = $3943.19 \times 3/155$ = 76.32（人）≈ 76 人。

③ $K = R_{max}/R_m$ = 105/76 = 1.38 < 2，符合要求。

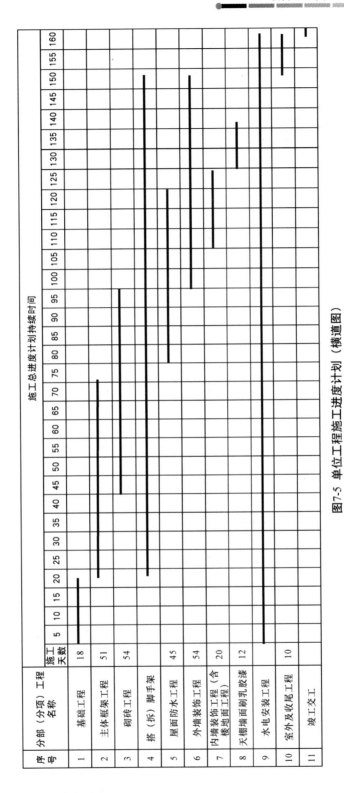

图7-5 单位工程施工进度计划（横道图）

5. 编制正式的施工进度计划

对水、电、暖、煤、卫、智能化不具体细分，单位工程施工进度计划只要反映出其与土建工程的配合关系，随工程进度穿插在各施工过程中。

四、单位工程资源需要量计划编制实例

某职工宿舍楼工程资源需要量编制计划如下。

1. 主要施工机械选择

1）主要施工机械选择

（1）垂直运输机械。选用三台井架（配高速卷扬机）和一台塔吊，以解决材料垂直运输问题。

（2）混凝土输送设备。混凝土选用××搅拌站生产的商品混凝土，用多台混凝土搅拌车运至施工工地。采用带布料杆的汽车泵（型号：三一牌 SY5270THB。臂架形式：四段液压折叠式）直接泵送混凝土。

（3）钢筋加工机械。钢筋加工在场内进行；现场配套钢筋加工设备：弯钩机一台，钢筋调直机一台，切断机一台，电焊机一台，闪光对焊机一台，套丝机一台。

（4）其他机械。反铲挖土机一台，自卸汽车 3 台，静压桩机一台。

（5）其他设备。挖掘机一台，汽车 3 台，压桩机一台。

2）施工设备计划

主要施工机械设备需用量计划表如表 7-17 所示。

表 7-17　主要机械设备需用量计划表

序号	机械设备名称	规格型号	数量	单位	功率		备注
					每台	小计	
1	塔吊	德国 PEINE	1	台	150	150	自有（租赁）	臂长 60 m
2	钢井架		3	座	13	39		主体施工及装修施工用
3	电焊机	BX3-120-1	2	台	9	18		
4	钢筋弯曲机	GW40	1	台	3	3		主体施工用
5	钢筋切断机	QJ40-1	1	台	5.5	5.5		
6	钢筋调直机	GT3/9	1	台	7.5	7.5		
7	电渣压力焊	17 kVA	1	台	3	3		
8	平板振动器	ZB11	1	台	1.1	1.1	自有设备	
9	插入式振动器	ZX50	2	套	1.1	2.2		
10	木工圆盘锯	MJ114	1	台	3	3		
11	卷扬机	JJ1K	3	台	7	21		
12	打夯机	1.5 kW	2	台	1.5	3		基础回填土用
13	自落式混凝土搅拌机	JD350	1	台	15	15		
14	经纬仪	J2	1	台				测量放线用
15	水准仪	DS3	1	台				
16	套丝机		1	台				
17	自卸汽车		3	台				土方工程施工用
18	静压桩机		1	台			租赁	基础工程用
19	挖土机	反铲	1	台			租赁	基础工程用

2. 劳动力需要量计划

劳动力需要量计划表如表7-18所示。

表7-18　劳动力需要量计划表

工种	木工	钢筋工	混凝土工	瓦工	抹灰工	油漆工	电焊工	电工	架工
最高人数	23	16	22	20	38	19	2	2	6

3. 主要材料需用量（略）。

4. 预制构件需用量（略）。

小　结

本项目阐述了单位工程施工进度计划的具体内容，包括其作用、分类、编制依据、编制程序、编制内容和步骤以及编制各项资源需要量计划的方法。

单位工程施工进度计划编制内容和步骤是：划分施工过程、计算工程量、套用施工定额、计算劳动量和机械台班量、确定各施工过程的持续时间、编制施工进度计划初步方案、检查与调整施工进度计划、编制正式施工进度计划。其中，施工项目的持续时间即为施工进度计划中的工作天数，其计算方法有定额计算法、经验估算法和倒排计划法（又称工期推算法）三种。

各项资源需要量计划内容包括劳动力需要量计划、主要材料需要量计划、构件和半成品需要量计划、施工机械需要量计划。

推荐阅读资料

1. 中华人民共和国国家标准《建筑施工组织设计规范》（GB/T 50502—2009）。

2. 《建筑施工手册（之施工组织设计）》第五版，中国建筑工业出版社。

3. 《建筑施工组织》柳邦兴主编，化学工业出版社。

4. 《建筑施工组织》钱大行、孙成城主编，大连理工大学出版社。

学习鉴定

1. 简述单位工程施工进度计划的作用和分类。

2. 编制施工进度计划的依据是什么？

3. 简述单位工程施工进度的编制步骤。

4. 划分施工过程时应注意哪些问题？

5. 怎样计算劳动量或机械台班数？

6. 确定施工过程持续时间有哪几种方法？

7. 某四层框架结构，建筑面积为1550 m²，钢筋混凝土条形基础，其基础工程的劳动量和各班组人数如表7-19所示，试据此组织基础工程流水施工并编制施工进度计划。

表 7-19　某基础工程劳动量一览表

序号	施工过程	劳动量/工日	班组人数
一	基础工程		
1	基槽挖土	200	16
2	混凝土垫层	20	10
3	绑扎基础钢筋	50	6
4	浇筑基础混凝土	120	20
5	回填土	60	8

实训任务

1. 编制某住宅楼工程施工进度计划

（1）实训任务

根据附录《某住宅楼工程》施工图纸编制施工进度计划。

（2）任务要求

① 划分施工过程和施工段。

② 计算各施工过程的工程量和劳动量。

③ 确定各施工过程的工作持续时间。

④ 用横道图表示施工进度计划。

⑤ 用网络图表示施工进度计划。

2. 编制某住宅楼工程资源需要量计划

（1）实训任务

根据附录《某住宅楼工程》施工图纸编制劳动力需要量计划和钢材、水泥需要量计划。

（2）任务要求

① 列表表示劳动力需要量计划。

② 列表表示钢材需要量计划。

③ 列表表示水泥需要量计划。

单位工程施工平面图设计

学习目标

1. 掌握单位工程施工平面布置图设计的内容及设计步骤；
2. 掌握垂直运输机械的布置，临时道路设计；
3. 掌握临时供水、供电设计计算。

技能目标

1. 能独立完成单位工程施工平面图设计；
2. 能进行工程施工用水设计；
3. 能进行工程施工用电设计。

问题引入

　　单位工程施工平面图是对一个建筑物或构筑物的施工现场的平面规划和空间布置。它是根据工程规模、特点和施工现场的具体情况，正确地确定施工期间所需的各种暂设工程及其他设施等和永久性建筑物、拟建建筑物之间的合理位置关系。单位工程施工平面图是进行施工现场布置的依据，也是施工准备工作的一项重要依据，是实现文明施工、节约并合理利用工地、减少临时设施费用的先决条件，因此是施工组织设计的重要组成部分。下面来学习有关施工平面图的设计知识。

 知识课堂

课题1　单位工程施工平面图设计概述

　　单位工程施工平面图即一幢建筑物（或构筑物）的施工现场布置图。其内容十分丰富，可分阶段绘制，分为基础、主体和装修（水电应放到同一张图上）；它是施工组织设计的重要组成部分，是布置施工现场的依据，是施工准备工作的一项重要内容，也是实现有组织有计划进行文明施工的先决条件。

1.1 单位工程施工平面图的设计原则和依据

1. 单位工程施工平面图的设计原则

（1）在保证顺利施工的前提下，平面布置要紧凑、少占地，尽量不占耕地。

（2）在满足施工要求条件下，临时建筑设施应尽量少搭设，以降低临时工程费用。

（3）在保证运输的条件下，使运输费用最小，尽可能杜绝不必要的二次搬运。

（4）在保证安全施工的条件下，平面布置应满足生产、生活、安全、消防、环保等方面的要求，并符合国家的有关规定。

（5）各种临时设施应便于生产和生活的需要。

2. 单位工程施工平面图的设计依据

单位工程施工平面图设计是在工程项目部施工设计人员勘察现场，取得现场周围环境第一手资料的基础上，依据下列资料并按施工方案和施工进度计划的要求进行设计的，所需资料如下。

（1）建筑总平面图，现场地形图，已有建筑和待建建筑及地下设施的位置、标高、尺寸（包括地下管网资料）。

（2）施工组织总设计文件及气象资料。

（3）各种材料、构件、半成品构件需要量计划。

（4）各种生活、生产所需的临时设施和加工场地数量、形状、尺寸及建设单位可为施工提供的生活、生产用房等情况。

（5）现场施工机械、施工设施及运输工具的型号与数量。

（6）水源、电源及建筑区域内的竖向设计资料。

（7）在建项目地区的自然和技术经济条件。

1.2 单位工程施工平面布置图的内容

单位工程施工平面图的内容主要包含以下几点。

（1）工程施工现场的场地状况：现场的范围，已建及拟建建筑物、管线（煤气、水、电）和高压线等的位置关系和尺寸。

（2）材料、加工半成品、构件和机具的仓库或堆场。

（3）安全、防火、设施、消防立管位置。

（4）水源、电源、变压器的位置。临时供电线路、临时供水管网、泵房、消防栓位置以及通信线路布置。

（5）固定垂直运输工具或井架的位置以及移动起重设备（如塔吊）的环形线路。

（6）为施工服务的临时设施。如临建办公室、围墙、传达室、现场出入口等。

（7）生产、生活用临时设施、面积、位置，如钢筋加工厂、木工房、工具房、混凝土搅拌站、砂浆搅拌站、化灰池等；工人生活区宿舍、食堂、开水房、小卖部等。

（8）场内施工道路及其与场外交通的联系。

（9）测量轴线及定位线标志，永久性水准点位置和土方取弃场地。

（10）必要的图例、比例、方向及风向标记。

1.3 单位工程施工平面图设计的步骤

单位工程施工平面图设计的步骤如图 8-1 所示。

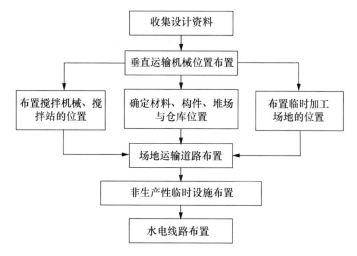

图 8-1 单位工程施工平面图的设计步骤

1.4 绘制单位工程施工平面图的要求

绘制单位工程施工平面图总的要求是：比例准确、图例规范、线条粗细分明、标准、字迹端正、图面整洁、美观。

（1）施工现场平面图是反映施工阶段现场平面的规划布置，由于施工是分阶段的（如地基与基础工程、主体结构工程、装饰装修工程），有时根据需要分阶段绘制施工平面图，这对指导组织工程施工更具体、更有效。绘制时，一般将拟建单位工程置于平面图的中心位置，各项设施围绕拟建工程设置。

（2）绘制施工平面图布置要求层次分明、比例适中、图例图形规范，线条粗细分明，图面整洁美观，同时绘制要符合国家有关制图标准，并应详细反映平面的布置情况。

（3）施工平面布置图应按常规内容标注齐全，平面布置应有具体的尺寸和文字。例如，塔吊要标明回转半径，最大起重量、最大可能的吊重，塔吊具体位置坐标、平面总尺寸、建筑物主要尺寸及模板、大型构件、主要料具堆放区、搅拌站、料场、仓库、大型临建、水电等，能够让人一眼看出具体情况，力求避免用示意图走形式。

（4）绘制基础图时，应反映出基坑开挖边线，深基坑支护和降水的方法。

（5）施工平面布置图中不能只绘红线内的施工环境，还要对周边环境表述清楚，如原有建筑物的使用性质、高度和距离等，这样才能判断所布置的机械设备等是否影响周围，是否合理。

（6）. 绘图时，通常图幅不宜小于 A3，一般图幅可选用 1 号图纸（841 mm × 594 mm）或 2 号图纸（594 mm × 420 mm），视工程规模大小而定。应有图框、比例、图签、指北针、图例。

（7）绘图比例常用 1∶200～1∶500，视工程规模大小而定。

（8）施工现场平面布置图应配有编制说明及注意事项。

课题 2 垂直运输机械的布置

常用的垂直运输机械有建筑电梯、塔式起重机、井架、门架等，选择时主要根据机械性能，建筑物平面形状和大小，施工段划分情况、起重高度、材料和构件的重量、材料供应和已有运输道路等情况来确定。其目的是充分发挥起重机械的能力，做到使用安全、方便，便于组织流水施工，并使地面与楼面的水平运输距离最短。一般来讲，多层房屋施工中，多采用轻型塔吊、井架等；而高层房屋施工，一般采用建筑电梯和自升式或爬升式塔吊等作为垂直运输机械。

2.1 起重机械数量的确定

起重机械的数量应根据工程量大小和工期要求，考虑到起重机的生产能力，按经验公式进行确定：

$$N = \frac{1}{TCK} \times \sum \frac{Q_i}{S_i} \tag{8-1}$$

式中：N——起重机台数；

T——工期（天）；

C——每天工作班次；

K——时间利用参数，一般取 0.7～0.8；

Q_i——各构件（材料）的运输量；

S_i——每台起重机械台班产量。

常用起重机械的台班产量如表 8-1 所示。

表 8-1 常用起重机械台班产量一览表

起重机械名称	工作内容	台班产量
履带式起重机	构件综合吊装，按每吨起重能力计	5～10 t
轮胎式起重机	构件综合吊装，按每吨起重能力计	7～14 t
汽车式起重机	构件综合吊装，按每吨起重能力计	8～18 t
塔式起重机	构件综合吊装	80～120 吊次
卷扬机	构件提升，按每吨牵引力计	30～50 t
	构件提升，按提升次数计（四、五层楼）	60～100 次

2.2 起重机械的布置

起重运输机械的位置直接影响搅拌站、加工厂、各种材料和构件的堆场或仓库位置、道路、临时设施及水、电管线的布置等。因此，它是施工现场全局的中心环节，应首先确定。由于各种起重机械的性能不同，其布置位置也不相同。

1. 塔式起重机

1）有轨式塔式起重机的布置

有轨式塔式起重机的轨道一般沿建筑物的长向布置，其位置和尺寸取决于建筑物的平面形状和尺寸、构件自重、起重机的性能及四周施工场地的条件。

塔吊的平面布置，通常有单侧布置、双侧布置、跨内单行布置和跨内环形布置4种布置方案，如图8-2所示。

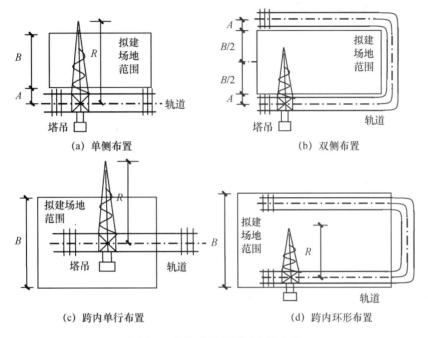

图 8-2　有轨式塔吊平面布置方案

（1）单侧布置。当建筑物宽度较小，可在场地较宽的一面沿建筑物的长向布置，其优点是轨道长度较短，并有较宽的场地堆放材料和构件。其起重机半径 R 应满足式（8-2）要求

$$R \geqslant B + A \tag{8-2}$$

式中：R——塔式起重机的最大回转半径，m；

　　　B——建筑物平面的最大宽度，m；

　　　A——塔轨中心线至外墙外边线的距离，m。

一般当无阳台时，A = 安全网宽度 + 安全网外侧至轨道中心线距离。

当有阳台时，A = 阳台宽度 + 安全网宽度 + 安全网外侧至轨道中心线距离。

（2）双侧布置（或环形布置）。当建筑物较宽，构件重量较重时，可采用双侧布置（或环形布置）。起重半径应满足式（8-3）要求：

$$R \geqslant B/2 + A \tag{8-3}$$

（3）跨内单行布置。当建筑物周围场地狭窄，或建筑物较宽，构件较重时，采用跨内单行布置。其起重半径应满足式（8-4）要求：

$$R \geqslant B/2 \tag{8-4}$$

（4）跨内环形布置。当建筑物较宽，采用跨内单行布置不能满足构件吊装要求，且不可能跨外布置时，应选择跨内环形布置。

2）固定式塔式起重机的布置

固定式塔式起重机的布置主要根据机械性能、建筑物的平面形状和尺寸、施工段划分

的情况、材料来向和已有运输道路情况而定。其布置原则是：充分发挥起重机械的能力，并使地面和楼面的水平运距最小。其布置时应考虑以下几个方面。

（1）当建筑物各部位的高度相同时，应布置在施工段的分界线附近；当建筑物各部位的高度不同时，应布置在高低分界线较高部位一侧，以使楼面上各施工段的水平运输互不干扰。

（2）塔吊的装设位置应具有相应的装设条件。如具有可靠的基础并设有良好的排水措施，可与结构可靠拉结和水平运输通道条件等。

3）塔式起重机布置注意事项

（1）复核塔吊的工作参数。塔式起重机的平面布置确定后，应当复核其主要工作参数，使其满足施工需要。主要参数包括工作幅度（R）、起重高度（H）、起重量（Q）和起重力矩。

① 工作幅度（R）为塔式起重机回转中心至吊钩中心的水平距离。最大工作幅度 R_{max} 为最远吊点至回转中心的距离。

塔式起重机的工作幅度（回转半径）要满足式（8-2）的要求。

② 起重高度（H）应不小于建筑物总高度加上构件（或吊斗料笼）吊索（吊物顶面至吊钩）和安全操作高度（一般为 2～3 m）。当塔吊需要超越建筑物顶面的脚手架、井架或其他障碍物时，其超越高度一般不小于 1 m。

塔式起重机的起重高度 H 要满足式（8-5）的要求：

$$H \geqslant H_0 + h_1 + h_2 + h_3 \tag{8-5}$$

式中：H_0——建筑物的总高度；

h_1——吊运中的预制构件或起重材料与建筑物之间的安全高度（安全间隙高度，一般不小于 0.3 m）；

h_2——预制构件或起重材料底边至吊索绑扎点（或吊环）之间的高度；

h_3——吊具、吊索的高度。

③ 起重量（Q）包括吊物（包括笼斗和其他容器）、吊具（铁扁担、吊架）和索具等作用于塔机起重吊钩上的全部重量，起重力矩为起重量乘以工作幅度。因此，塔机的技术参数中一般都给出最小工作幅度时的最大起重量和最大工作幅度时的最大起重量。应当注意，塔吊一般宜控制在其额定起重力矩的 75% 以下，以保证塔吊本身的安全，延长使用寿命。

④ 塔式起重机的起重力矩 M 要大于或等于吊装各种预制构件时所产生的最大力矩 M_{max}，其计算公式为：

$$M \geqslant M_{max} = \max\{(Q_i + q) \times R_i\} \tag{8-6}$$

式中：Q_i——某一预制构件或起重材料的自重；

R_i——该预制构件或起重材料的安装位置至塔机回转中心的距离；

q——吊具、吊索的自重。

（2）绘出塔式起重机服务范围。以塔基中心点为圆心，以最大工作幅度为半径画出一个圆形，该圆形所包围的部分即为塔式起重机的服务范围。

塔式起重机布置的最佳状况应使建筑物平面尺寸均在塔式起重机服务范围之内，以保证各种材料与构件直接运到建筑物的设计部位上，尽可能不出现死角。建筑物处于塔式起重机服务范围以外的阴影部分称为死角。有轨式塔式起重机服务范围及死角如图 8-3 所示。如果难以避免，则要求死角越小越好，且使最重、最大、最高的构件不出现在死角，有时配合龙门架以解决死角问题。并且在确定吊装方案时，提出具体的技术和安全措施，以保证处于死角的构件顺利安装。此外，在塔式起重机服务范围内应考虑有较宽的施工场地，以便安排构件堆放、搅拌设备出料后能直接起吊，主要施工道路也应处于塔式起重机服务范围内。

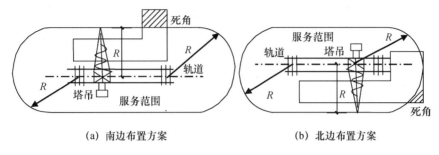

(a) 南边布置方案　　　　　　　　　(b) 北边布置方案

图 8-3　有轨式塔式起重机服务范围及死角示意图

（3）当采用两台或多台塔式起重机，或采用一台塔式起重机，一台井架（或龙门架、施工电梯）时，必须明确规定各自的工作范围和二者之间的最小距离，并制订严格的切实可行的防止碰撞的措施。

（4）在高空有高压电线通过时，高压线必须高出塔式起重机，并保证规定的安全距离，否则应采取安全防护措施。

【特别提示】 塔式起重机各部分（包括臂架放置空间）距低压架空路线不应小于 3 m；距离高压架空输电线路不应小于 6 m。

（5）固定式塔式起重机安装前应制订安装和拆除施工方案，塔式起重机位置应有较宽的空间，可以容纳两台汽车吊安装或拆除塔机吊臂的工作需要。

2. 井字架、龙门架的布置

井字架和龙门架是固定式垂直运输机械，它的稳定性好、运输量大，是施工中最常用的，也是最为简便的垂直运输机械，采用附着式可搭设超过 100 m 的高度。井架内设吊盘（也可在吊盘下加设混凝土料斗），井架截面尺寸 1.5～2.0 m，可视需要设置拔杆，其起重量一般为 0.5～1.5 t，回转半径可达 10 m。

井字架和龙门架的布置，主要是根据机械性能，工程的平面形状和尺寸、流水段划分情况、材料来向和已有运输道路情况而定。布置的原则是：充分发挥起重机械的能力，并使地面和楼面的水平运输最短。布置时应考虑以下几个方面的因素。

（1）当建筑物呈长条形，层数、高度相同时，一般布置在流水段分界处靠现场较宽的一面或长度方向居中位置。

（2）当建筑物各部位高度不同时，如只设置一副井架（龙门架），应布置在高低分界线较高部位一侧。

（3）其布置位置以窗口处为宜，以避免砌墙留槎和减少井架拆除后的修补工作。

（4）一般考虑布置在现场较宽的一面，因为这一面便于堆放材料和构件，以达到缩短运距的要求。

（5）井架的高度应视拟建工程屋面高度和井架形式确定。一般不带悬臂拔杆的井架应高出屋面 3～5 m。

（6）井架的方位一般与墙面平行，当有两条进楼运输道路时，井架也可按与墙面呈

45°的方位布置。

（7）井字架、龙门架的数量要根据施工进度，提升的材料和构件数量，台班工作效率等因素计算确定，其服务范围一般为50～60 m。

（8）卷扬机应设置安全作业棚，其位置不应距起重机械太近，以便操作人员的视线能看到整个升降过程，一般要求此距离大于建筑物高度，且最短距离不小于10 m，水平距外脚手架3 m以上（多层建筑不小于3 m；高层建筑宜不小于6 m）。井架（龙门架）与卷扬机的布置距离，如图8-4所示。

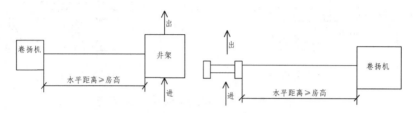

图8-4　井架（龙门架）与卷扬机的布置距离

（9）井架应与外墙有一定距离，并立在外脚手架之外，最好以吊篮边靠近脚手架为宜，这样可以减少过道脚手架的搭设工作。

（10）缆风设置，高度在15 m以下时设一道，15 m以上时每增高10 m增设一道，宜用钢丝绳，与地面夹角以30°～45°为宜，不得超过60°；当附着于建筑物时可不设缆风。

3. 建筑施工电梯的布置

建筑施工电梯（也称施工升降机、外用电梯）是高层建筑施工中运输施工人员及建筑器材的主要垂直运输设施，它附着在建筑物外墙或其他结构部位上，随着建筑物升高，架设高度可达200 m以上（最高纪录为645 m）。

在确定建筑施工电梯的位置时，应考虑便于施工人员上下和物料集散；由电梯口至各施工处的平均距离应最短；便于安装附墙装置；接近电源，有良好的夜间照明。

4. 自行无轨式起重机械

自行无轨式起重机械分履带式、汽车式和轮胎式三种起重机，它移动方便灵活，能为整个工地服务，一般专作构件装卸和起吊之用。适用于装配式单层工业厂房主体结构的吊装。其吊装的开行路线及停机位置主要取决于建筑物的平面布置、构件重量、吊装高度和吊装方法等。

5. 混凝土泵和泵车

高层建筑施工中，混凝土的垂直运输量十分巨大，通常采用泵送方法进行。混凝土泵是在压力推动下沿管道输送混凝土的一种设备，它能一次连续完成水平运输和垂直运输，配以布料杆或布料机还可以有效地进行布料和浇筑。在泵送混凝土的施工中，混凝土泵和泵车的停放布置是一个关键，不仅影响混凝土输送管的配置，同时也影响到泵送混凝土的施工能否按质按量完成，其布置要求如下。

（1）混凝土泵设置处的场地应平整坚实，具有重车行走条件，且有足够的场地、道路畅通，使供料调车方便。

（2）混凝土泵应尽量靠近浇筑地点。

（3）其停放位置接近排水设施，供水、供电方便，便于泵车清洗。

（4）混凝土泵作业范围内，不得有障碍物、高压电线，同时要有防范高空坠物的措施。

（5）当高层建筑采用接力泵泵送混凝土时，其设置位置应使上、下泵的输送能力匹配，且验算其楼面结构部位的承载力，必要时采取加固措施。

课题3　临时建筑设施的布置

临时建筑设施可分为行政、生活用房、临时仓库和加工厂等。

3.1　临时行政、生活用房的布置

1. 临时行政、生活用房分类

（1）行政管理和辅助用房：包括办公室、会议室、门卫、消防站、汽车库及修理车间等。

（2）生活用房：包括职工宿舍、食堂、卫生设施、工人休息室、开水房。

（3）文化福利用房：包括医务室、浴室、理发室、文化活动室、小卖部等。

2. 临时行政、生活房屋的布置原则

（1）办公生活临时设施的选址首先应考虑与作业区相隔离，保持安全距离。

【特别提示】 安全距离是指在施工坠落半径和高压线放电距离之外。建筑物高度2～5 m，坠落半径为2 m；高度30 m，坠落半径为5 m（如因条件限制，办公和生活区设置在坠落半径区域内，必须有保护措施）；1 kV以下裸露电线，安全距离为4 m，330～550 V裸露输电线，安全距离为15 m（最外线的投影距离）。

（2）临时行政、生活用房的布置应利用永久性建筑、现场原有建筑、采用活动式临时房屋，或可根据施工不同阶段利用已建好的工程建筑，应视场地条件及周围环境条件对所设临时行政，生活用房进行合理地取舍。

（3）在大型工程和场地宽松的条件下，工地行政管理用房宜设在工地入口处或中心地区。现场办公室应靠近施工地点，生活区应设在工人较集中的地方和工人出入必经地点，工地食堂和卫生设施应设在不受施工影响且有利于文明施工的地点。

在市区内的工程，往往由于场地狭窄，应尽量减少临时建设项目，且尽量沿场地周边集中布置，一般只考虑设置办公室、工人宿舍或休息室、食堂、门卫和卫生设施等。

3. 临时行政、生活用房设计规定

《施工现场临时建筑物技术规范》（JGJ/T 188—2009）对临时建筑物的设计规定如下。

1）总平面

（1）办公区、生活区和施工作业区应分区设置。

（2）办公区、生活区宜位于塔吊等机械作业半径外面。

（3）生活房屋宜集中建设、成组布置，并设置室外活动区域。

（4）厨房、卫生间宜设置在主导风向的下风侧。

2）建筑设计

（1）办公室的人均使用面积不宜小于4 m²，会议室使用面积不宜小于30 m²。

（2）办公用房室内净高不应低于2.5 m。

（3）餐厅、资料室、会议室应设在底层。

（4）宿舍人均使用面积不宜小于2.5 m²，室内净高不应低于2.5 m，每间宿舍居住人

数不宜超过 16 人。

（5）食堂应设在厕所、垃圾站的上风侧，且相距不宜小于 15 m。

（6）厕所蹲位男厕每 50 人一位，女厕每 25 人一位。男厕每 50 人设 1 m 长小便槽。

（7）文体活动室使用面积不宜小于 50 m²。

4. 临时行政、生活用房建筑面积计算

在工程项目施工时，必须考虑施工人员的办公、生活用房及车库、修理车间等设施的建设。这些临时性建筑物建筑面积需要数量应视工程项目规模大小、工期长短、施工现场条件、项目管理机构设置类型等因素而定，依据建筑工程劳动定额，先确定工地年（季）高峰平均职工人数，然后根据现行定额或实际经验数值，按式（8-7）计算：

$$S = N \cdot P \tag{8-7}$$

式中：S——建筑面积（m²）；

N——人数；

P——建筑面积指标，如表 8-2 所示。

表 8-2　行政、生活等临时建筑面积参考指标

序号	临时建筑物名称	指标使用方法	参考指标/（m²/人）
一	办公室	按使用人数	3.5
二	宿舍		
1	单层通铺	按高峰年（季）平均人数	2.5～3.0
2	双层床	（扣除不在工地住的人数）	2.0～2.5
3	单层床	（扣除不在工地住的人数）	3.5～4.0
三	家属宿舍		16～25 m²/户
四	食堂	按高峰年（季）平均人数	0.5～0.8
	食堂兼礼堂	按高峰年（季）平均人数	0.9
五	其他		
1	医务所	按高峰年（季）平均人数	0.5～0.7（不小于 30 m²）
2	浴室	按高峰年（季）平均人数	0.07～0.1
3	理发室	按高峰年（季）平均人数	0.01～0.03
4	俱乐部	按高峰年（季）平均人数	0.1
5	小卖部	按高峰年（季）平均人数	0.03（不小于 40 m²）
6	招待所	按高峰年（季）平均人数	0.06
7	托儿所	按高峰年（季）平均人数	0.03～0.06
8	子弟学校	按高峰年（季）平均人数	0.06～0.08
9	其他公共用房	按高峰年（季）平均人数	0.05～0.10
10	开水房	每个项目设置一处	10～40 M²
11	厕所	按工地平均人数	0.02～0.07
12	工人休息室	按工地平均人数	0.15
13	会议室	按高峰年（季）平均人数	0.6～0.9

注：家属宿舍应以施工期长短和离基地远近情况而定，一般可按高峰平均职工人数的10%～30%考虑。

3.2　临时仓库、堆场的布置

1. 仓库的类型

（1）转运仓库：是设置在货物的转载地点（如火车站、码头和专用线卸货物）的仓库。

（2）中心仓库：是专供储存整个建筑工地所需材料、构件等物资的仓库，一般设在现场附近或施工区域中心。

（3）现场仓库：是为某一工程服务的仓库，一般在工地内或就近布置。

通常单位工程施工组织设计仅考虑现场仓库布置，施工组织总设计需对中心仓库和转运仓库做出设计布置。

2. 现场仓库的形式

现场仓库按其储存材料的性质和重要程度，可采用露天堆场、半封闭式（棚）或封闭式（仓库）三种形式。

（1）露天堆场用于不受自然气候影响而损坏质量的材料，如砂、石、砖、混凝土构件。

（2）半封闭式（棚）用于储存需防止雨、雪、阳光直接侵蚀的材料，如堆放油毡、沥青、钢材等。

（3）封闭式（仓库）用于受气候影响易变质的制品、材料等，如水泥、五金零件、器具等。

3. 仓库和材料、构件的堆放与布置

（1）材料的堆放和仓库应尽量靠近使用地点，减少或避免二次搬运，并考虑到运输及卸料方便。基础施工用的材料可堆放在基坑四周，但不宜离基坑（槽）太近，一般不小于0.5 m，以防压塌土壁。

（2）如用固定式垂直运输设备，则材料、构件堆场应尽量靠近垂直运输设备，以减少二次搬运，或布置在塔吊起重半径之内。

（3）预制构件的堆放位置要考虑到吊装顺序。先吊的放在上面，吊装构件进场时间应密切与吊装进行配合，力求直接卸到就位位置，避免二次搬运。

（4）砂石应尽可能布置在搅拌站后台附近，石子的堆场更应靠近搅拌机一些，并按石子的不同粒径分别设置。如用袋装水泥，要设专门干燥、防潮的水泥库房；采用散装水泥时，则一般设置圆形储罐。

（5）石灰、淋灰池要接近灰浆搅拌站布置。沥青堆放和熬制地点均应布置在下风向，要离开易燃、易爆库房。

（6）模板、脚手架等周转材料，应选择在装卸、取用、整理方便和靠近拟建工程的地方布置。

（7）钢筋应与钢筋加工厂统一考虑布置，并应注意进场、加工和使用的先后顺序。应按型号、直径、用途分门别类堆放。

（8）油库、氧气库和电石库，危险品库宜布置在避静、安全之处。

（9）易燃材料的仓库设在拟建工程的下风方向。

4. 各种仓库及堆场所需面积的确定

（1）转运仓库和中心仓库面积的确定。转运仓库和中心仓库面积可按系数估算仓库面积，其计算公式为：

$$F = \Phi \times m \qquad (8\text{-}8)$$

式中：F——仓库总面积（m²）；

Φ——系数，如表 8-3 所示；

m——计算基数（生产工人数或全年计划工作量），如表 8-3 所示。

表 8-3　按系数计算仓库面积表

序号	名称	计算基数（m）	单位	系数（Φ）
1	仓库（综合）	按全员（工地）	m²/人	0.7～0.8
2	水泥库	按当年水泥用量的40%～50%	m²/t	0.7
3	其他仓库	按当年工作量	m²/万元	2～3
4	五金杂品库	按年建安工作量计算 按在建建筑面积计算	m²/100 m²	0.2～0.3 0.5～1
5	土建工具库	按高峰年（季）平均人数	m²/人	0.1～0.2
6	水暖器材库	按年在建建筑面积	m²/100 m²	0.2～0.4
7	电器器材库	按年在建建筑面积	m²/100 m²	0.3～0.5
8	化工油漆危险品库	按年建安工作量	m²/万元	0.1～0.15
9	三大工具库 （脚手架、跳板、模板）	按在建建筑面积 按年建安工作量	m²/万元	1～2 0.5～1

（2）现场仓库及堆场面积的确定。各种仓库及堆场所需的面积，可根据施工进度、材料供应情况等，确定分批分期进场，并根据式（8-9）计算：

$$F = Q/nqk \qquad (8\text{-}9)$$

式中：F——仓库或材料堆场需要面积；

Q——各种材料在现场的总用量（m³、t、千块、m² 等）；

n——该材料分期分批进场的次数；

q——该材料每平方米储存定额；

k——堆场、仓库面积利用系数。

常用材料仓库或堆场面积计算参考指标如表 8-4 所示。

表 8-4　常用材料仓库或堆场面积计算参考指标

序号	材料、半成品名称	单位	每平方米储存定额 q	面积利用系数 k	备注	库存或堆场
1	水泥	t	1.2～1.5	0.7	堆高12～15袋	封闭库存
2	生石灰	t	1.0～1.5	0.8	堆高1.2～1.7 m	棚
3	砂子（人工堆放）	m³	1.0～1.2	0.8	堆高1.2～1.5 m	露天
4	砂子（机械堆放）	m³	2.0～2.5	0.8	堆高2.4～2.8 m	露天
5	石子（人工堆放）	m³	1.0～1.2	0.8	堆高1.2～1.5 m	露天
6	石子（机械堆放）	m³	2.0～2.5	0.8	堆高2.4～2.8 m	露天
7	块石	m³	0.8～1.0	0.7	堆高1.0～1.2 m	露天
8	卷材	卷	45～50	0.7	堆高2.0 m	库
9	木模板	m²	4～6	0.7	—	露天
10	红砖	千块	0.8～1.2	0.8	堆高1.2～1.8 m	露天
11	泡沫混凝土	m³	1.5～2.0	0.7	堆高1.5～2.0 m	露天

3.3　加工厂的布置

1. 工地加工厂类型及结构形式

工地加工厂类型主要有钢筋混凝土预制加工厂、木材加工厂、钢筋加工厂、金属结构构件加工厂和机械修理厂。

各种加工厂的结构形式应根据使用期限长短和建设地区的条件而定，尽可能采用活动式、装卸式或就地取材。

2. 工地加工厂面积确定

现场加工作业棚主要包括各种料具仓库、加工棚等，其面积大小参考表8-5确定。

表8-5　现场作业棚面积计算基数和计算指标表

序号	名称	面积	堆场占地面积	序号	名称	面积	堆场占地面积
1	木作业棚	$2 m^2$/人	棚的3～4倍	8	电工房	$15 m^2$	
2	电锯房	$80 m^2$		9	钢筋对焊棚	$15～24 m^2$	棚的3～4倍
3	钢筋作业棚	$3 m^2$/人	棚的3～4倍	10	油漆工房	$20 m^2$	
4	搅拌棚	$10～18 m^2$/台		11	机钳工修理	$20 m^2$	
5	卷扬机棚	$6～12 m^2$/台		12	立式锅炉房	$5～10 m^2$/台	
6	烘炉房	$30～40 m^2$		13	发电机房	$0.2～0.3 m^2$/kW	
7	焊工房	$20～40 m^2$		14	水泵房	$3～8 m^2$/台	

3. 工地加工厂布置原则

通常工地设有钢筋、混凝土、木材（包括模板、门窗等）、金属结构等加工厂，加工厂布置时应使材料及构件的总运输费用最小，减少进入现场的二次搬运量，同时使加工厂有良好的生产条件，做到加工与施工互不干扰。一般情况下，把加工厂布置在工地的边缘。这样既便于管理又能降低铺设道路，动力管线及给排水管道的费用。

（1）钢筋加工厂的布置，应尽量采用集中加工布置方式，同时应有钢材和成品的堆放场地。

（2）混凝土搅拌站的布置，可采用集中、分散、集中与分散相结合三种方式。集中布置通常采用二阶式搅拌站。当要求供应的混凝土有多种标号时，可配置适当的小型搅拌机，采用集中与分散相结合的方式。当在城市内施工，采用商品混凝土时，现场只需布置泵车及输送管道位置。

（3）木材加工厂的布置，对于城市内的工程项目，木材加工宜在现场外进行或购入成材，现场的木加工厂布置只需考虑门窗、模板的制作。木加工厂的布置应有一定的场地堆放木材和成品，同时还应考虑远离火源及残料锯屑的处理问题。

（4）金属结构、锻工、机修等车间，相互密切联系，应尽可能布置在一起。

（5）产生有害气体和污染环境的加工厂，如熬制沥青，石灰熟化等，应位于场地下风向。同时，沥青堆场及熬制锅的位置要远离易燃仓库和堆场。

3.4　搅拌站的布置

砂浆及混凝土的搅拌站位置，要根据房屋的类型、场地条件、起重机和运输道路的布置来确定。在一般的砖混结构中，砂浆的用量比混凝土用量大，要以砂浆搅拌站位置为主。在现浇混凝土结构中，如采用自拌混凝土时，混凝土用量大，因此要以混凝土搅拌站为主来进行布置。搅拌站的布置要求如下。

（1）搅拌站应有后台上料的场地，尤其是混凝土搅拌机，要与砂石堆场、水泥库一起考虑布置，既要互相靠近，又要便于材料的运输和装卸。

（2）搅拌站应尽可能布置在垂直运输机械附近或其服务范围内，以减少水平运距。

（3）搅拌站应设置在施工道路近旁，使小车、翻斗车运输方便。

（4）搅拌站场地四周应设置排水沟，以有利于清洗机械和排除污水，避免造成现场积水。

（5）混凝土搅拌台所需面积约 $25\ m^2$，砂浆搅拌台约 $15\ m^2$。

当现场较窄，混凝土需求量大且采用现场搅拌泵送混凝土时，为保证混凝土供应量和减少砂石料的堆放场地，宜建置双阶式混凝土搅拌站，骨料堆于扇形仓库。

3.5 运输道路的布置

施工运输道路应按材料和构件运输的需要，沿着仓库和堆场进行布置，使之畅通无阻。

1. 施工道路的技术要求

（1）道路的最小宽度和回转半径如表8-6与表8-7所示。

架空线及管道下面的道路，其通行空间宽度应大于道路宽度 $0.5\ m$，空间高度应大于 $4.5\ m$。

（2）道路的做法。一般砂质土可采用碾压土路方法。当土质黏或泥泞、翻浆时，可采用加骨料碾压路面的方法，骨料应尽量就地取材，如碎砖、卵石、碎石及大石块等。

表 8-6　施工现场道路最小宽度

序号	车辆类别及要求	道路宽度/m
1	汽车单行道	不小于3.0
2	汽车双行道	不小于6.0
3	平板拖车单行道	不小于4.0
4	平板拖车双行道	不小于8.0

表 8-7　施工现场道路最小转弯半径

序次	通行车辆类别	路面内侧最小曲率半径/m		
		无拖车	有1辆拖车	有两辆拖车
1	小客车、三轮汽车	6		
2	二轴载重汽车 三轴载重汽车 重型载重汽车	单车道9 双车道7	12	15
3	公共汽车	12	15	18
4	超重型载重汽车	15	18	21

为了排除路面积水，保证正常运输，道路路面应高出自然地面 0.1～0.2 m，雨量较大的地区，应高出 0.5 m 左右，道路两侧设置排水沟，一般沟深和底宽不小于 0.4 m。

2. 施工道路的布置要求

（1）应满足材料、构件等的运输要求，使道路通到各个仓库及堆场，并距离其装卸区越近越好，以便装卸。

（2）应满足消防的要求，使道路靠近建筑物、木料场等易发生火灾的地方，以便车辆能开到消防栓处。消防车道宽度不小于 3.5 m。

（3）为提高车辆的行驶速度和通行能力，应尽量将道路布置成环路。如不能设置环形路，则应在路端设置掉头场地。

（4）道路布置应满足施工机械的要求。

（5）应尽量利用已有道路或永久性道路。根据建筑总平面图上永久性道路的位置，先修筑路基，作为临时道路。工程结束后，再修筑路面。临时道路路面种类和厚度表，如表8-8 所示。

（6）施工道路应避开拟建工程和地下管道等地方。否则工程后期施工时，将切断临时道路，给施工带来困难。路边排水沟最小尺寸，如表8-9 所示。

表 8-8　临时道路路面种类和厚度表

路面种类	特点及其使用条件	路基土	路面厚度/cm	材料配合比
混凝土路面	强度适宜通行各种车辆	一般土壤	10～15	≥C15
级配砾石路面	雨天照常通车，可通行较多车辆，但材料级配要求严	砂质土	10～15	体积比 黏土：砂子：石子 =1：0.7：3.5 重量比 （1）面层：黏土 13%～15%，砂石料 85%～87% （2）底层：黏土 10%，砂石混合料 90%
		黏质土或黄土	15～20	
碎（砾）石路面	雨天照常通车，碎（砾）石本身含土较多，不加砂	砂质土	10～18	碎（砾）石 >65%，当土地含量≤35%
		砂质土或黄土	15～20	
碎砖路面	可维持雨天通车，通行车辆较少	砂质土	13～15	垫层：砂或炉渣 4～5 cm 底层：7～10 cm 碎石 面层：2～5 cm
		砂质土或黄土	15～18	
炉渣或矿渣路面	雨天可通车，通行车较少	一般土	10～15	炉渣或矿渣 75%，当地土 25%
		较松软时	15～30	
砂石路面	雨天停车，通行车少，附近不产石，只有砂	砂质土	15～20	粗砂 50%，细砂、砂粉和黏质土 50%
		黏质土	15～30	
风化石屑路面	雨天不通车，通行车少，附近有石料	一般土	10～15	石屑 90%，黏土 10%
石灰土路面	雨天停车，通行车少，附近产石灰	一般土	10～13	石灰 10%，当地土 90%

表 8-9 路边排水沟最小尺寸

沟边形状	最小尺寸/m		边坡宽度	适用范围
	深	底宽		
梯形	0.4	1:1～1:1.5	土质路基	
三角形	0.3	—1:1～1:1.3	岩石路基	
方形	0.4	0.3	1:0	岩石路基

3.6 围挡的设计布置

根据《施工现场临时建筑物技术规范》（JGJ/T 188—2009）工地现场围挡的设计应遵循以下规定。

（1）围挡宜选用彩钢板、砌体等硬质材料搭设。禁止使用彩条布、竹笆、安全网等易变质材料，做到坚固、平稳、整洁、美观。

（2）围挡高度：

市区主要路段、闹市区　　　　　　$h \geqslant 2.5$ m

市区一般路段　　　　　　　　　　$h \geqslant 2.0$ m

市郊或靠市郊　　　　　　　　　　$h \geqslant 1.8$ m

（3）围挡的设置必须沿工地四周连续进行，不能留有缺口。

（4）彩钢板围挡应符合下列规定。

① 围挡的高度不宜超过 2.5 m。

② 当高度超过 1.5 m 时，宜设置斜撑，斜撑与水平地面的夹角宜为 45°；

③ 立柱的间距不宜大于 3.6 m。

（5）砌体围挡不应采用空斗墙砌筑方式，墙厚度大于 200 mm，并应在两端设置壁柱，柱距小于 5.0 m，壁柱尺寸不宜小于 370 mm × 490 mm，墙柱间设置拉结钢筋 $\phi 6 \times 500$ mm，伸入两侧墙 $l \geqslant 1\,000$ mm。

（6）砌体围挡长度大于 30 m 时，宜设置变形缝，变形缝两侧应设置端柱。

3.7 施工现场标牌的布置

（1）施工现场的大门口应有整齐明显的"五牌一图"。

【特别提示】"五牌"：工程概况牌、组织机构牌、消防保卫牌、安全生产牌、文明施工牌。"一图"：施工现场总平面布置图。

（2）门头及大门应设置企业标志。

（3）在施工现场显著位置，设置必要的安全施工内容的标语。

（4）宜设置读报栏、宣传栏和黑板报等宣传园地。

课题 4　临时供水设计

在建筑施工中，临时供水设施是必不可少的。为了满足生产、生活及消防用水的需要，要选择和布置适当的临时供水系统。

4.1　用水量计算

建筑工地的用水包括生产、生活和消防用水三个方面，其计算如下。

1. 施工用水量计算

施工用水是指施工高峰的某一天或高峰时期内平均每天需要的最大用水量。可按式（8-10）计算：

$$q_1 = k_1 \sum \frac{Q_1 \times N_1}{T_1 \times t} \times \frac{k_2}{8 \times 3\,600} \tag{8-10}$$

式中：q_1——施工用水量（L/s）；

　　　k_1——未预见的施工用水系数，取 $1.05\sim1.15$；

　　　Q_1——年（季、月）度工程量（以实物计量单位表示）；可从总进度计划及主要工种工程量中求得。

　　　T_1——年（季、月）度有效工作日；

　　　N_1——施工用水定额，如表 8-10 所示；

　　　t——每天工作班数；

　　　k_2——用水不均衡系数，如表 8-11 所示。

【特别提示】 $\frac{Q_1}{T_1}$ 是指最大用水时，白天一个班所完成的实物工程量；$Q_1 \times N_1$ 是指在最大用水日那一天各施工项目的工程量与其相应用水定额的乘积之和。

表 8-10　施工用水参考定额

序号	用水对象	单位	耗水量（N_1）	备注
1	浇筑混凝土全部用水	L/m³	$1\,700\sim2\,400$	
2	搅拌普通混凝土	L/m³	250	
3	搅拌轻质混凝土	L/m³	$300\sim350$	
4	搅拌泡沫混凝土	L/m³	$300\sim400$	
5	搅拌热混凝土	L/m³	$300\sim350$	
6	混凝土养护（自然养护）	L/m³	$200\sim400$	
7	混凝土养护（蒸汽养护）	L/m³	$500\sim700$	
8	冲洗模板	L/m³	5	
9	搅拌机清洗	L/台班	600	
10	人工冲洗石子	L/m³	1000	3%＞含泥量＞2%
11	机械冲洗石子	L/m³	600	
12	洗砂	L/m³	1000	
13	砌砖工程全部用水	L/m³	$150\sim250$	
14	砌石工程全部用水	L/m³	$50\sim80$	
15	抹灰工程全部用水	L/m²	30	
16	耐火砖砌体工程	L/m³	$100\sim150$	包括砂浆搅拌
17	浇砖	L/千块	$200\sim250$	
18	浇硅酸盐砌块	L/m³	$300\sim350$	

续表

序号	用水对象	单位	耗水量（N_1）	备注
19	抹面	L/m²	4～6	不包括调制用水
20	楼地面	L/m²	190	主要是找平层
21	搅拌砂浆	L/m³	300	
22	石灰消化	L/t	3 000	
23	上水管道工程	L/m	98	
24	下水管道工程	L/m	1 130	
25	工业管道工程	L/m	35	

表 8-11　施工用水不均衡系数

编号	用水名称	系数
k_2	现场施工用水 附属生产企业用水	1.5 1.25
k_3	施工机械、运输机械用水 动力设备用水	2.00 1.05～1.10
k_4	施工现场生活用水	1.30～1.50
k_5	生活区生活用水	2.00～2.50

2. 施工机械用水量计算

$$q_2 = k_1 \sum Q_2 N_2 \times \frac{k_3}{8 \times 3\,600} \qquad (8\text{-}11)$$

式中：q_2——机械用水量（L/s）；

　　　k_1——未预计施工用水系数，取 1.05～1.15；

　　　Q_2——同一种机械台数（台）；

　　　N_2——施工机械台班用水定额，参考表 8-12 中的数据换算求得；

　　　k_3——施工机械用水不均衡系数，参考表 8-11 中的数据。

表 8-12　施工机械用水量参考定额

序号	用水名称	单位	耗水量	备注
1	内燃挖土机	L/（台班·m³）	200～300	以斗容量立方米计
2	内燃起重机	L/（台班·t）	15～18	以起重吨数计
3	蒸汽起重机	L/（台班·t）	300～400	以起重吨数计
4	蒸汽打桩机	L/（台班·t）	1 000～1 200	以锤重吨数计
5	蒸汽压路机	L/（台班·t）	100～150	以压路机吨数计
6	内燃压路机	L/（台班·t）	12～15	以压路机吨数计
7	拖拉机	L/（昼夜·台）	200～300	
8	汽车	L/（昼夜·台）	400～700	
9	标准轨蒸汽机车	L/（昼夜·台）	10 000～20 000	
10	窄轨蒸汽机车	L/（昼夜·台）	4 000～7 000	

续表

序号	用水名称	单位	耗水量	备注
11	空气压缩机	L/［台班·（m³/min）］	40～80	以空压机排气量（m³/min）计
12	内燃机动力装置	L/（台班·马力*）	120～300	直流水
13	内燃机动力装置	L/（台班·马力）	25～40	循环水
14	锅驼机	L/（台班·马力）	80～160	不利用凝结水
15	锅炉	L/（h·t）	1 000	以小时蒸发量计
16	锅炉	L/（h·m²）	15～30	以受热面积计

* 1 马力 = 0.735 kW

3. 施工现场生活用水量计算

生活用水量是指施工现场人数最多时，职工及民工的生活用水量。其计算公式如下：

$$q_3 = \frac{P_1 \cdot N_3 \cdot k_4}{t \times 8 \times 3\,600} \tag{8-12}$$

式中：q_3——施工现场生活用水量（L/s）；

P_1——施工现场高峰昼夜人数（人）；

N_3——施工现场生活用水定额，取 20～60 L/人班；

k_4——施工现场用水不均衡系数，参考表 8-11 中的数据；

t——每天工作班数。

4. 生活区生活用水量计算

$$q_4 = \frac{P_2 \cdot N_4 \cdot k_5}{24 \times 3\,600} \tag{8-13}$$

式中：q_4——生活区生活用水（L/s）；

P_2——生活区居民人数（人）；

N_4——生活区生活用水定额，如表 8-13 所示。

k_5——生活区用水不均衡系数，参考表 8-11 中的数据。

【特别提示】每人每昼夜平均用水量随地区和有无室内卫生设施而变化，一般工地全部生活用水（含现场及生活区的生活用水）取 100～120 L/（人·昼夜）。

表 8-13　生活用水量（N_3、N_4）参考定额

用水名称	单位	耗水量	用水名称	单位	耗水量
盥洗、饮用水	L/人·日	20～40	学校	L/（学生·日）	10～30
食堂	L/（人·日）	10～20	幼儿园、托儿所	L/（幼儿·日）	75～100
淋浴带大池	L/（人·次）	50～60	医院	L/（病床·日）	100～150
洗衣房	L/（kg·干衣）	40～60	施工现场生活用水	L/（人·班）	20～60
理发室	L/（人·次）	10～25	生活区全部生活用水	L/（人·日）	80～120

5. 消防用水量计算

消防用水主要是满足发生火灾时消火栓用水的要求，其用水量如表 8-14 所示。

表8-14 消防用水参考定额

序号	用水名称	火灾同时发生次数	单位	用水量
1	居民区消防用水 5 000 人以内 10 000 人以内 25 000 人以内	一次 二次 二次	L/s L/s L/s	10 10～15 15～20
2	施工现场消防用水 施工现场在 25 公顷以内 每增加 25 公顷	一次 一次	L/s L/s	10～15 5

6. 总用水量计算（Q）

（1）当（$q_1 + q_2 + q_3 + q_4$）$\leqslant q_5$ 时，则 $Q = q_5 + \dfrac{1}{2}(q_1 + q_2 + q_3 + q_4)$。

（2）当（$q_1 + q_2 + q_3 + q_4$）$> q_5$ 时，则 $Q = q_1 + q_2 + q_3 + q_4$。

（3）当工地面积小于5公顷，且（$q_1 + q_2 + q_3 + q_4$）$< q_5$ 时，则 $Q = q_5$。

最后计算出的总用水量，还应增加10%，以补偿不可避免的水管漏水损失。

即：
$$Q_{总} = 1.1Q \tag{8-14}$$

【特别提示】① 总用水量计算并不是所有用水量的总和，因为施工用水是间断的，生活用水时多时少，而消防用水又是偶然的。② 1 公顷 $= 10\,000\,\mathrm{m}^2$。

4.2　水源选择及临时给水系统

1. 水源选择

建筑工程的临时供水水源有如下几种形式：已有的城市或工业供水系统；自然水域（如江、河、湖、蓄水库等），地下水（如井水、泉水等），利用运输器具（如供水运输车）。

水源的确定应首先利用已有的供水系统，并注意其供水量能否满足工程用水需要。减少或不建临时供水系统，在新建区域若没有现成的供水系统，应尽量先建好永久性的给水系统，至少是能使该系统满足工程用水及部分生产用水的需要。当前述条件不能实现或因工程要求（如工期、技术经济条件）无必要先建永久性给水系统时，应设立临时性给水系统，即利用天然水源，但其给水系统的设计应注意与 永久性给水系统相适应，如供水管网的布置。

选择水源应考虑下列因素：水量要能满足最大用水量的需要，生活饮用水质应符合国家及当地的卫生标准，其他生活用水及施工用水中的有害及侵蚀性物质的含量不得超过有关规定的限制，否则，必须经软化及其他处理后，方可使用；与农业、水利工程综合利用；蓄水、取水、输水、净水、储水设施要安全经济；施工、运转、管理、维修应方便。

2. 临时给水系统

临时给水系统包括取水设施、净水设施、储水构筑物（水池、水塔、水箱）、输水管和配水管网。

1）地面水源取水设施

取水设施一般由进水装置、进水管及水泵组成。取水口距河底（或井底）不得小于 0.2～0.9 m，在冰层下部边缘的距离也不得小于 0.25 m。给水工程所用的水泵有离心泵、隔膜泵及活塞泵三种。所用的水泵要有足够的抽水能力和扬程。

水泵应具有的扬程按下列公式计算。

（1）将水送至水塔时的扬程：

$$H_p = (Z_t - Z_p) + H_t + a + h + h_s \qquad (8-15)$$

式中：H_p——水泵所需的扬程（m）；

Z_t——水塔所处的地面标高（m）；

Z_p——水泵中心的标高（m）；

H_t——水塔高度（m）；

a——水塔的水箱高度（m）；

h——从水泵到水塔间的水头损失（m）；

h_s——水泵的吸水高度（m）。

水头损失可用下式计算：

$$h = h_1 + h_2 \qquad (8-16)$$

式中：h_1——沿程水头损失（m）；$h_1 = i \times L$；

h_2——局部水头损失（m）；

i——单位管长水头损失（mm/m）；

L——计算管段长度（km）。

实际工程中，局部水头损失一般不做详细计算，按沿程水头损失的15%～20%估计即可，即

$$h = (1.15 \sim 1.2)\, h_1 = (1.15 \sim 1.2)\, iL。$$

（2）将水直接送到用户时的扬程：

$$H_p = (Z_y - Z_p) + H_y + h + h_s \qquad (8-17)$$

式中：Z_y——供水对象（即用户）最不利处之标高（m）；

H_y——供水对象最不利处的自由水头，一般为8～10 m。

其他符号意义同前。

2）净水设施

自然界中未经过净化的水，含有许多杂质，需要进行净化处理后，才可用作生产、生活用水。在这个过程中，要经过使水软化、去杂质（如水中含有的盐、酸、石灰质等）、沉淀、过滤和消毒等工程。

生活饮用水必须经过消毒后方可使用。消毒可通过氯化，在临时供水设施中，可以加入漂白粉使水氯化。其用量可参考表8-15，氯化时间夏季0.5小时、冬季1～2小时。

表8-15　消毒用漂白粉及漂白液用量参考

水源及水质	不同消毒剂的用量	
	漂白粉（含25%的有效氯）/（kg/L）	1%漂白粉液/（L/m³）
自流井水、清净的水	……	……
河水、大河过滤水	4～6	0.4～0.6
河、湖的天然水	8～12	0.6～1.2
透明井水和小河过滤水	6～8	0.6～0.8
浑浊井水和池水	12～20	1.2～2.0

3）储水构筑物

储水构筑物是指水池、水塔和水箱。在临时供水中，只有在水泵非昼夜工作时才设置水塔。水箱的容量，以每小时消防用水量决定，但容量一般不小于 $10 \sim 20 \ m^3$。

水塔高度与供水范围、供水对象及水塔本身的位置关系有关，可用下式确定：

$$H_t = (Z_y - Z_t) + H_y + h \qquad (8\text{-}18)$$

式中符号意义同前。

4）配水管网布置

（1）布置方式。临时供水管网布置一般有三种方式，即环状管网、枝状管网和混合式管网，如图 8-5 所示。

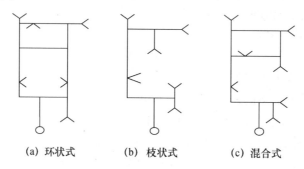

（a）环状式　　　（b）枝状式　　　（c）混合式

图 8-5　临时供水管网布置

环状管网能保证供水的可靠性，当管网某处发生故障时，水仍能由其他管路供应。但管线长、造价高、管材消耗大。它适用于要求供水可靠的建设项目或建筑群工程。

枝状管网由干管及支管组成，管线短、造价低，但供水可靠性差，若在管网中某一处发生故障时，会造成断水，故适用于一般中小型工程。

混合式管网可兼有上述两种管网的优点，总管采用环状、支管采用枝状，一般适用于大型工程。

管网的铺设可采用明管或暗管。一般宜优先采用暗铺，以避免妨碍施工，影响运输。在冬季施工中，水管宜埋置在冰冻线下或采取防冻措施。

（2）供水管网的布置要求。

① 应尽量提前修建并充分利用拟建的永久性供水管网作为工地临时供水系统，节约修建费用；在保证供水要求的前提下，新建供水管线的长度越短越好，并应适当采用胶皮管、塑料管作为支管，使其具有可移动性，以便利施工。

② 供水管网的铺设要与土方平整规划协调一致，以防重复开挖；管网的布置要避开拟建工程和室外管沟的位置，以防二次拆迁改建。

③ 有高层建筑的施工工地，一般要设置水塔、蓄水池或高压水泵，以便满足高空施工与消防用水的要求。临时水塔或蓄水池应设置在地势较高处。

④ 供水管网应按防火要求布置室外消防栓。室外消防栓应靠近十字路口、工地出入口，并沿道路布置，距路边应不大于 2 m，距建筑物的外墙应不小于 5 m，为兼顾拟建工程防火而设置的室外消防栓与拟建工程的距离也不应大于 25 m，消防栓之间的间距不应超过120 m；工地室外消防栓必须设有明显标志，消防栓周围 3 m 范围内不准堆放建筑材料、停放机具和搭设临时房屋等；消防栓供水干管的直径不得小于 100 mm。

3. 管径的选择

（1）计算法：

$$d = \sqrt{\frac{4Q \times 1\,000}{\pi \times u}} \tag{8-19}$$

式中：d——配水管直径（mm）；

Q——管段的用水量（L/s）；

u——管网中水流速度（m/s），临时水管经济流速范围如表8-16所示，一般生活及施工用水取 1.5 m/s，消防用水取 2.5 m/s。

（2）查表法。为了减少计算工作，只要确定管段流量和流速范围，可直接查表8-16、表8-17 和表8-18，选取管径。

【特别提示】查表时，可依"输水量"和流速查表确定，其中，输水量 Q 是指供给有关使用点的供水量。

表 8-16　临时水管经济流速参考表

管径 d/mm	流速/（m/s）	
	正常时间	消防时间
< 100	0.5～1.2	—
100～300	1.0～1.6	2.5～3.0
> 300	1.5～2.5	2.5～3.0

表 8-17　临时给水铸铁管计算表

项次	管径 d/mm	75		100		150		200		250	
	流量 q/（L/s）	i	v	i	v	i	v	i	v	i	v
1	2	7.98	0.46	1.94	0.26						
2	4	28.4	0.93	6.69	0.52						
3	6	61.5	1.39	14	0.78	1.87	0.34				
4	8	109	1.86	23.9	1.04	3.14	0.46	0.77	0.26		
5	10	171	2.33	36.5	1.3	4.69	0.57	1.13	0.32		
6	12	246	2.79	52.6	1.56	6.55	0.69	1.58	0.39	0.53	0.25
7	14			71.6	1.82	8.71	0.8	2.08	0.45	0.69	0.29
8	16			93.5	2.08	11.1	0.92	2.64	0.51	0.88	0.33
9	18			118	2.34	13.9	1.03	3.28	0.58	1.09	0.37
10	20			146	2.6	16.9	1.15	3.97	0.64	1.32	0.41
11	22			177	2.86	20.2	1.26	4.73	0.71	1.57	0.45
12	24					24.1	1.38	5.56	0.77	1.83	0.49
13	26					28.3	1.49	6.44	0.84	2.12	0.53
14	28					32.8	1.61	7.38	0.9	2.42	0.57
15	30					37.7	1.72	8.4	0.96	2.75	0.62
16	32					42.8	1.84	9.46	1.03	3.09	0.66
17	34					48.4	1.95	10.6	1.09	3.45	0.7
18	36					54.2	2.06	11.8	1.16	3.83	0.74
19	38					60.4	2.18	13	1.22	4.23	0.78

注：v 为流速（m/s）；i 为单位管长水头损失（m/km 或 mm/m）。

表 8-18   临时给水钢管计算表

项次	管径 d/mm 流量 q/（L/s）	25		40		50		70		80	
		i	v	i	v	i	v	i	v	i	v
1	0.1										
2	0.2	21.3	0.38								
3	0.4	74.8	0.75	8.89	0.32						
4	0.6	159	1.13	18.4	0.48						
5	0.8	279	1.51	31.4	0.64						
6	1	437	1.88	47.3	0.8	12.9	0.47	3.76	0.28	1.61	0.2
7	1.2	629	2.26	66.3	0.95	18	0.56	5.18	0.34	2.27	0.24
8	1.4	856	2.64	88.4	1.11	23.7	0.66	6.83	0.4	2.97	0.28
9	1.6	1118	3.01	114	1.27	30.4	0.75	8.7	0.45	3.96	0.32
10	1.8			144	1.43	37.8	0.85	10.7	0.51	4.66	0.36
11	2			178	1.59	46	0.94	13	0.57	5.62	0.4
12	2.6			301	2.07	74.9	1.22	21	0.74	9.03	0.52
13	3			400	2.39	99.8	1.41	27.44	0.85	11.7	0.6
14	3.6			577	2.86	144	1.69	38.4	1.02	16.3	0.72
15	4					177	1.88	46.8	1.13	19.8	0.81
16	4.6					235	2.17	61.2	1.3	25.7	0.93
17	5					277	2.35	72.3	1.42	30	1.01
18	5.6					348	2.64	90.7	1.59	37	1.13
19	6					399	2.82	104	1.7	42.1	1.21

注：v 为流速（m/s）；i 为单位管长水头损失（m/km 或 mm/m）。

（3）经验法。单位工程施工供水也可以根据经验进行安排，一般 5 000～10 000 m² 的建筑物，施工用水的总管管径为 50 mm，支管管径为 40 mm 或 25 mm。消防用水一般采用城市或建设单位的永久消防设施。当需在工地范围设置室外消防栓时，消防栓干管的直径不得小于 100 mm。

4. 管材的选择

（1）工地输水主干管常用铸铁管和钢管；一般露出地面用钢管，埋入地下用铸铁管；支管采用钢管。

（2）为了保证水的供给，必须配备各种直径的给水管。施工常用管材如表 8-19 所示。

硬聚氯乙烯管、铝塑复合管、聚乙烯管、镀锌钢管的公称直径 15 mm、20 mm、25 mm、32 mm、40 mm、50 mm、70 mm、80 mm、100 mm 的管使用比较普遍。铸铁管有 125 mm、150 mm、200 mm、250 mm、300 mm。

表 8-19   施工常用管材表

管材	介绍参数		使用范围
	最大工作压力/MPa	温度不大于/℃	
硬聚氯乙烯管 铝塑复合管	0.25～0.6	−15～60	给水
聚乙烯管	0.25～1.0	40～60	室内、外给水
镀锌钢管	≤1	<100	室内、外给水

5. 水泵的选择

可根据管段的计算流量 Q 和总扬程 H，从有关手册的水泵工作性能表中查出需要的水泵型号。

 实训课堂

实训九　单位工程施工临时供水设计

一、现场临时供水计算

现场临时供水计算，如表 8-20 所示。

表 8-20　现场临时供水计算

项目	计算公式	符号意义
工程用水	施工工程用水量，可按下式计算： $$q_1 = k_1 \sum \frac{Q_1 N_1}{T_1 \, t} \times \frac{k_2}{8 \times 3600}$$	q_1——施工工程用水量（L/s）； k_1——未预计的施工用水系数，取 $1.05 \sim 1.15$； Q_1——年（季）计划完成的工程量；
机械用水	施工机械用水量，可按下式计算： $$q_2 = k_1 \sum Q_2 N_2 \times \frac{k_3}{8 \times 3600}$$	N_1——施工用水定额，如表 8-11 所示； k_2——现场施工用水不均匀系数，如表 8-11 所示； T_1——年（季）度有效作业日（d）；
现场生活用水	施工现场生活用水，可按下式计算： $$q_3 = \frac{P_1 N_3 k_4}{t \times 8 \times 3600}$$	t——每天工作班数（班）； q_2——机械用水量（L/s）； Q_2——同一种机械台数（台）；
生活区生活用水	生活区生活用水，可按下式计算： $$q_4 = \frac{P_2 N_4 k_5}{24 \times 3600}$$	N_2——施工机械台班用水定额，如表 8-12 所示； k_3——施工机械用水不均匀系数，如表 8-11 所示； q_3——施工现场生活用水量（L/s）；
消防用水	消防用水量 q_5，可根据消防范围及火灾发生次数按表 8-14 取用	P_1——施工现场高峰昼夜人数； N_3——施工现场生活用水定额
施工现场总用水量	施工现场总用水量，可按下式计算： 1. 当 $(q_1 + q_2 + q_3 + q_4) \leqslant q_5$ 时，则 $Q = q_5 + \frac{1}{2}(q_1 + q_2 + q_3 + q_4)$ 2. 当 $(q_1 + q_2 + q_3 + q_4) > q_5$ 时，则 $Q = q_1 + q_2 + q_3 + q_4$ 3. 当现场面积小于 5 公顷，且 $(q_1 + q_2 + q_3 + q_4) < q_5$ 时，则 $Q = q_5$ 上述三种情况计算出的用水量，还应增加 10% 管网漏水损失。 $Q_{总} = Q \cdot K_s$	k_4——施工现场生活用水不均系数，如表 8-11 所示； q_4——生活区生活用水量（L/s）； P_2——生活区居住人数； N_4——生活区昼夜全部生活用水定额，如表 8-13 所示； k_5——生活区生活用水不均系数，如表 8-11 所示； Q——施工现场计算总用水量； $Q_{总}$——施工现场总用水量； K_s——管网漏水的损失系数，一般取 1.1； d——配水管直径（m）；
供水管径	现场临时供水网路使用管径，可按下式计算： $$d = \sqrt{\frac{4Q \times 1000}{\pi \cdot v}}$$	v——管网中水流速度（m/s），临时水管经济流速范围如表 8-16 所示，一般生活及施工用水取 1.5 m/s，消防用水取 2.5 m/s。

二、施工临时供水设计实例

【例8-1】 某项目占地面积为15 000 m²，施工现场使用面积为12 000 m²，总建筑面积为7 845 m²，所用混凝土和砂浆均采用现场搅拌，现场拟分生产、生活、消防三路供水，日最大混凝土浇筑量为400 m³，施工现场高峰昼夜人数为180人，请计算用水量和选择供水管径。

【案例剖析】

（1）用水量计算。

① 计算现场施工用水量 q_1：

$$q_1 = k_1 \sum \frac{Q_1 \times N_1}{T_1 \times t} \times \frac{k_2}{8 \times 3\,600}$$

$$= \frac{1.15 \times 250 \times 400 \times 1.5}{8 \times 3\,600 \times 1}$$

$$= 5.99 \ (\text{L/s})$$

式中，$k_1 = 1.15$、$k_2 = 1.5$、$Q_1/T_1 = 400\,\text{m}^3/$天、$t = 1$；$N_1$ 查表取 250 L/m³。

② 计算施工机械用水量 q_2：因施工中不使用特殊机械 $q_2 = 0$。

③ 计算施工现场生活用水量 q_3：

$$q_3 = P_1 N_3 k_4 / t \times 8 \times 3\,600$$

$$= 180 \times 40 \times 1.5 / 1 \times 8 \times 3\,600$$

$$= 0.375 \ (\text{L/s})$$

式中，$k_4 = 1.5$、$P_1 = 180$ 人、$t = 1$；N_3 按生活用水和食堂用水计算，得：

$$N_3 = 0.025\,\text{m}^3/(人 \cdot \text{d}) + 0.015\,\text{m}^3/(人 \cdot \text{d})$$

$$= 0.04\,\text{m}^3/(人 \cdot \text{d})$$

$$= 40\,\text{L}/(人 \cdot \text{d})。$$

④ 计算生活区生活用水量：因现场不设生活区，故不计算 q_4。

⑤ 计算消防用水量 q_5：1 ha = 10^4 m²（ha 表示公顷）

本工程现场使用面积为12 000 m²，即 1.2 ha < 25 ha；故：$q_5 = 10$ L/s。

⑥ 计算总用水量 Q：

$$Q_1 = q_1 + q_2 + q_3 + q_4$$

$$= 5.99 + 0.375$$

$$= 6.365 \ (\text{L/s}) \quad < q_5$$

$$= 10\,\text{L/s}$$

因工地面积为：1.2 ha < 5 ha，并且 $Q_1 < q_5$，因此 $Q = q_5 = 10$ L/s

$$Q_总 = 1.1 \times 10\,\text{L/s} = 11\,\text{L/s}$$

即本工程用水量为 11 L/s。

（2）供水管径的计算：

$$d = \sqrt{\frac{4\,000Q}{\pi v}}$$

$$= \sqrt{\frac{4\,000 \times 11}{3.14 \times 1.5}}$$

$$= \sqrt{\frac{44\,000}{4.71}}$$

$$= \sqrt{9\,341.83}$$

$$= 97 \ (\text{mm}) \ (\upsilon = 1.5\,\text{m/s})$$

取管径为 100 mm 的上水管。

【例 8-2】　某市一高层住宅楼，自三层及其以下为大底盘，出裙楼屋顶分为双塔楼，裙楼为框架剪力墙结构，塔楼为全现浇钢筋混凝土剪力墙结构，建筑地上 30 层，裙房 3 层，地下室 1 层，建筑高度为 103.00 m。总建筑面积为 64 475 m^2。±0.000 相当于黄海高程 423.625 m。防火等级一级；抗震设防烈度为八度；防水等级二级。本大楼地下层设有人防、停车库、设备用房等。工程严格按现代城市规划要求设计，是一幢高标准智能化的现代化高层住宅楼。本工程为一类高层建筑，耐火等级为一级，建筑结构安全等级为二级，防护等级为六级人防地下室、二等人员掩蔽体。基础采用钢筋混凝土人工挖孔灌注桩基础。地下室底板、顶板与侧墙交接处设置橡胶止水条。最高峰期日混凝土量 300 m^3；施工人数 500 人。

【案例剖析】

（1）施工用水量计算。本工程施工临时用水由工程施工用水、施工现场生活用水、生活区生活用水和消防用水 4 个部分组成。

① 施工用水 q_1：取最高峰期为最大的用水量 $q_1 = k_1 \sum Q_1 N_1 \times \dfrac{k_2}{8 \times 3\,600}$，

式中，k_1 取 1.1，k_2 取 1.5，Q_1 取 300，N_1 取 250，则：

$$q_1 = \frac{1.1 \times 300 \times 250 \times 1.5}{8 \times 3\,600} = 4.3 \ (\text{L/s})$$

② 本工程未使用特殊施工机械，因此 $q_2 = 0$。

③ 施工现场生活用水量：取最多施工人员数（按 500 人考虑）

$$q_3 = \frac{P_1 N_3 k_4}{t \times 8 \times 3\,600}$$

式中，P_1 取 500，k_4 取 1.5，t 取 2，N_3 取 30，则

$$q_3 = \frac{500 \times 30 \times 1.5}{2 \times 8 \times 3\,600} = 0.39 \ (\text{L/s})$$

④ 办公生活区生活用水量：

$$q_4 = \frac{P_2 N_4 k_5}{24 \times 3\,600}$$

式中 P_2 取 500，k_5 取 2.5，N_4 取 100，则

$$q_4 = \frac{500 \times 100 \times 2.5}{24 \times 3\,600} = 1.45 \ (\text{L/s})$$

⑤ 消防用水量。施工现场面积小于 5 公顷，q_5（消防用水量）为 10 L/s

⑥ 总用水量计算：

$$q_1 + q_3 + q_4 = 6.14 < q_5 = 10\text{L/s}$$

$$Q = q_5 + \frac{1}{2}(q_1 + q_2 + q_3 + q_4)$$

$$= 10 + 1/2 \times 6.14 = 13.07 \ (\text{L/s})$$

（2）供水管管径计算。

① 管径计算：

$$d = \sqrt{\frac{4Q \times 1000}{\pi \times v}}$$

式中，v 为管内水流速，取 2.0 m/s，则 $d = \sqrt{\frac{4Q \times 1000}{\pi \times v}} = \sqrt{\frac{4 \times 13.07 \times 1000}{\pi \times 2.0}} = 90$（mm）

② 计算结果及处理。

现场总供水管径计算需 DN100，工地内采用 DN100 管环绕施工现场，楼层部位消防及施工用水，项目部准备利用拟建建筑物内消防水池做蓄水池，增设离心水泵一台，以解决楼层部位消防及施工用水，施工现场的重点防火部位布设了 16 只消火栓，楼层分区每层各设一台消火栓箱。详见施工现场临时用水用电平面布置图（略）。

三、单位工程施工用水设计实例

下面以某职工宿舍工程为例，进行单位工程施工临时用水的设计。

某职工宿舍楼工程施工临时供水设计如下。

1. 现场施工用水

$$q_1 = k_1 \sum \frac{Q_1 N_1}{T_1 t} \times \frac{k_2}{8 \times 3600}$$

框架结构工程施工最大用水量应选在混凝土浇筑与砌体工程同时施工之日。本工程由于采用商品混凝土，因此施工中混凝土工程用水主要考虑模板冲洗和混凝土养护用水。现场取混凝土自然养护的全部用水定额 $N_1 = 400$（L/m³），冲洗模板为 5 L/m²，砌筑全部用水为 200 L/m²，日最大浇筑混凝土量为 42 m³，标准层面积为 160.1 m²，砌砖工程量为 229.62 m²，故取 $Q_1 = 42$ m³，$Q_2 = 229.62$ m²；$k_1 = 1.05$，$k_2 = 1.5$，$T_1 = 1$ 天，$t = 1$，则：

$$q_1 = 1.05 \times \frac{(42 \times 400 + 160.1 \times 5 + 229.62 \times 200) \times 1.5}{8 \times 3600} = 3.47 \text{（L/s）}$$

2. 施工机械用水

$$q_2 = k_1 \sum Q_1 N_2 \times \frac{k_3}{8 \times 3600}$$

施工现场机械用水在结构施工高峰期内只有自卸汽车 3 台，查用水定额 $N_2 = 400 \sim 700$ L/（台·昼夜），取 $N_2 = 500$ L/（台·昼夜），查表 $k_3 = 2$，则：

$$q_2 = k_1 \sum Q_1 N_2 \times \frac{k_3}{8 \times 3600}$$

$$= \frac{1.05 \times 3 \times 500 \times 2}{8 \times 3600} = 0.11 \text{（L/s）}$$

3. 施工现场生活用水

$$q_3 = \frac{P_1 N_3 k_4}{t \times 8 \times 3600}$$

取 $k_4 = 1.5$，施工现场高峰昼夜人数 $P_1 = 93$ 人，N_3 一般为 $20 \sim 60$ L/（人·班），取 $N_3 = 40$ L/（人·班），每天工作班数 $t = 1$，则：

$$q_3 = \frac{P_1 N_3 k_4}{t \times 8 \times 3600}$$

$$= \frac{93 \times 40 \times 1.5}{1 \times 8 \times 3\,600} = 0.2 \ （L/s）$$

4. 居民区用水计算

取 $k_5 = 1.5$，生活区居民人数 $P_2 = 110$ 人（管理人员 17 人，工人 93 人），生活区全部用水定额 N_4 为 120 L/（人·天）。

生活区用水量 $q_4 = \dfrac{P_2 N_4 k_5}{24 \times 3\,600} = \dfrac{110 \times 120 \times 1.5}{24 \times 3\,600} = 0.23 \ （L/s）$

5. 消防用水

查居民区消防用水 $q_5 = 10$ L/s。

6. 总用水量计算

因 $q_1 + q_2 + q_3 + q_4 \leqslant q_5$，且工地面积小于 5 hm^2，因此 $Q = q_5 = 10$ L/s；考虑管路漏水损失，应增加 10% 水量；所以总用水量 $Q = 10 \times 1.1 = 11 \ （L/s）$。

7. 供水管路管径的计算

$D = \sqrt{\dfrac{4\,000 Q}{\pi v}} = \sqrt{\dfrac{4 \times 1\,000 \times 11}{3.14 \times 1.5}} = 96.65 \ （mm）$，查表 $v = 1.5$ m/s。

所以选总管直径为 100 mm（铸铁管）；支管选用 50 mm（钢管）；按支状管网布置，埋设在地下。

8. 室外消防栓的布置

给水管直径 100 mm，沿道路边布置 2 个消防栓，详见某职工宿舍楼工程总平面图。

9. 管线布置图

详见附录，某职工宿舍楼工程施工总平面图。

课题 5　临时供电设计

施工现场安全用电的管理，是安全生产文明施工的重要组成部分，临时用电施工组织设计也是施工组织设计的组成部分。

5.1　临时用电施工组织设计的内容和步骤

（1）现场勘探。
（2）确定电源进线、变电所、配电室、总配电箱、分配电箱等的位置及线路走向。
（3）进行荷载计算。
（4）选择变压器容量、导线截面和电器的类型、规格。
（5）绘制电器平面图、立面图和接线系统图。
（6）制定安全用电技术措施和电器防火措施。

5.2　施工现场临时用电计算

在施工现场临时用电设计中应按照临电负荷进行现场临电的负荷验算，校核业主所提供的电量是否能够满足现场施工所需电量，如何合理布置现场临电的系统。通过计算确定变压器规格、导线截面、各级电箱规格和系统图。

1. 用电量计算

建筑工地临时供电，包括施工用电和照明用电两个方面，其用量可按以下公式计算：

$$P_{计} = (1.05 \sim 1.1)(\frac{k_1}{\cos\varphi}\sum P_1 + k_2\sum P_2 + k_3\sum P_3 + k_4\sum P_4) \quad (8\text{-}20)$$

式中：$P_{计}$——计算用电量（kVA）；

1.05～1.1——用电不均衡系数；

$\sum P_1$——全部施工用电设备中电动机额定容量之和；

$\sum P_2$——全部施工用电设备中电焊机额定容量之和；

$\sum P_3$——室内照明设备额定容量之和；

$\sum P_4$——室外照明设备额定容量之和；

$\cos\varphi$——电动机的平均功率因素（在施工现场最高为 0.75～0.78，一般为 0.65～0.75）。

k_1、k_2、k_3、k_4——需要系数，如表 8-21 所示。

表 8-21　k_1、k_2、k_3、k_4 系数表

用电名称	数量	需要系数		备注
		k	数值	
电动机	3～10 台 11～30 台 30 台以上	k_1	0.7 0.6 0.5	（1）为使计算结果切合实际，式（8-21）中各项动力和照明用电，应根据不同工作性质分类计算； （2）单班施工时，用电量计算可不考虑照明用电； （3）由于照明用电比动力用电要少得多，故在计算总用电时，只在动力用电量式（8-20）括号内第 1、2 项之外再加 10% 作为照明用量即可
加工厂动力设备			0.5	
电焊机	3～10 台 10 台以上	k_2	0.6 0.5	
室内照明		k_3	0.8	
室外照明		k_4	1.0	

综合考虑施工用电约占总用电量的 90%，室内外照明用电约占 10%，则式（8-20）可进一步简化为：

$$P_{计} = 1.1(k_1\sum P_c + 0.1P_{计}) = 1.24k_1\sum P_c \quad (8\text{-}21)$$

式中：P_c——全部施工用电设备额定容量之和。

计算用电量时，可从以下各点考虑。

（1）在施工进度计划中施工高峰期同时用电机械设备最高数量。

（2）各种机械设备在施工过程中的使用情况。

（3）现场施工机械设备及照明灯具的数量。

施工机械设备用电定额参考表如表 8-22 所示。

表 8-22　施工机械设备用电定额参考表

机械名称	型号	功率/kW	机械名称	型号	功率/kW
塔式起重机	红旗 11-16 整体拖运	19.5	振动打拔桩机	DZ45	45
	QT40 TQ2-6	48		DZ45Y	30
				DZ55Y	55
	TQ60/80	55.5		DZ90B	90
	自升式 TQ90	58		DZ90A	90
			附着式振动器	ZW4	0.8
	自升式 QJ100	63		ZW5	1.1
				ZW7	1.5
	法国 PDTAIN 厂产，H5-56B5P（235 t·m）	150		ZW10	1.1
				ZW30-5	0.5
	法国 PDTAIN 厂产 H5-56B（235 t·m）	137	混凝土搅拌站	HL80	41
			混凝土输送泵	HB-15	32.2
			混凝土喷射机（回转式）	HPH6	7.5
	法国 POTAIN 厂产 TOPKTTF O/25（135 t·m）	160	混凝土喷射机（罐式）	HPG4	3
			插入式振捣器	ZX25	0.8
	法国 B.P.R 厂产 GTA91-83（450 t·m）	160		ZX35	0.8
				ZX50	1.1
	德国 PEINE 生产 SK280-055（307.314 t·m）	150		ZX50C	1.1
				ZX70	1.5
			蛙式夯实机	HW-32	1.5
	德国 PEINE 生产 SK560-05（675 t·m）	170		HW-60	3
			钢筋调直切断机	GT4/14	4
				GT6/14	11
				GT6/8	5.5
				GT3/9	7.5
平板式振动器	ZB5	0.5	钢筋切断机	QJ40	7
	ZB11	1.1		QJ40-1	5.5
				QJ32-1	3
冲击式钻孔机	YKC-20C	20	自落式混凝土搅拌机	JDL150 JD200 JD250	5.5
	YKC-22M	20			
	YKC-30M	40			
螺旋式钻孔机	BQ-2400	22		JD350	15
	KL400	40		JD500	18.5
	ZKL600	55			
	ZKL800	90			

机械名称	型号	功率/kW	机械名称	型号	功率/kW
混凝土振动台	ZT-1×2	7.5	卷扬机	JJK0.5	3
	ZT-1.5×6	30		JJK-0.5B	2.8
	ZT-2.4×6.2	55		JJK-1A	7
真空吸水器	HZX-40	4		JJK-5	40
	HZX-60A	4		JJZ-1	7.5
	改型泵Ⅰ号	5.5		JJZ-1	7
	改型泵Ⅱ号	5.5		JJk-3	28
预应力拉伸机油泵	ZB1/630	1.1		JJK-5	3
	ZB2X2/500	3		JJM-5	11
	ZB4/49	3		JJM-10	22
	ZB10/49	11	强制式混凝土搅拌机	JW250	11
振动式夯实机	HZD250	4		Jw500	30
钢筋弯曲机	GW40	3	电动弹涂机	DT120A	8
	WJ40	3	液压升降机	YSF25-50	3
	GW32	2.2	泥浆泵	红星30	30
交流电焊机	BX3-120-1	9		红星75	60
	BX3-300-2	23.4	液压控制台	YKT-36	7.5
	BX-500-2	38.6	自动控制、调平液压控制台	YZKT-56	11
	BX2-100（BC-1 000）	76	静电触探车	ZJYY-20A	10
直流电焊机	AX4-300-1（AG-300）	10	混凝土沥青地割机	BC-D1	5.5
	AX1-165（AB-165）	6	小型砌块成型机	GC-1	6.7
			载货电梯	JT1	7.5
			建筑施工外用电梯	SCD100/100A	11
	AX-320（AT-320）	14	木工电刨	MIB2-80/1	0.7
			木工刨板机	MB1043	3
	AX5-500		木工圆锯	MJ104	3
	AX3-500（AG-500）	26		MJ114	3
				MJ106	5.5
纸筋麻刀搅拌机	ZMB-10	3	脚踏截锯机	MJ217	7
灰浆泵	UB3	4	单面木工压刨床	MB103	3
挤压式灰浆泵	UBJ2	2.2		MB103A	4
灰气联合泵	UB78-1	5.5		MB106	7.5
粉碎淋灰机	FL-16	4		MB104A	4
单盘水磨石机	SF-D	2.2	双面木工压刨床	MB106A	4

续表

机械名称	型号	功率/kW	机械名称	型号	功率/kW
双盘水磨石机	SF-S	4	木工平刨床	MB503A	3
侧式磨光机	CM2-1	1	木工平刨床	MB504A	3
立面水磨石机	MQ-1	1.65	普通木工车床	MCD616B	3
墙面水磨石机	YM200-1	0.55	单头直榫开榫机	MX2112	9.8
地面磨光机	DM-60	0.4	灰浆搅拌机	UJ325	3
套丝切管机	TQ-3	1	灰浆搅拌机	UJ100	2.2
电动液压弯管机	WYQ	1.1	反循环钻孔机	BDM-1 型	22

现场室内照明用电定额参考表如表8-23所示。

表8-23 室内照明用电定额参考表

序号	用电定额	容量/（N/m²）	序号	用电定额	容量/（N/m²）
1	混凝土及灰浆搅拌站	5	13	学校	6
2	钢筋室外加工	10	14	招待所	5
3	钢筋室内加工	8	15	医疗所	6
4	木材加工（锯木及细木制做）	5～7	16	托儿所	9
5	木材加工（模板）	8	17	食堂或娱乐场所	5
6	混凝土预制构件厂	6	18	宿舍	3
7	金属结构及机电维修	12	19	理发店	10
8	空气压缩机及泵房	7	20	淋浴间及卫生间	3
9	卫生技术管道加工	8	21	办公楼、试验室	6
10	设备安装加工厂	8	22	棚仓库及仓库	2
11	变电所及发电站	10	23	锅炉房	3
12	机车或汽车停放库	5	24	其他文化福利场所	3

室外照明用电参考表如表8-24所示。

表8-24 室外照明用电参考表

序号	用电名称	容量	序号	用电名称	容量
1	安装及铆焊工程	2.0 W/m²	6	行人及车辆主干道	2 000 W/km
2	卸车场	1.0 W/m²	7	行人及非车辆主干道	1 000 W/km
3	设备存放、砂、石、木材、钢材、半成品存放	0.8 W/m²	8	打桩工程	0.6 W/m²
			9	砖石工程	1.2 W/m²
4	夜间运料（或不运料）	0.8（0.5）W/m²	10	混凝土浇筑工程	1.0 W/m²
			11	机械挖土工程	1.0 W/m²
5	警卫照明	1 000 W/km	12	人工挖土工程	0.8 W/m²

【特别提示】白天施工且没有夜班时可不考虑灯光照明。

2. 变压器容量计算

工地附近有 10 kV 或 6 kV 高压电源时，一般多采取在工地设小型临时变电所，装设变压器将二次电源降至 380 V/220 V，有效供电半径一般在 500 m 以内。大型工地可在几处设变压器（变电所）。

需要变压器容量可按以下公式计算：

$$P_{变} = \frac{1.05 P_{计}}{\cos\varphi} = 1.4 P_{计} \tag{8-22}$$

式中：$P_{变}$——变压器容量（kVA）；

     1.05——功率损失系数；

     $P_{计}$——变压器服务范围内的总用电量（kW）；

     $\cos\varphi$——用电设备功率因数，一般建筑工地取 0.7～0.75。

求得 $P_{变}$ 值，可查表 8-25 选择变压器容量和型号。

表 8-25　常用电力变压器性能表

型号	额定容量/ kVA	额定电压/kV		耗损/W		总量/ kg
		高压	低压	空载	短路	
SL7—30/10	30	6；6.3；10	0.4	150	800	317
SL7—50/10	50	6；6.3；10	0.4	190	1 150	480
SL7—63/10	63	6；6.3；10	0.4	220	1 400	525
SL7—80/10	80	6；6.3；10	0.4	270	1 650	590
SL7—100/10	100	6；6.3；10	0.4	320	2 000	685
SL7—125/10	125	6；6.3；10	0.4	370	2 450	790
SL7—160/10	160	6；6.3；10	0.4	460	2 850	945
SL7—200/10	200	6；6.3；10	0.4	540	3 400	1 070
SL7—250/10	250	6；6.3；10	0.4	640	4 000	1 235
SL7—315/10	315	6；6.3；10	0.4	760	4 800	1 470
SL7—400/10	400	6；6.3；10	0.4	920	5 800	1 790
SL7—500/10	500	6；6.3；10	0.4	1080	6 900	2 050
SL7—630/10	630	6；6.3；10	0.4	1300	8 100	2 760
SL7—50/35	50	35	0.4	265	1 250	830
SL7—100/35	100	35	0.4	370	2 250	1 090
SL7—125/35	125	35	0.4	420	2 650	1 300
SL7—160/35	160	35	0.4	470	3 150	1 465
SL7—200/35	200	35	0.4	550	3 700	1 695
SL7—250/35	250	35	0.4	640	4 400	1 890
SL7—315/35	315	35	0.4	760	5 300	2 185
SL7—400/35	400	35	0.4	920	6 400	2 510
SL7—500/35	500	35	0.4	1 080	7 700	2 810
SL7—630/35	630	35	0.4	1 300	9 200	3 225
SL7—200/10	200	10	0.4	540	3 400	1 260
SL7—250/10	250	10	0.4	640	4 000	1 450
SL7—315/10	315	10	0.4	760	4 800	1 695
SL7—400/10	400	10	0.4	920	5 800	1 975

续表

型号	额定容量/ kVA	额定电压/kV		耗损/W		总量/ kg
		高压	低压	空载	短路	
SL7—500/10	500	10	0.4	1 080	6 900	2 200
SL7—630/10	630	10	0.4	1 400	8 500	3 140
S6—10/10	10	10	0.433	60	270	245
S6—30/10	30	10	0.4	125	600	140
S6—50/10	50	10	0.433	175	870	540
S6—80/10	80	6~10	0.4	250	1 240	685
S6—100/10	100	6~10	0.4	300	1 470	740
S6—125/10	125	6~10	0.4	360	1 720	855
S6—160/10	160	6~10	0.4	430	2 100	990
S6—200/10	200	6~11	0.4	500	2 500	1 240
S6—250/10	250	6~10	0.4	600	2 900	1 330
S6—315/10	315	6~10	0.4	720	3 450	1 495
S6—400/10	400	6~10	0.4	870	4 200	1 750
S6—500/10	500	6~10.5	0.4	1 030	4 950	2 330
S6—630/10	630	6~10	0.4	1 250	5 800	3 080

3. 配电导线截面计算

导线截面一般根据用电量计算允许电流进行选择，然后再以允许电压降及机械强度加以校核。

1）按允许电流强度选择导线截面

配电导线必须能承受负荷电流长时间通过所引起的温升，而其最高温升不超过规定值。电流强度的计算如下。

（1）三相四线制线路上的电流强度可按式（8-23）计算：

$$I = \frac{1\,000P}{\sqrt{3}\,U_{\text{线}}\cos\varphi} \tag{8-23}$$

式中：I——某一段线路上的电流强度（A）；

P——该段线路上的总用电量（kW）；

$U_{\text{线}}$——线路工作电压值（V），三相四线制低压时，$U_{\text{线}} = 380\,\text{V}$；

$\cos\varphi$——功率因数，临时电路系统时，取 $\cos\varphi = 0.7 \sim 0.75$（一般取 0.75）。

将三相四线制低压线时，$U_{\text{线}} = 380\,\text{V}$ 值代入，式（8-24）可简化为：

$$I_{\text{线}} = 2P \tag{8-24}$$

即表示 1 kW 耗电量等于 2A 电流。

（2）二线制线路上的电流可按式（8-25）计算：

$$I = \frac{1\,000\,P}{U\cos\varphi} \tag{8-25}$$

式中：U——线路工作电压值（V），二相制低压时，$U = 220\,\text{V}$。

其余符号同前。

求出线路电流后，可根据导线持续允许电流，按表 8-26 初选导线截面，使导线中通过的电流控制在允许范围内。

表 8-26　配电导线持续允许电流强度（A）（空气温度 25℃时）

序号	导线标称截面/mm²	裸线			橡皮或塑料绝缘线（单芯 500 V）			
		TJ 型导线	钢芯铝绞线	LJ 型导线	BX 型（铜、橡）	BLX 型（铝、橡）	BV 型（铜、塑）	BLV 型（铝、塑）
1	0.75	—	—	—	18	—	16	—
2	1	—	—	—	21	—	19	—
3	1.5	—	—	—	27	19	24	18
4	2.5	—	—	—	35	27	32	25
5	4	—	—	—	45	35	45	32
6	6	—	—	—	58	45	55	42
7	10	—	—	—	85	65	75	50
8	16	130	105	105	110	85	105	80
9	25	180	135	135	145	110	138	105
10	35	220	170	170	180	138	170	130
11	50	270	215	215	230	175	215	165
12	70	340	265	265	285	220	265	205
13	95	415	325	325	345	265	325	250
14	120	485	375	375	400	310	375	285
15	150	570	440	440	470	360	430	325
16	185	645	500	500	540	420	490	380
17	240	770	610	610	600	510	—	—

2）按机械强度要求选择导线截面

配电导线必须具有足够的机械强度，以防止受拉或机械损伤时折断。在不同敷设方式下，导线按机械强度要求所必须达到的最小截面积应符合表 8-27 的规定。

表 8-27　导线按机械强度要求所必须达到的最小截面

导线用途	导线最小截面/mm²	
	铜线	铝线
照明装置用导线：户内用	0.5	2.5
户外用	1.0	2.5
双芯软电线：用于吊灯	0.35	—
用于移动式生产用电设备	0.5	—
多芯软电线及软电缆：用于移动式生产用电设备	1.0	—
绝缘导线：固定架设在户内支持件上，其间距为：		
2 m 及以下	1.0	2.5
6 m 及以下	2.5	4
25 m 及以下	4	10
裸导线：户内用	2.5	4
户外用	6	16
绝缘导线：穿在管内	1.0	2.5
设在木槽板内	1.0	2.5
绝缘导线：户外沿墙敷设	2.5	4
户外其他方式敷设	4	10

3）按导线允许电压降选择配电导线截面

配电导线上的电压降必须限制在一定限度之内，否则距变压器较远的机械设备会因电压不足而难以启动，或经常停机而无法正常使用；即使能够使用，也由于电动机长期处在低压运转状态，会造成电动机电流过大，升温过高而过早地损坏或烧毁。

按导线允许电压降选择配电导线截面的计算公式如下：

$$S = \frac{\sum (PL)}{C \cdot [\varepsilon]} = \frac{\sum M}{C \cdot [\varepsilon]} \qquad (8-26)$$

式中：S——配电导线的截面积（mm²）；

$\quad\quad$ P——线路上所负荷的电功率（即电动机额定功率之和）或线路上所输送的电功率（即用电量）（kW）；

$\quad\quad$ L——用电负荷至电源（变压器）之间的送电线路长度（m）；

$\quad\quad$ M——每一次用电设备的负荷距（kW·m）；

$\quad\quad$ $[\varepsilon]$——配电线路上允许的相对电压降（即以线路的百分数表示的允许电压降），一般为 2.5%～5%；

$\quad\quad$ C——系数，是由导线材料、线路电压和输电方式等因素决定的输电系数，如表 8-28 所示。

表 8-28 按允许电压降计算时的 C 值

线路额定电压/V	线路系统及电流种类	系数 C 值	
		铜线	铝线
380/220	三相四线	77	46.3
380/220	二相三线	34	20.5
220	单线或直流	12.8	7.75
110		3.2	1.9
36		0.34	0.21
24		0.153	0.092
12		0.038	0.023

以上通过计算或查表所选择的配电导线截面面积，必须同时满足以上三项要求，并以求得的三个导线截面面积中最大者为准，作为最后确定选择配电导线的截面面积。

实际上，配电导线截面面积计算与选择的通常方法是：当配电线路比较长，线路上的负荷比较大时，往往以允许电压降为主确定导线截面；当配电线路比较短时，往往以允许电流强度为主确定导线截面；当配电线路上的负荷比较小时，往往以导线机械强度要求为主选择导线截面。当然，无论以哪一种为主选择导线截面，都要同时符合其他两种要求，以求无误。

根据实践，一般建筑工地配电线路较短，导线截面可由允许电流选定；而在道路工程和给排水工程，工地作业线比较长，导线截面由电压降确定。

5.3 变压器及供电线路的布置

1. 变压器的选择与布置要求

扩建的单位工程施工时，一般只计算出在施工期间的用电总数，提供给建设单位解决，往往不另设变压器。只有独立的单位工程施工时，计算出现场用量后，才选用变压器。变压器的选择与布置要求如下。

（1）当施工现场只需设置一台变压器时，供电线路可按枝状布置，变压器应设置在引入电源的安全区域内。

（2）当工地较大，需要设置多台变压器时，应先用一台主降压变压器，将工地附近的110 kV或35 kV的高压电网上的电压降至10 kV或6 kV，然后再通过若干个分变压器将电压降至380/220 V。主变压器与各分变压器之间采用环状连接布置；每个分变压器到该变压器负担的各用电点的线路可采用枝状布置，分变电器应设置在用电设备集中、用电量大的地方或该变压器所负担区域的中心地带，以尽量缩短供电线路的长度；低压变电器的有效供电半径为400～500 m。

实际工程中，单位工程的临时供电系统一般采用枝状布置，并尽量利用原有的高压电网和已有的变压器。

2. 供电线路的布置要求

（1）工地上的3 kV、6 kV或10 kV的高压线路，可采用架空裸线，其电杆距离为40～60 m；也可采用地下电缆；户外380/220 V的低电压线路，可采用架空裸线，与建筑物、脚手架等距离相近时，必须采用绝缘架空线，其电杆距离为25～40 m；分支线或引入线均必须从电杆处连接，不得从两杆之间的线路上直接连接。电杆一般采用钢筋混凝土电杆；低压线路也可采用木杆。

（2）为了维修方便，施工现场一般采用架空配电线路，并尽量使其线路最短。要求现场架空线与施工建筑物水平距离不小于1 m，线与地面距离不小于4 m，跨越建筑物或临时设施时，垂直距离不小于2.5 m，线间距不小于0.3 m。

（3）各用电点必须配备与用电设备功率相匹配的、由闸刀开关、熔断保险、漏电保护器和插座等组成的配电器，其高度与安装位置应以操作方便、安全为准；每台用电机械或设备均应分设闸刀开关和熔断器，实行单机单闸，严禁一闸多机。

（4）设置在室外的配电箱应有防雨措施，严防漏电、短路及触电事故的发生。

（5）线路应布置在起重机的回转半径之外。否则应搭设防护栏，其高度要超过线路2 m，机械运转时还应采取相应措施，以确保安全。现场机械较多时，可采用埋地电缆，以减少互相干扰。

（6）新建变压器应远离交通要道出入口处，布置在现场边缘高压线接入处，离地高度应大于3 m，四周设有高度大于1.7 m的铁丝网防护栏，并设置明显标志。

 实训课堂

实训十　单位工程施工临时供电设计

一、现场临时供电计算

现场临时用电计算，如表8-29所示。

表 8-29 现场临时用电计算

项目	计算公式	符号意义
现场用电量	建筑现场临时供电，包括施工及照明用电两部分，其用电量按下式计算：$$P_{计} = (1.05 \sim 1.1)(\frac{k_1}{\cos\varphi}\sum P_1 + k_2\sum P_2 + k_3\sum P_3 + k_4\sum P_4)$$ 一般建筑现场多采用一班制，少数采用两班制，因此综合考虑施工用电约占总用电量的 90%，室内外照明用电约占 10% 则上式可简化为：$$P_{计} = 1.1(k_1\sum P_c + 0.1P_{计}) = 1.24k_1\sum P_c$$	$P_{计}$——计算用电量（kW）；1.05～1.1——用电不均衡系数；$\sum P_c$——全部施工用电设备额定用电量之和，如表 8-21 所示；$\sum P_1$——全部施工用电设备中电动机额定容量之和；$\sum P_2$——全部施工用电设备中电焊机额定容量之和；$\sum P_3$——室内照明设备额定用电量之和；$\sum P_4$——室外照明设备额定用电量之和；k_1——全部施工用电设备同时使用电动机系数，总台数在 10 台以内，$k_1 = 0.7$；10～30 台，$k_1 = 0.6$；30 台以上，$k_1 = 0.5$；
变压器用电量	当现场附近有 10 kW 或 6 kW 高压电源，可设变压器降压至 380/220 V，有效供电半径一般在 500 m 内，大型现场可在几处设变压器（变电所），需要变压器容量，可按下式计算：$$P_{变} = \frac{1.05P_{计}}{\cos\varphi} = 1.4P_{计}$$ 求得的 $P_{变}$ 值，可查表 8-25 选择变压器型号和额定容量	k_2——电焊机需用系数，总台数 3～10 台，$k_2 = 0.6$；10 台以上，$k_2 = 0.5$；k_3——室内照明设备同时使用系数，取 $K_3 = 0.8$；k_4——室外照明设备同时使用系数，取 $K_4 = 1.0$；$P_{变}$——变压器容量（kVA）；1.05——功率损失系数；$\cos\varphi$——用电设备功率因数，一般建筑现场取 0.75；
配电导线截面的选择	导线截面一般根据用电量计算允许电流进行选择，然后再以允许电压降、机械强度加以校核；(1) 按导线的允许电流选择三相四线制低压线路上的电流，可按下式计算：$$I_{线} = \frac{1000P_{计}}{\sqrt{3} \cdot U_{线} \cdot \cos\varphi}$$ 将 $U_{线} \cdot \cos\varphi$ 值代入上式可简化为：$$I_{线} = 2P_{计}$$ 即表示 1 kW 耗电量等于 2A 电流。建筑现场常用配电导线规格及允许电流，按表 8-26 数值初选导线截面，使导线中通过的电流控制在允许范围内 (2) 按导线允许电压降校核；配电导线截面的电压降可按下式计算：$$\varepsilon = \frac{\sum P \cdot L}{C \cdot S} = \frac{\sum M}{C \cdot S} \leqslant [\varepsilon] = 7\%$$ (3) 按导线机械强度校核：当线路上电杆间距为 25～40 m 时，其允许的导线最小截面，按表 8-27 查用。所选导线截面应同时满足要求，以其最大导线截面作为最后确定值	$I_{线}$——线路工作电流值（A）；$U_{线}$——线路工作电压值（V），三相四线制低压时，$U_{线} = 380$ V；ε——导线电压降；$\sum P$——各段线路负荷计算功率（kW），即计算用量 $\sum P_{计}$；L——各段线路长度（m）；M——负荷矩（kW·m），即 $\sum P_{计} \cdot L$；C——材料内部系数，三相四线制铜线为 77，铝线为 46.3；S——导线截面（mm²）；$[\varepsilon]$——导线允许电压降，对现场临时网路取 7%

二、施工临时供电设计实例

【例8-3】 施工工地施工机具设备用电量及供电线路布置如图8-6所示，试进行施工供电设计。

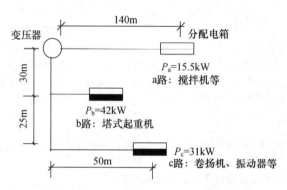

图8-6 施工供电线路及设备用电量简图

【案例剖析】

（1）工地用电量计算。

全部电动机总功率：

$$\sum P_1 = P_a + P_b + P_c = 15.5 + 42 + 31 = 88.5 \ （kW）$$

取 $k_1 = 0.7$（因浇筑混凝土时，搅拌机、塔式起重机、振动器等都需同时工作。）

取 $\cos\varphi = 0.75$，考虑照明用电为动力用电的 10%，则：

$$P = 1.05 \times 1.1 \times k_1 \frac{\sum P_1}{\cos\varphi} = 1.05 \times 1.1 \times 0.7 \times \frac{88.5}{0.75} = 95.40 \ （kW）$$

（2）变压器容量计算：

$$P_0 = \frac{1.05P}{\cos\varphi} = \frac{1.05 \times 95.4}{0.75} = 133.56 \ （kVA）$$

输入工地的高压电源为 10 kV，查表 8-25，选用 SL7-160/10 型电力变压器，额定容量 160 kVA > 133.56 kVA。

（3）配电导线截面选择：

① a 路：按导线的允许电流选择：

$$I_1 = 2P = 2 \times 15.5 = 31 \ （A）$$

查表 8-26，选用 4 mm^2 塑料绝缘铝芯线（BLV 型）。

按导线允许电压降选择：

$$S = \frac{\sum PL}{C[\varepsilon]} = \frac{15.5 \times 140}{46.3 \times 7} = 6.7 \ （mm^2）$$

按机械强度选择：查表 8-27，得塑料绝缘铝芯线户外敷设，最小截面为 10 mm^2。

三者中选择最大值，故选择 10 mm^2 塑料绝缘铝芯线。

② b 路与 c 路交界到变压器段导线，因距离短，可按导线允许电流选择：

$$I_1 = 2P = 2 \times (42 + 31) = 146 \ （A）$$

查表 8-26，选用 50 mm^2 塑料绝缘铝芯线，中线则选用小一号的 35 mm^2 即可。

③ b 路：选用塔式起重机电源馈电电缆 YHC（$3 \times 16 + 1 \times 6$），YHC 型为移动式铜芯软电缆，$3 \times 16 + 1 \times 6$ 即三芯 $16\,\text{mm}^2$，第四芯供接地接零保护用，截面为 $6\,\text{mm}^2$。

$$I_1 = 2P = 2 \times 42 = 84 \;（\text{A}）$$

④ c 路：$\sum P_c = 31\,\text{kW}$；

按导线的允许电流选择：

$$I_1 = 2P = 2 \times 31 = 62 \;（\text{A}）$$

查表 8-26，选 $16\,\text{mm}^2$ 塑料绝缘铝芯线，符合允许电压降和机械强度要求。

【例 8-4】 某两幢多层住宅楼工程，每幢建筑面积为 $2\,803\,\text{m}^2$，共计 $5\,606\,\text{m}^2$，施工前，室外管线均接通至小区干线，用电设施如下：塔式起重机 2 台，共计 $72\,\text{kW}$；400 L 搅拌机 2 台，共计 $20\,\text{kW}$；3 t 卷扬机 2 台，共计 $15\,\text{kW}$；振捣器 4 台，共计 $6\,\text{kW}$；蛙式打夯机 2 台，共计 $6\,\text{kW}$；电锯和电刨等 $30\,\text{kW}$；电焊机 2 台，共计 $41\,\text{kW}$；室外照明用电为 $25\,\text{kW}$，计算用电量并选变压器。

【案例剖析】 已经查表：$\phi = 1.05 \sim 1.1$ 取 1.1；$k_1 = 0.6, k_2 = 0.6, k_3 = 0, k_4 = 1.0$

由公式：$P = \phi\left(\dfrac{k_1}{\cos\varphi}\sum P_1 + k_2 \sum P_2 + k_3 \sum P_3 + k_4 \sum P_4\right)$ 得，

$$P = 1.1 \times \left[\dfrac{0.6}{0.75} \times (72 + 20 + 15 + 6 + 6 + 30) + 0.6 \times 41 + 1 \times 25\right] = 185.68 \;（\text{kVA}）$$

查表，可选用 SL7-200/10 变压器一台。

【例 8-5】 某工业厂房建筑工地，高压电源为 $10\,\text{kV}$，临时供电线路布置、设备用量如图 8-7（a），共有设备 15 台，取 $k_1 = 0.7$，施工采取单班制作业，部分因工序连续需要采取两班制作业，试计算确定（1）用电量；（2）需要变压器型号、容量；（3）导线截面。

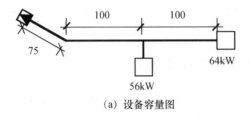

（a）设备容量图

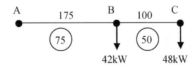

（b）计算用电量简图

图 8-7 供电线路布置与设备容量图

【案例剖析】 计算用量取 75%，如图 8-7（b）。敷设动力、照明 380 V/220 V 三相四线制混合型架空线路，按枝状线路布置架设。

（1）计算施工用电量：

$$P_\text{计} = 1.24 k_1 \sum P_c = 1.24 \times 0.7 \times (56 + 64) = 104 \;（\text{kW}）$$

（2）计算变压器容量和选择型号：

$$P_\text{变} = 1.4 P_\text{计} = 1.4 \times 104 = 146 \;（\text{kVA}）$$

当地高压供电 10 kV，查表得型号为 SJ-180/10，变压器额定容量 180 kVA > 146 kVA，可满足要求。

（3）确定配电导线截面

① 按导线允许电流选择：该线路工作电流为 $I_{线} = 2P_{计} = 2 \times 104 = 208$（A）。

为安全起见，选用 BLX 型铝芯橡皮线，查表得，当选用 BLX 型导线截面为 70 mm² 时，持续允许电流为 220 A > 208 A，可满足要求。

② 按导线允许电压降校核：该线路电压降为

$$\varepsilon_{AC} = \frac{\sum M}{C \cdot S} = \frac{M_{AB} + M_{BC}}{C \cdot S} = \frac{(42 + 48) \times 175 + 48 \times 100}{46.3 \times 70} = 6.3 < [\varepsilon] = 7\%$$

线路 AC 段导线截面为：$S_{AC} = \dfrac{M}{C \cdot [\varepsilon]} = \dfrac{M_{AB} + M_{BC}}{C \cdot [\varepsilon]} = \dfrac{20\,550}{46.3 \cdot 7} = 63.4$（mm²）

仍选用 70 mm² 即可。

线路 AB 段电压降为：$\varepsilon_{AB} = \dfrac{M_{AB}}{C \cdot S_{AB}} = \dfrac{15\,750}{46.3 \times 70} = 4.86\%$

线路 BC 段电压降应大于：$\varepsilon_{BC} = 7\% - 4.86\% = 2.14\%$

线路 BC 段导线需要截面为：$S_{BC} = \dfrac{M_{BC}}{C \cdot \varepsilon_{BC}} = \dfrac{4\,800}{46.3 \times 2.14} = 48.4$（mm²）

选用 BC 段导线需要截面 50 mm²。

③ 将所选用导线按允许电流校核：$I_{BC} = 2 \times 48 = 96$（A）

查表得，当选用 BLX 型线截面为 50 mm² 时，持续允许电流为 175 A > 96 A，所以可以满足温升要求。

④ 按导线机械强度校核：线路上各段导线截面均大于 10 mm²，大于允许的最小截面，可满足机械强度要求。

三、单位工程临时用电设计实例

下面以附录某职工宿舍工程为例，进行施工临时用电设计。

某职工宿舍楼工程临时用电设计如下。

1. 施工用电设备

施工用电设备，如表 8-30 所示。

2. 用电量的计算

电动机额定功率 $P_1 = (150 + 39 + 3 + 5.5 + 7.5 + 1.1 + 2.2 + 3 + 21 + 3 + 15)$ kW = 250.3 kW；

电焊机额定容量 $P_2 = (18 + 3)$ kW = 21 kW；

室内照明容量 $P_3 = (0.44 + 0.3 + 2.24 + 0.08)$ kW = 3.06 kW；

室外照明容量 $P_4 = 0.36$ kW；

$$P = \Phi\left(\frac{k_1}{\cos\varphi}\sum P_1 + k_2 \sum P_2 + k_3 \sum P_3 + k_4 \sum P_4\right)$$

$$= 1.1 \times \left(\frac{0.6 \times 250.3}{0.7} + 0.6 \times 21 + 0.8 \times 3.06 + 0.36\right) = 253 \text{（kW）}$$

表 8-30　施工用电设备

序号	机械设备名称	规格型号	数量	单位	功率		备注
					每台	小计	
1	塔吊	德国 PEINE	1	台	150	150	臂长 60 m
2	钢井架		3	座	13	39	主体施工及装修施工用
3	电焊机	BX3-120-1	2	台	9	18	基础及主体施工用
4	钢筋弯曲机	GW40	1	台	3	3	
5	钢筋切断机	QJ40-1	1	台	5.5	5.5	
6	钢筋调直机	GT3/9	1	台	7.5	7.5	
7	电渣压力焊	17 kVA	1	台	3	3	
8	平板振动器	ZB11	1	台	1.1	1.1	
9	插入式振动器	ZX50	2	套	1.1	2.2	
10	木工圆盘锯	MJ114	1	台	3	3	
11	卷扬机	JJ1K	3	台	7	21	
12	打夯机	1.5 kW	2	台	1.5	3	
13	自落式混凝土搅拌机	JD350	1	台	15	15	

3. 变压器功率的计算

$$P_变 = \frac{KP}{\cos\varphi} = \frac{1.05 \times 253}{0.75} = 354.2 \ (kW)$$

通过查表，选用 SL7-400/10 型号的变压器。

4. 施工区导线截面的选择

（1）按机械强度选择。查表得，选用铝线户外方式敷设，导线截面为 10 mm²。

（2）按允许电流选择。三相四线制线路上的电流计算：

$$I = \frac{1000 P}{\sqrt{3} V_线 \cos\varphi} = \frac{253 \times 1000}{1.732 \times 380 \times 0.75} = 0.513 \ (A)$$

通过查配电导线持续允许电流表，选用 BLX 型铝芯橡皮线，截面为 2.5 mm²。

（3）按允许电压降选择

以钢筋加工场导线截面为例说明如下：

$$S = \frac{\sum (PL)}{C \cdot [\varepsilon]} = \frac{207.46}{46.3 \times 7\%} = 6.4 \ (mm^2)$$

综上所述，满足要求，选用导线截面为 10 mm²。

5. 居民区导线截面的选择

同施工区为 10 mm²。

6. 线路布置图

详见附录，某职工宿舍工程施工总平面布置图。

课题6　CAD绘制单位工程施工平面图

近年来，随着计算机及CAD软件的普及，施工平面图也可采用CAD软件来绘制。用CAD软件绘制施工平面图的特点是：绘制速度快，各部分尺寸准确，绘制质量高，便于调整各部分之间的相对关系。

单位工程施工平面图一般由图例和场地布置图两部分组成。

1. 图例

施工平面图中的临时水路、临时电路、垂直起重设备、砂浆搅拌机、围墙、施工道路、电源、消防栓、水源等都有专门的图例表示，可详见附录A（施工平面图图例）。

2. 场地布置图

围绕拟建建筑，在拟建建筑轮廓外，场地围墙之间将图中各项临时设施准确地布置在场地平面上，形成场地布置图，同时，将水电管网和临时道路、砂石堆场等在图中一一标明，如附录F（某职工宿舍施工总平面图，该图系采用CAD软件绘制的）。

小　结

单位工程施工现场平面布置，是对拟建工程的施工现场，根据施工需要的内容，按一定的规则而做出的平面和空间的规划。它是一张用于指导拟建工程施工的现场平面布置图。

1. 设计内容

（1）绘制施工现场的范围：包括用地范围，拟建建筑物位置、尺寸及与已有土地上、地下的一切建筑物、构筑物、管线和场外高压线设施的位置关系尺寸、测量放线标线的位置、出入口及临时围墙。

（2）大型起重机械设备的布置及开行线路位置。

（3）施工电梯、龙门架垂直运输设施的位置。

（4）场内临时施工道路的布置。

（5）确定混凝土搅拌机、砂浆搅拌机或混凝土输送泵的位置。

（6）确定材料堆场和仓库。

（7）确定办公及生活临时设施的位置。

（8）确定水源、电源的位置：变压器、供电线路、供水干管、泵送、消防水栓的位置。

（9）现场排水系统位置。

（10）安全防火设施位置。

（11）其他临设布置。

2. 施工现场平面设计的步骤

确定起重机械的位置→确定搅拌站、加工棚、仓库、材料及构件堆场的尺寸和位置→布置运输道路→布置临时设施→布置水电管网→布置安全消防设施→调整优化。

通过学习和实训，应具备能独立编制单位工程施工平面图的能力。

推荐阅读资料

1. 中华人民共和国国家标准《建筑施工组织设计规范》（GB/T 50502—2009）。
2. 《施工现场临时建筑物技术规范》（JGJ/T 188—2009）。
3. 《建筑施工手册（之施工组织设计）》第五版，中国建筑工业出版社。
4. 《建筑施工组织设计数据手册》周海涛 主编，山西科学技术出版社。
5. 《建筑施工组织设计计算手册》梁敦维 主编，山西科学技术出版社。
6. 《建筑工程施工组织设计编制手册》潘全祥 主编，中国建筑工业出版社。
7. 《施工组织设计》卢青 主编，机械工业出版社。

学习鉴定

一、填空题

1. 按照消防要求，施工现场道路的最小宽度为＿＿＿＿ m。
2. 现场临时消火栓管径为 100 m 时，其间距不得超过＿＿＿＿ m，距拟建建筑的距离在＿＿＿＿ m 范围内。
3. 在塔吊控制范围内，现场临时供电线路应采用＿＿＿＿的形式。

二、单选题

1. 单位工程施工平面布置图绘制比例一般为（　　）。
   - A. 1∶50～1∶100
   - B. 1∶100～1∶200
   - C. 1∶200～1∶500
   - D. 1∶500～1∶1 000

2. 单位工程施工平面图设计时应首先确定（　　）。
   - A. 搅拌机的位置
   - B. 变压器的位置
   - C. 现场道路的位置
   - D. 起重机械的位置

3. 施工现场运输道路应满足材料、构件等的运输要求，道路最好为环形布置，宽度不小于（　　）。
   - A. 2 m
   - B. 3 m
   - C. 3.5 m
   - D. 6 m

4. 施工现场运输道路考虑消防车的要求时，其宽度不得小于（　　）。
   - A. 2 m
   - B. 3 m
   - C. 3.5 m
   - D. 6 m

三、多选题

1. 单位工程施工平面图的设计要求包括（　　）。
   - A. 紧凑合理，减少用地
   - B. 满足编制施工方案的要求
   - C. 缩短运距，减少搬运
   - D. 尽量降低临时设施费用
   - E. 利于生产生活，符合有关法规

2. 单位工程施工平面图设计时，对塔式起重机的布置要求包括（　　）。
   - A. 应布置在场地较宽阔的一侧
   - B. 轨道行驶者要距建筑物及脚手架有足够的安全距离
   - C. 按现场临时道路的位置考虑塔式起重机的位置

D. 服务范围尽量覆盖整个建筑物，避免死角

E. 要邻近现场变压器

3. 单位工程施工平面图设计时，对现场搅拌站布置要求包括（　　）。

A. 尽可能布置在混凝土垂直运输机械附近

B. 搅拌所用材料应围绕搅拌机布置，保证上料方便

C. 大宗搅拌材料应近邻道路，保证进料方便

D. 搅拌机应露天设置

E. 搅拌站附近应设置排水沟和污水沉淀池

4. 单位工程施工平面图设计时，对现场临时道路的布置要求包括（　　）。

A. 尽可能利用已有道路或永久性道路

B. 尽量采用环型或者 U 型布置

C. 转弯半径要符合运输车辆的要求

D. 尽量加大道路宽度

E. 考虑消防车道时，道路宽度不得小于 3 m

四、问答题

1. 何谓施工平面图，施工平面图的设计原则是什么？

2. 施工平面图设计的主要步骤是什么？

3. 单位工程施工平面图设计程序是什么？

4. 单位工程施工平面图设计内容有哪些？

5. 固定式垂直运输机械布置时应考虑哪些因素？

6. 试述施工道路的布置要求？

7. 现场临时设施有哪些内容？临时供水、供电有哪些布置要求？

8. 试述塔式起重机的布置要求？

9. 搅拌机布置与砂、石、水泥库的布置有何关系？

10. 试述施工现场对临时消防栓布置的要求？

11. 何谓单位工程施工平面图？施工平面图设计的主要步骤是什么？

12. 单位工程施工平面图设计的主要内容有哪些？

五、计算题

1. 某工地面积为 10 ha，临时供水管线布置如图 8-8 所示，已决定主管和干管采用铸铁给水管，管线内水流速度 $v = 1.40$ m/s，试确定主管和干管的管径。

2. 市内某工程，根据总进度计划，确定施工高峰和用水高峰期在 7、8、9 三个月，其每月每天（单班工作）的主要工程量及施工人数如下：浇筑混凝土 110 m³；砌砖墙 72 千块；粉刷 260 m²；施工人员 350 人，试计算该工程的总用水量及管径。

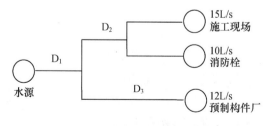

图 8-8　临时供水管线布置图

实训任务

绘制某住宅楼工程施工现场平面布置图

（1）实训任务

根据附录《某住宅楼工程》施工图纸和教师自选某住宅区总平面布置图，进行设计绘制施工现场平面图，比例 1∶100

（2）任务要求

① 绘出在建工程的平面形状及周围现状。

② 选择垂直运输设备并确定其平面位置。

③ 设计并绘制现场临时道路。

④ 设计并布置临时水、电线路。

⑤ 绘制各种材料堆场和临时办公、生产、生活设施。

单位工程施工组织设计的技术经济分析

学习目标

1. 熟悉单位工程施工组织设计的技术经济分析的意义；
2. 熟悉单位工程施工组织设计的技术经济指标体系。

技能目标

具备单位工程施工组织设计评选的能力。

问题引入

工程项目投标中，如果你是评标委员会的成员，在对多个投标人的"技术标"（施工组织设计）评选时，如何评价"技术标"的优和劣？就必须进行技术经济分析。下面来学习如何对单位工程施工组织设计做技术经济分析。

1. 技术经济分析的目的

技术经济分析的目的是，论证施工组织设计在技术上是否可行，在经济上是否合理，通过科学的计算和分析比较，选择技术经济效果最佳的方案，为不断改进和提高施工组织设计水平提供依据，为寻求增产节约途径和提高经济效益提供信息。技术经济分析既是单位工程施工组织设计的内容之一，也是必要的设计手段。

2. 技术经济分析的基本要求

（1）全面分析。要对施工的技术方法、组织方法及经济效果进行分析，对需要与可能进行分析，对施工的具体环节及全过程进行分析。

（2）做技术经济分析时应抓住施工方案、施工进度计划和施工平面图三大重点。并据此建立技术经济分析指标体系。

（3）在做技术经济分析时，要灵活运用定性方法和有针对性地应用定量方法。在做定量分析时，应对主要指标、辅助指标和综合指标区别对待。

（4）技术经济分析应以设计方案的要求、有关的国家规定及工程的实际需要为依据。

3. 单位工程施工组织设计中技术经济分析的指标体系

单位工程施工组织设计中技术经济指标应包括工期指标、劳动生产率指标、质量指标、安全指标、成本率、主要工程工种机械化程度、三大材料节约指标等。这些指标应在单位工程施工组织设计基本完成后进行计算，并反映在施工组织设计文件中，作为考核的依据。

施工组织设计技术经济分析指标在如图 9-1 所示的指标体系中选用。其中，主要指标如下。

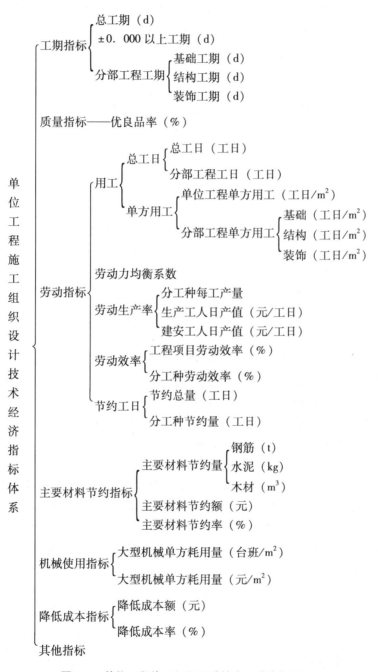

图 9-1 单位工程施工组织设计技术经济指标体系

（1）总工期指标。即从破土动工到竣工的全部日历天数。

（2）质量优良品率。它是在施工组织设计中确定的控制目标，主要通过保证质量措施实现，可分别对单位工程、分部（分项）工程进行确定。

（3）单方用工。它反映劳动的使用和消耗水平。不同建筑物的单方用工之间有可比性。

$$单方用工 = \frac{总用工量/工日}{建筑面积/m^2} \tag{9-1}$$

（4）主要材料节约指标。主要材料节约情况随工程不同而不同，靠材料节约措施实现，分别计算主要材料节约量、主要材料节约额或主要材料节约率。

$$主要材料节约量 = 技术组织措施节约量$$

$$或： \quad 主要材料节约量 = 预算用量 - 施工组织设计计划用量 \tag{9-2}$$

$$主要材料节约率 = \frac{主要材料计划节约额/元}{主要材料预算金额} \times 100\%$$

$$或： \quad 主要材料节约率 = \frac{主要材料节约量}{主要材料预算用量} \times 100\% \tag{9-3}$$

（5）大型机械耗用台班数及费用。

$$大型机械单方耗用台班数 = \frac{耗用总台班数/台班}{建筑面积/m^2} \tag{9-4}$$

$$单方大型机械费 = \frac{计划大型机械台班费/元}{建筑面积/m^2} \tag{9-5}$$

（6）降低成本指标。

$$降低成本额 = 预算成本 - 施工组织设计计划成本 \tag{9-6}$$

$$降低成本率 = \frac{降低成本额/元}{预算成本/元} \times 100\% \tag{9-7}$$

4. 单位工程施工组织设计技术经济分析的重点

技术经济分析应围绕质量、工期、成本三个主要方面，方案选用的原则是在质量能达到优良的前提下，工期合理，成本节约。

对于单位工程施工组织设计，不同的设计内容，应有不同的技术经济分析重点。

（1）基础工程应以土方工程、现浇混凝土、打桩、排水和防水、运输进度与工期为重点。

（2）结构工程应以垂直运输机械选择、流水段划分、劳动组织、现浇钢筋混凝土支模、绑钢筋、混凝土浇筑与运输、脚手架选择、特殊分项工程施工方案和各项技术组织措施为重点。

（3）装饰工程应以施工顺序、质量保证措施、劳动组织、分工协作配合、节约材料及技术组织措施为重点。

单位工程施工组织设计的技术经济分析重点是：工期、质量、成本，劳动力使用，场地占用和利用，临时设施，协作配合，材料节约，新技术、新设备、新材料、新工艺的采用。

5. 技术经济分析方法

1）定性分析方法

定性分析法是根据经验对单位工程施工组织设计的优劣进行分析。例如，工期是否适当，可按一般规律或施工定额进行分析。选择的施工机械是否适当，主要看它能否满足使用要求、机械提供的可能性等。流水段的划分是否适当，主要看它是否给流水施工带来方便。施工平面图设计是否合理，主要看场地是否合理利用。临时设施费用是否适当。定性分析法比较方便，但不精确，不能优化，决策易受主观因素制约。

2）定量分析方法

（1）多指标比较法。该方法简便实用，也用得较多。比较时要选用适当的指标，注意可比性。有两种情况要区别对待。

① 一个方案的各项指标明显优于另一个方案，可直接进行分析比较。

② 几个方案的指标优劣有穿插、互有优势，则应以各项指标为基础、将各项指标的值按照一定的计算方法进行综合后得到一个综合指标进行分析比较。通常的方法是：首先根据多指标中各项指标在技术经济分析中的重要性的相对程度，分别定出权值 W_i；再用同一指标依据其在各方案中的优劣程度定出其相应的分值 C_{ij}；假设有 m 个方案和 n 种指标，则第 j 方案的综合指标值为 A_j。

$$A_j = \sum_{i=1}^{n} C_{ij} W_i$$

式中：$j = 1,2,3,\cdots,m$；

　　　$i = 1,2,3,\cdots,n$。

综合指标值最大者为优化方案。

（2）单指标比较法。该方法多用于建筑设计方案的分析比较。

小　　结

本项目主要介绍了单位工程施工组织设计的技术经济分析的目的、基本要求以及技术经济分析的指标体系。

单位工程施工组织设计技术经济指标体系包括工期指标、质量指标、劳动指标、主要材料节约指标、机械使用指标、降低成本指标以及其他指标。

学习鉴定

1. 简述单位工程施工组织设计技术经济分析的意义？
2. 简述单位工程施工组织设计技术经济分析的方法？

实训任务

计算某住宅楼工程施工组织设计的技术经济指标

（1）实训任务

计算某住宅楼工程施工组织设计的技术经济指标。

（2）任务要求

用树状图表达技术经济指标，有计算过程。

施工平面图图例

序号	名称	图例	序号	名称	图例
一、地形及控制点					
1	三角点		2	水准点	
3	原有房屋		4	窑洞：地上、地下	
5	蒙古包		6	坟地、有树坟地	
7	石油、盐、天然气井		8	竖井：矩形、圆形	
9	钻孔	钻	10	浅深井、试坑	
11	等高线：基本的、补助的		12	土堤、土堆	
13	坑穴		14	断崖（2.2为断崖高度）	2.2
15	滑坡		16	树林	
17	竹林		18	耕地：稻田、旱地	
二、建筑物、构筑物					
1	拟建正式房屋		2	施工期间利用的拟建正式房屋	

续表

序号	名称	图例	序号	名称	图例
3	将来拟建正式房屋		4	临时房屋：密闭式、敞棚式	
5	拟建的各种材料围墙		6	临时围墙	—— x —— x ——
7	建筑工地界线		8	工地内的分区线	■ ■ ■ ■ ■ ■
9	烟囱		10	水塔	
11	房角坐标	x=1530 y=2156	12	室内地面水平标高	105.10

三、交通运输

序号	名称	图例	序号	名称	图例
1	现有永久公路		2	拟建永久道路	
3	施工用临时道路		4	现有大车道	
5	现有标准轨铁路		6	拟建标准轨铁路	
7	施工期间利用的拟建标准轨铁路		8	现有的窄轨铁路	
9	施工用临时窄轨铁		10	转车盘	
11	道口		12	涵洞	
13	桥梁		14	铁路车站	
15	索道（走线滑子）		16 17 18 19 20	水系流向 人行桥 车行桥 渡口 码头 顺岸式 蚕船式 堤坝式	(10 t)

序号	名称	图例	序号	名称	图例
21	船只停泊场		22	临时岸边码头	
23	桩式码头		24	趸船船头	

四、材料、构件堆场

序号	名称	图例	序号	名称	图例
1	临时露天堆场		2	施工期间利用的永久堆场	
3	土堆		4	砂堆	
5	砾石、碎石堆		6	块石堆	
7	砖堆		8	钢筋堆场	
9	型钢堆场		10	铁管堆场	
11	钢筋成品场		12	钢结构场	
13	屋面板存放场		14	砌块存放场	
15	墙板存放场		16	一般构件存放场	
17	原木堆场		18	锯材堆场	
19	细木成品场		20	粗木成品场	
21	矿渣、灰渣堆		22	废料堆场	
23	脚手、模板堆场				

五、动力设施

序号	名称	图例	序号	名称	图例
1	临时水塔		2	临时水池	
3	储水池		4	永久井	

续表

序号	名称	图例	序号	名称	图例
5	临时井		6	加压井	
7	原有的上水管线		8	临时给水管线	— S — S —
9	给水阀门（水嘴）		10	支管接管位置	— S —
11	消火栓（原有）		12	消火栓（临时）	
13	消火栓		14	原有上下水井	
15	拟建上下水井		16	临时上下水井	
17	原有的排水管线	— \ — \ —	18	临时排水管线	— P —
19	临时排水沟		20	原有化粪池	
21	拟建化粪池		22	水源	
23	电源		24	总降压变电站	
25	发电站		26	变电站	
27	变压器		28	投光灯	
29	电杆		30	现有高压6 kV线路	—WW —WW —
31	施工期间利用的永久高压（6 kV）线路	—LWW —LWW —	32	临时高压（3～5 kV）线路	— W . — W . —
33	现有低压线路	—VV —VV —	34	施工期间利用的永久低压线路	—LVV —LVV —
35	临时低压线路	— V — V —	36	电话线	— -o- — -o- —
37	现有暖气管道	— T — T —	38	临时暖气管道	— Z —
39	空压气站		40	临时压缩空气管道	—YS —
		六、施工机械			
1	塔轨		2	塔吊	

序号	名称	图例	序号	名称	图例
3	井架		4	门架	
5	卷扬机		6	履带式起重机	
7	汽车式起重机		8	缆式起重机	
9	铁路式起重机		10	皮带运输机	
11	外用电梯		12	少先吊	
13	挖土机：正铲 反铲 抓铲 拉铲		14	多斗挖土机	
15	推土机		16	铲运机	
17	混凝土搅拌机		18	灰浆搅拌机	
19	洗石机		20	打桩机	
21	水泵		22	圆锯	

七、其他

序号	名称	图例	序号	名称	图例
1	脚手架		2	壁板插放架	
3	淋灰池	灰	4	沥青锅	
5	避雷针				

某职工宿舍 JB 型工程施工图

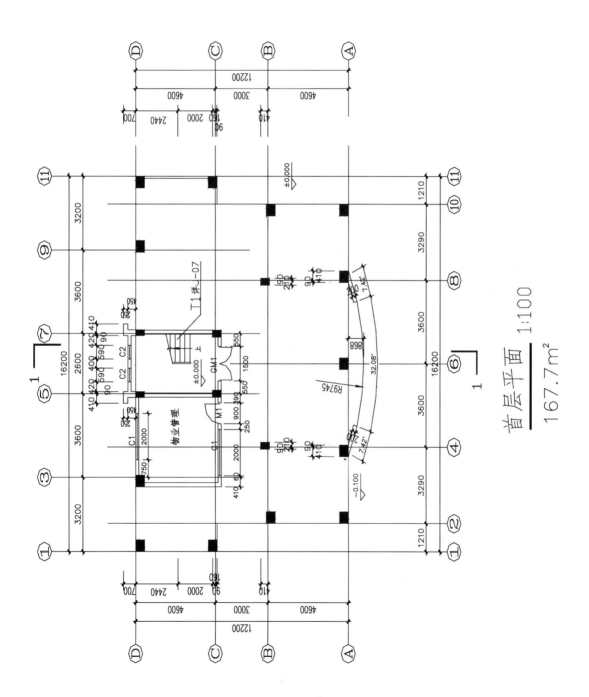

首层平面 1:100

167.7m²

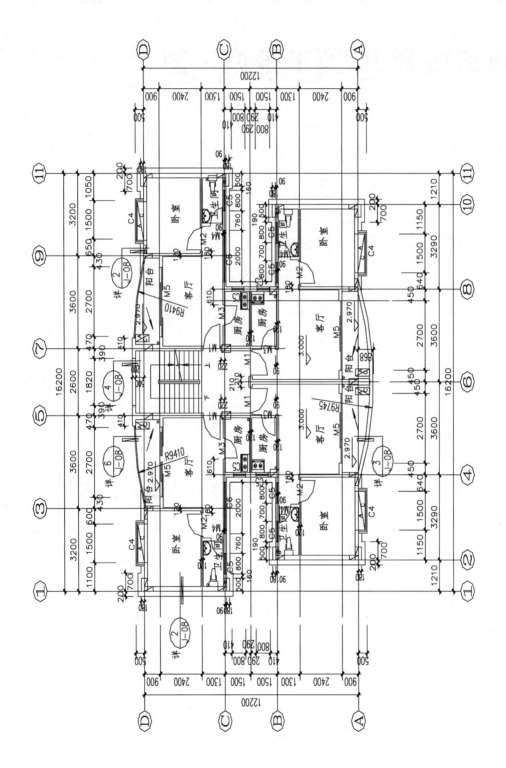

二层平面 1:100

160.3m²

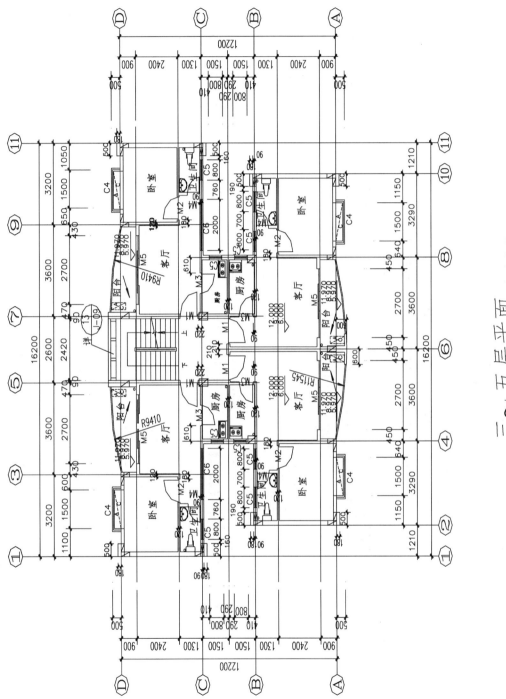

三~五层平面 1:100

160.1m²

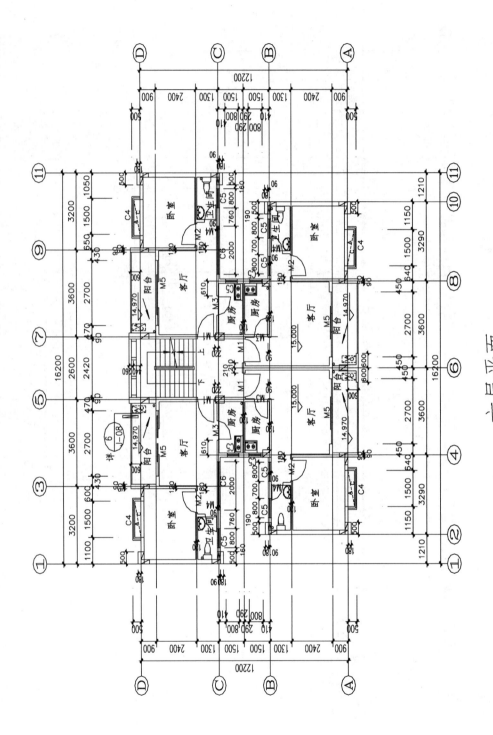

六层平面 1:100

161.6m²

（注：六层平面除阳台与五层不同外，其余同）

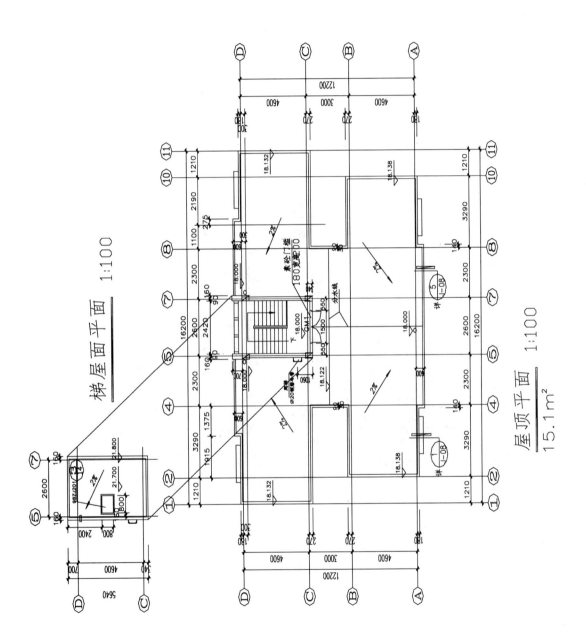

梯屋屋面平面 1:100

屋顶平面 1:100

15.1 m²

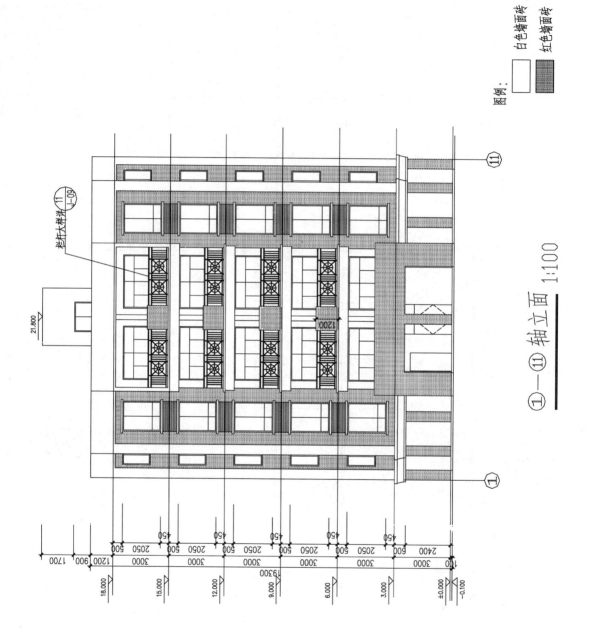

①—⑪ 轴立面 1:100

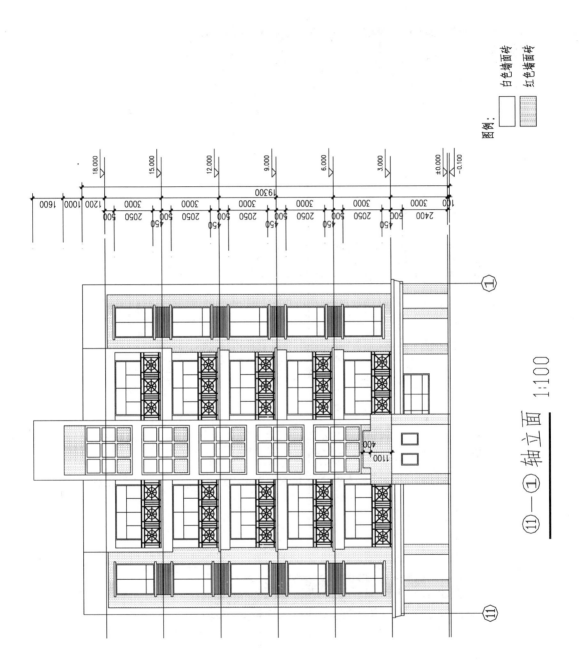

⑪—① 轴立面 1:100

图例:

□ 白色墙面砖

▨ 红色墙面砖

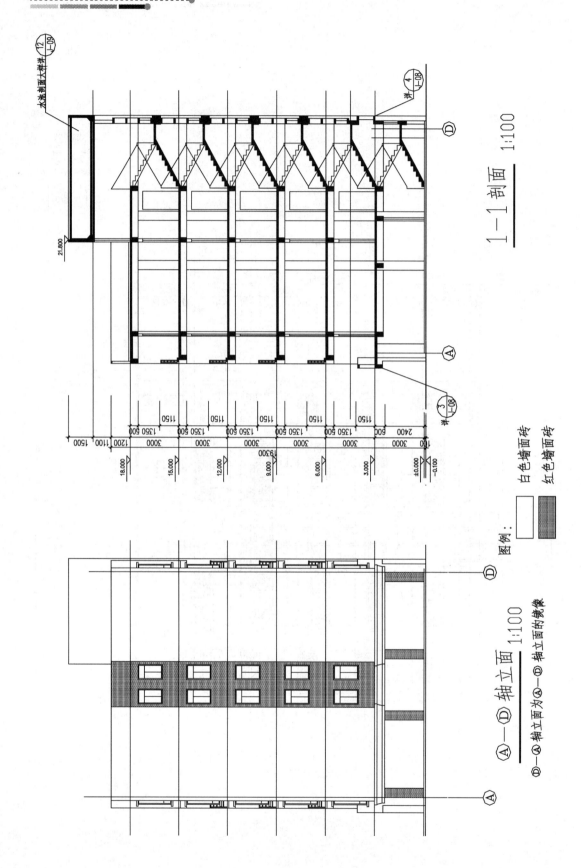

1—1 剖面 1:100

Ⓐ—Ⓓ 轴立面 1:100

Ⓓ—Ⓐ 轴立面为Ⓐ—Ⓓ 轴立面的镜像

图例：

白色墙面砖

红色墙面砖

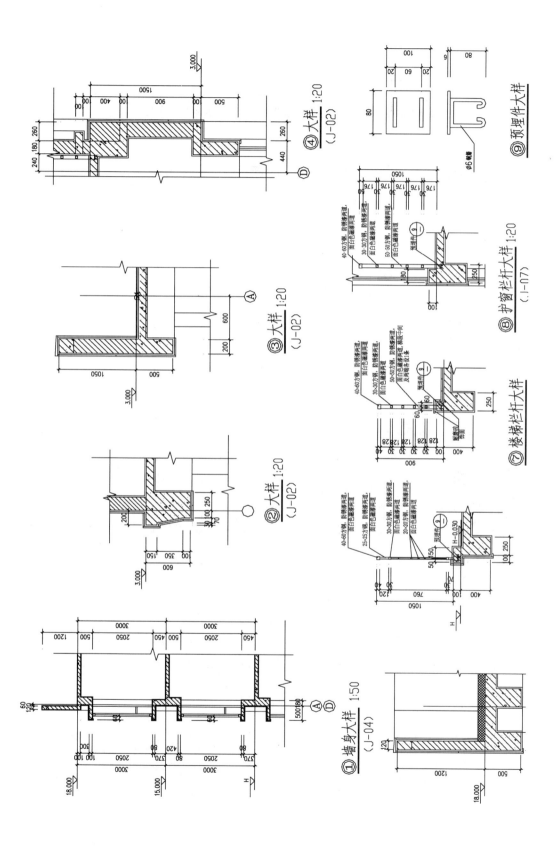

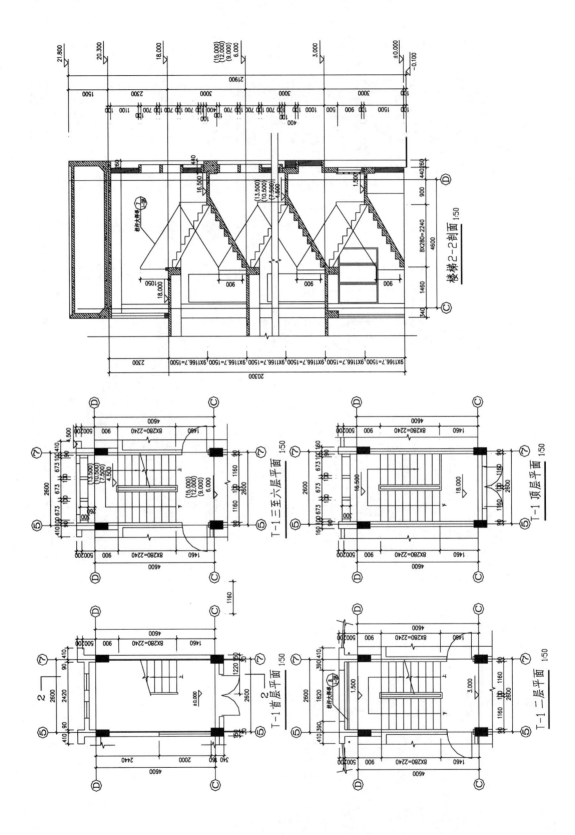

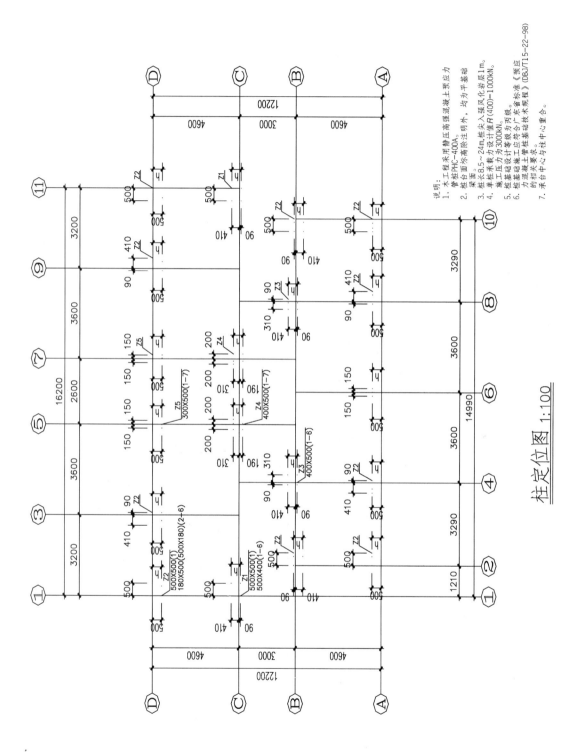

说明：
1. 本工程采用静压高强混凝土预应力管桩 PHC-400A。
2. 桩台面标高除注明外，均为平基础。
3. 桩长 8.5～24m，桩尖入强风化岩层 1m。
4. 单桩承载力设计值 R（400）=1000kN。
5. 施工压应力等级为丙级。
6. 桩基础设计应符合广东省桩基础技术规程《预应力混凝土管桩基础技术规程》（DBJ/T15-22-98）的相关要求。
7. 承台中心与柱中心重合。

柱定位图 1:100

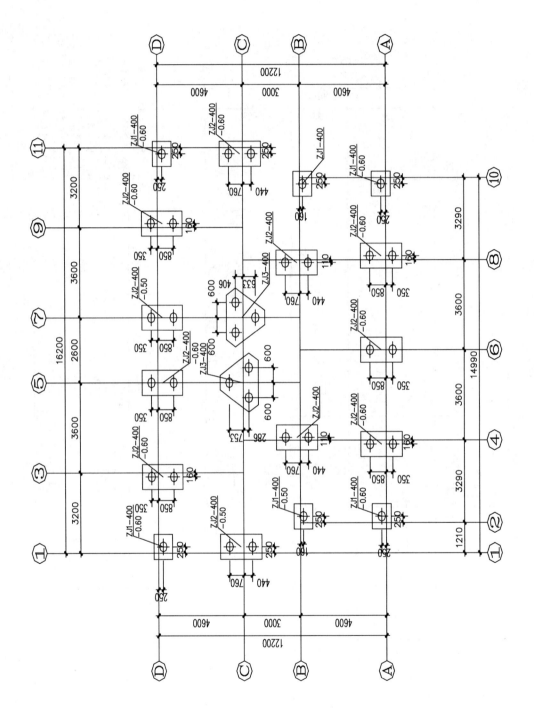

基础平面图 1:100

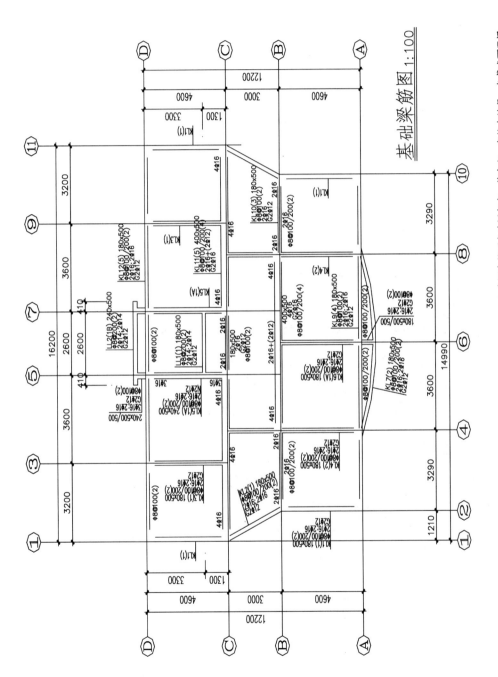

基础梁筋图 1:100

说明:
1. 基础梁混凝土强度等级为C25。
2. 凡梁相交处,主梁(相对)在次梁(相对)两侧加四道密箍代替吊筋,间距50,直径同本梁箍筋,井字梁相交处也均加密。
3. 本图中凡两条次梁相交,其中任一条均未被另一条截成两段梁,则把此两条梁看作井字梁。
4. 基础梁腹筋要求贯通,搭接及锚固长度按框架梁要求。
5. 基础梁面标高未有说明者均为−0.100。

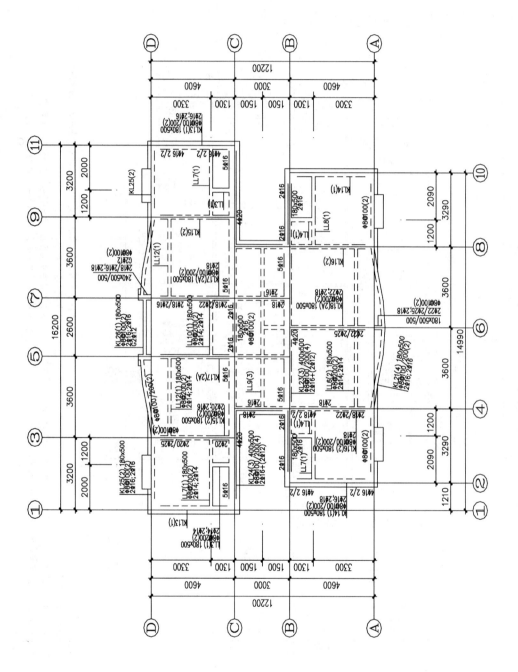

二层梁筋图 1:100

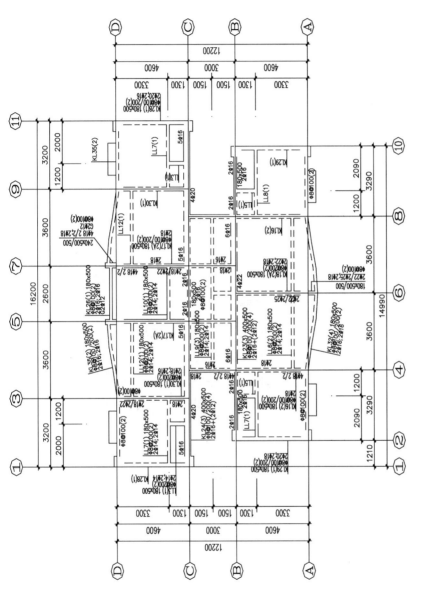

三～五层梁筋图 1:100

说明：
1. 楼面混凝土强度等级为C25。
2. 凡梁相交处，主梁（相对）、次梁（相对）两侧加四道密箍代替吊筋，间距50，直径同本梁箍筋，并字梁相交处均加密。
3. 本图中凡两条次梁相交，其中一条均未被另一条截成两段，则把此两条梁看作并字梁。

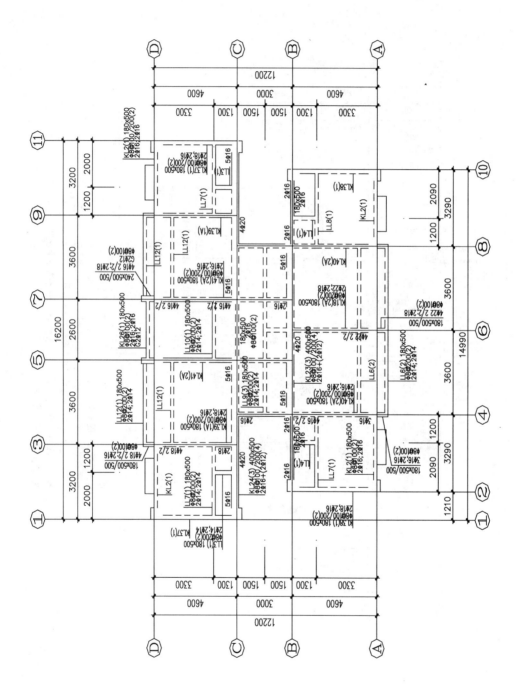

六层梁筋图 1:100

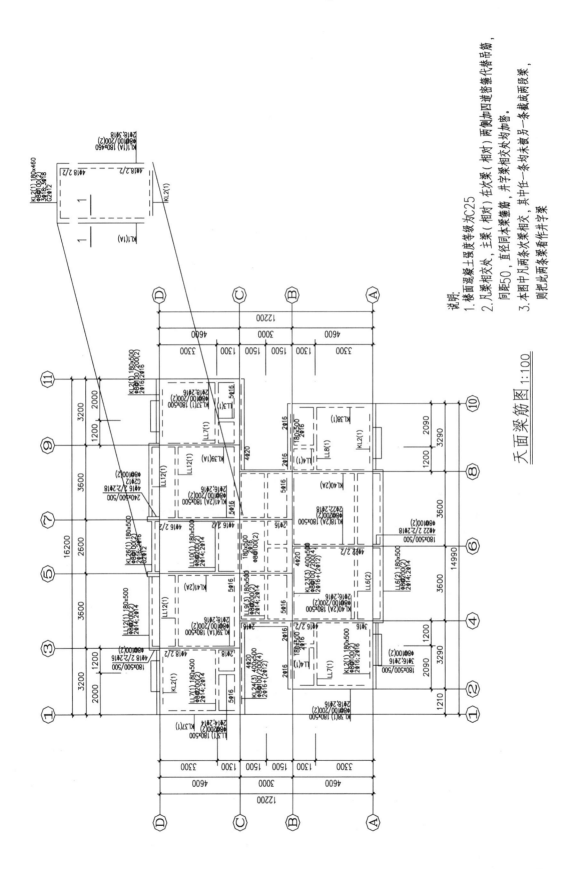

说明:
1. 楼面混凝土强度等级为C25。
2. 凡梁相交处、主梁(相对)、在次梁(相对)两侧加四道密箍加密, 间距50, 直径同本梁箍筋, 井字梁相交处均加密。
3. 本图中凡两条次梁相交, 其中任一条均未截另一条未截成两段梁, 则把此两条梁看作井字梁。

天面梁筋图 1:100

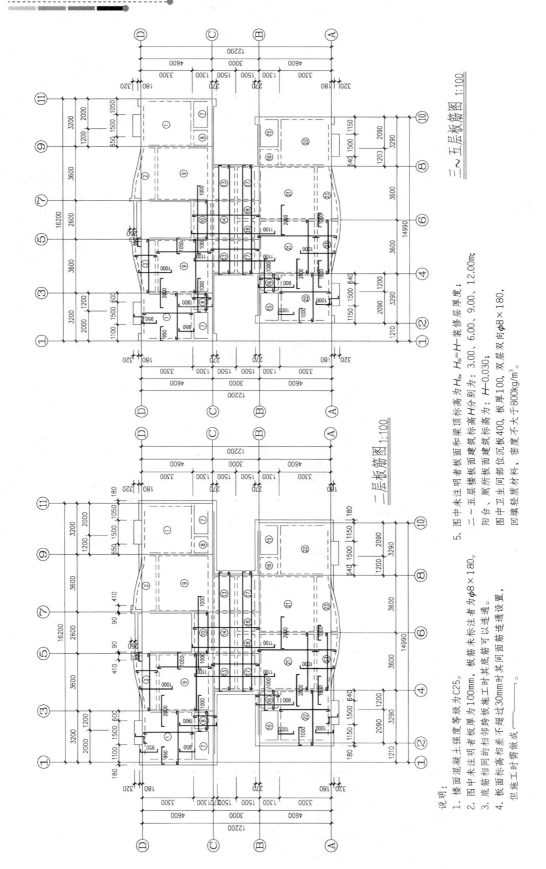

二~五层板筋图 1:100

一层板筋图 1:100

说明：

1. 楼面混凝土强度等级为C25。

2. 图中未注明者板厚为100mm，板筋未标注者为φ8×180。

3. 底筋相同的相邻板跨施工时其底筋可以连通。

4. 板面标高相差不超过30mm时其间面筋连通设置，但施工时需做成 ⌐⌐ 。

5. 图中未注明者板面和梁顶标高为H_m，$H_m = H -$ 装修层厚度；

二~五层楼板面建筑标高H分别为：3.00、6.00、9.00、12.00m；

阳台、厨所板面建筑标高为：$H - 0.030$；

图中卫生间部位沉板400，板厚100，双层双向φ8×180，回填轻质材料，密度不大于800kg/m³。

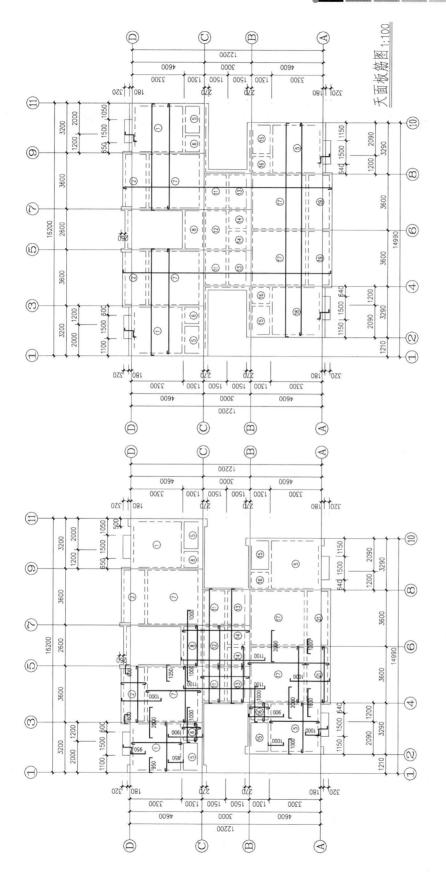

天面板筋图 1:100

说明：
1. 楼面混凝土强度等级为C25。
2. 图中未注明者板面板厚为100mm，板筋双层双向φ8×180。
3. 天面层楼面结构标高为：18.000m。
4. 天面层结构找坡，坡度及坡向详建施图。

5. 图中未注明者板面和梁顶标高为H_m，$H_m = H + $装修层厚度；
六层楼面建筑标高为：15.000m；
阳台、厕所板位建筑标高为：$H-0.030$；
图中卫生间部位沉板400mm，板厚100mm，双层双向φ8×180，回填轻质材料，密度不大于800kg/m³。

说明：
1. 楼面混凝土强度等级为C25。
2. 图中未注明者板板厚为100mm，板筋未标注者为φ8×180。
3. 图中未注明者楼面板厚为100mm，板筋未标注底筋可以连通。
4. 板面标高相差不超过30mm时其间面筋连通设置，底筋同内相邻板跨板筋施工时其底筋可以连通。
板面标高相差超过30mm时其间面筋连通设置，但施工时露做成 ⌐ 。

293

职工宿舍（JB 型）工程土建工程量清单

序号	项目编码	项目名称	计量单位	工程量	备注
	A. 1	土石方工程			
1	010101001002	平整场地 场地填挖高度在 ±30 cm 内的找平	m³	184.690	
2	010101003003	机械切割预制桩的桩头 （1）截桩头；（2）场内外运输	个	32.000	
3	010101003004	挖基础土方 （1）土方开挖；（2）场内外运输	m³	231.940	
4	010103001003	土石方回填	m³	172.920	
5	010103001004	余土外运	m³	59.020	
	A. 2	桩与桩基础工程			
1	010201001002	静压预应力管桩 400 mm （1）压桩；（2）送桩；（3）钢桩尖； （4）管桩填充材料；（5）桩运输； （6）混凝土制、运、灌、捣	m	384.000	
	A. 3	砌筑工程			
1	010302006003	厨房内大理石灶台 （1）零星砌砖；（2）勾缝	m	16.800	
2	010302001004	外墙实心 3/4 砖墙	m³	113.240	
3	010302001005	内墙实心 3/4 砖墙	m³	42.840	
4	010302001006	内墙实心 1/2 砖墙	m³	73.540	
	A. 4	混凝土及钢筋混凝土工程			
1	010401005002	桩承台基础 C25 混凝土 （1）混凝土浇筑；（2）垫层 C10； （3）混凝土制作	m³	36.320	
2	010402001003	矩形柱 C30 混凝土 （1）混凝土浇筑；（2）混凝土制作	m³	62.660	

序号	项目编码	项目名称	计量单位	工程量	备注
3	010403002002	矩形梁 C25 混凝土 （1）混凝土浇筑；（2）混凝土制作	m³	75.580	
4	010403004002	圈梁 C25 混凝土 （1）混凝土浇筑；（2）混凝土制作	m³	9.110	
5	010403001002	基础梁 C25 混凝土 （1）混凝土浇筑；（2）混凝土制作	m³	13.220	
6	010405001002	有梁板 C25 混凝土 （1）混凝土浇筑；（2）混凝土制作	m³	81.960	
7	010406001002	直形楼梯 C25 混凝土 （1）混凝土浇筑；（2）混凝土制作	m³	11.140	
8	010407001003	房上水池防水 C25 混凝土 （1）混凝土浇筑；（2）混凝土制作	m³	11.400	
9	010407001004	小型构件 C25 混凝土 （1）混凝土浇筑；（2）混凝土制作	m³	6.280	
10	粤 010407004002	首层 120 mm 地坪 C20 混凝土 （1）混凝土浇筑；（2）混凝土制作； （3）其他	m³	175.830	
11	010416001003	现浇混凝土钢筋：钢筋制安	t	31.944	
12	010416001004	桩头插筋：钢筋制安	t	0.603	
	A.5	金属结构工程			
1	010606012001	钢梯爬式制安 （1）制作；（2）刷油漆；（3）安装	t	0.030	
	A.6	屋面及防水工程			
1	010702002002	屋面防水 （1）聚合物防水材料；（2）嵌缝、盖缝； （3）找平层	m³	166.330	
	A.7	防腐、隔热、保温			
1	010803001002	保温隔热屋面： 干铺 25 厚苯乙烯泡沫板	m³	166.330	
	B.1	楼地面工程			
1	020101001002	首层地面（20 厚 1∶2 水泥砂浆抹光后压花纹）（1）面层铺设；（2）加浆抹光	m³	146.310	
2	020102002003	楼地面 300×300 防滑砖 （1）面层铺设；（2）抹找平层 15 厚 1∶2.5 水泥砂浆找平	m³	100.600	

序号	项目编码	项目名称	计量单位	工程量	备注
3	020102002004	楼地面 500×500 防滑砖 （1）面层铺设；（2）抹找平层 15 厚 1:2.5 水泥砂浆找平	m³	658.960	
4	020105003002	耐磨脚线砖 100 高 （1）面层铺贴；（2）底层抹灰 15 厚 1:1:6 水泥石灰砂浆底	m³	93.230	
5	020106002002	楼梯面层 300×600 抛光耐磨砖 （1）面层铺贴；（2）抹找平层 10 厚 1:2.5 水泥砂浆打底	m³	56.160	
6	020107001003	30×30 方钢（防锈漆）造型栏杆 1050 高 （1）栏杆、栏板制安；（2）油漆	m	98.800	
7	020107001004	楼梯镀锌钢管栏杆 900 高 （1）栏杆、栏板制安；（2）油漆	m	35.010	
B.2		墙柱面工程			
1	020201001002	内墙面一般抹灰	m³	2 061.200	
2	020204003003	厨卫墙面米黄色瓷片 200×300 （1）块料面层；（2）底层抹灰 15 厚 1:2 防水水泥砂浆打底 15 厚；（3）防水砂浆	m³	440.820	
3	020204003004	外墙 45×95 条形砖 （1）块料面层；（2）底层抹灰 1:3 水泥砂浆打底 15 厚	m³	1 005.630	
4	020205003002	柱面 45×95 条形砖 （1）块料面层；（2）底层抹灰 1:3 水泥砂浆打底 15 厚	m³	101.210	
5	020206003002	零星项目 45×95 条形砖 （1）块料面层；（2）底层抹灰 1:3 水泥砂浆打底 15 厚	m³	54.400	
B.3		天棚工程			
1	020301001002	天棚抹灰 1:1:4 水泥石灰打底 15 厚，纸筋石灰浆批面 3 厚天棚抹灰	m³	1 445.990	
B.4		装饰工程			
1	020401003001	实心防盗门 M1（1000×2200） （1）制作；（2）安装；（3）装门锁； （4）油漆	樘	21.000	
2	020401003002	实心装饰门 M2（900×2200） （1）制作；（2）安装；（3）装门锁； （4）油漆；（5）其他	樘	20.000	

序号	项目编码	项目名称	计量单位	工程量	备注
3	020402001001	铝合金玻璃门 M3（800×2200） （1）制作；（2）安装；（3）其他	樘	20.000	
4	020402001002	铝合金玻璃门 M4（700×2200） （1）制作；（2）安装；（3）其他	樘	20.000	
5	020402002001	铝合金玻璃推拉门 M5（2700×2500） （1）制作；（2）安装	樘	20.000	
6	020406001001	铝合金玻璃推拉窗 C1（2000×1500） （1）制作；（2）安装	樘	2.000	
7	020406001002	铝合金玻璃推拉窗 C2（590×900） （1）制作；（2）安装	樘	2.000	
8	020406001003	铝合金玻璃推拉窗 C4（2640×2050） （1）制作；（2）安装	樘	20.000	
9	020406001004	铝合金玻璃推拉窗 C5（800×1500） （1）制作；（2）安装	樘	50.000	
10	020406001005	铝合金玻璃推拉窗 C6（2000×1600） （1）制作；（2）安装	樘	10.000	
11	020402006001	不锈钢防盗门 GM1（1500×2200） （1）制作、运输；（2）安装	樘	2.000	
B.5		油漆、涂料、裱糊工程			
1	020505001003	天棚抹灰面白色乳胶漆两遍	m^3	1445.990	
2	020506001004	内墙抹灰面白色乳胶漆两遍	m^3	2061.200	
B.6		其他工程			
1	020603009002	卫生间安装无框镜面玻璃 （1）安装；（2）其他	m^3	14.400	

某住宅楼施工图

一、建筑设计说明

1. 工程概况

（1）本项目为住宅楼。

（2）建筑层数：六层。

（3）建筑耐火等级为二级，屋面防水等级为Ⅱ级。

2. 建筑定位

建筑定位详见工程总平面图，室内 ±0.00 标高相当于黄海高程（绝对标高）。

3. 建筑墙体

（1）本工程为钢筋混凝土框架结构，内墙和外墙及隔墙厚度详见建筑施工图。

（2）墙体开洞、砖砌体、结构主体拉结、门窗过梁做法、墙体砌筑和砂浆标号等，均详见结构施工图图纸。

（3）室内墙、柱阳角均设 1500 高，两遍各宽 25、20 厚 1:3 水泥砂浆护角。

（4）钢筋混凝土柱和砖墙连接处均按构造配置拉结筋，详见结构说明。

（5）墙身防潮层设于室内地面下 60 处（此处若为钢筋混凝土构件时除外），防潮层为 20 厚，1:2 水泥砂浆（内掺 5% 防水剂）。

（6）外墙做法如下。

① 3 厚 1:1 水泥砂浆加水重 20% 108 胶镶贴 45 ×95 色条形面砖，纯水泥浆勾缝。

② 5 厚 "防渗宝" 牌水泥浆抹面（毛面）。

③ 15 厚 1:3 水泥砂浆打底，扫毛。

④ 砖墙（或混凝土梁柱刷素水泥浆一道）。

（7）内墙面做法如下。

① 刮白色乳胶腻子，扫白色乳胶漆二道。

② 5 厚 1:0.5:3 水泥石灰砂浆面。

③ 15 厚 1:1:6 水泥石灰砂浆打底，扫毛。

4. 楼、地面

（1）卫生间、厨房等宜受水浸房间的楼地面及阳台面比同层相邻房间和部位的楼地面低 50（厨房和餐厅未作分隔的除外），并做泛水，坡向地漏，其房间四周（或管井壁）及空调搁板沿立墙处须用素混凝土反高 150（门洞处除外）。室外踏步，平台面比相邻房间楼地面低 30。

（2）当管道穿过有水浸的楼面时，采用预埋套管，具体做法详见设备说明。管道井门栏高 150 mm，其内有管道穿越就位后，每 2 层用 80 厚现浇钢筋混凝土板封隔。

（3）楼面做法如下。

① 3 厚 1:1 水泥细砂浆贴 500 m×500 m 黄色耐磨砖。

② 20 厚 1:2 水泥砂浆找平，毛面。

③ 纯水泥砂浆一道。

④ 现浇钢筋混凝土楼面。

（4）卫生间、厨房做法如下。

① 3 厚 1:1 水泥细砂浆贴 300 m×300 m 黄色耐磨砖。

② 20 厚 1:3 水泥砂浆找平层。

③ 2 厚聚氨酯防水涂膜周边上翻 300。

④ 20～50 厚 C20 细石混凝土向地漏找坡。

⑤ 纯水泥砂浆一道。

⑥ 现浇楼板。

（5）地面做法如下。

① 3 厚 1:1 水泥细砂浆贴 500 m×500 m 黄色耐磨砖。

② 20 厚 1:3 水泥砂浆找平层。

③ 120 厚 C20 素混凝土。

④ 素土分层夯实。

5. 屋面

（1）上人及不上人平屋面，排水坡度均为 2%。

（2）平屋面排水：屋面排水除注明外均采用建筑找坡做出排水沟的排水方式，雨水沟排水纵坡为 1%。施工中需严格按照有关规定及时与有关工种协调配合，避免渗漏，确保排水畅通。平屋面构造做法详见 99J201-1 有关节点及说明。

（3）主体建筑均为块瓦坡屋面，构造做法详见 00J202-1 坡屋面建筑构造（一）图集，有关做法详见相关节点及说明，要求施工单位仔细核对排气道风帽等出屋面构件，以免错漏。

（4）凡上人屋面、露台的女儿墙顶或防护栏杆高度为 1100 mm，起算点为设栏杆处屋面面层临空部位的最高点，其余各点净高均大于 1100 mm。

（5）屋面防水做法见图注并按所选标准图集及《屋面工程技术规范》（GB50345—2004）有关要求施工。

（6）屋面做法如下。

屋面 1：不上人屋面（保温）。

① 1.5 厚氯化聚乙烯橡胶防水卷材。

② 20 厚 1:3 水泥砂浆找平。

③ 60 厚预制憎水珍珠岩保温层。

④ 2 厚聚氨酯防水涂膜。

⑤ 20 厚水泥砂浆找平层。

⑥ 1:6 水泥焦渣找坡，最薄处 30 厚。

⑦ 现浇钢筋混凝土屋面板。

屋面2：块瓦屋面（建议选用英红瓦）（保温）参考00J202-1。

注：保温层为60厚预制憎水珍珠岩，卷材为氯化聚乙烯橡胶防水卷材。找平层为20厚1:3水泥砂浆。

6. 门窗

（1）本工程建筑外立面门窗均选用塑钢门窗，分格见门窗立面详图，色彩为墨绿色，玻璃选用窗为5厚，门为6厚的白玻璃。施工前需实测洞口尺寸，统一调整后再安装施工。

（2）外窗窗台距地、楼面低于0.9 m时，均加护窗栏杆。

（3）户内门为木门，门洞宽：厨房、卫生间800 mm，其他房间900 mm，门洞高均为2 100 mm。

（4）外墙窗台窗楣、雨篷、压顶及突出墙面的腰线，均需上做流水坡，下做滴水线。

7. 油漆及防腐措施

（1）所有预埋件均需做防腐防锈处理，预埋木砖、木构件需柏油防腐，露明铁件及金属套管，均刷红丹一度，防锈漆两度，对颜色有特殊要求见设计图。

（2）木门满刮腻子，分户门采用树脂清漆，一底二面。其余木门采用调和漆，一底二面。

8. 其他

（1）本设计图除注明外，标高以米（m）为单位，尺寸以毫米（mm）为单位。建筑图所注地面、楼面、楼梯平台、阳台、踏步面等标高均为建筑粉刷面标高，平屋面、露台为结构板面标高，坡屋面为块瓦面标高。

（2）配电箱、消火栓墙面留洞，洞深为墙厚时，则背面均做钢板网粉刷，并增加50厚岩棉板防火。钢板网大于孔洞边均为200 mm，粉刷做法均同相邻房间墙面。

（3）厨房、卫生间排气道必须严格按图施工。排气道及风帽均采用成品，产品标准及施工要求详见建筑标准设计图集及《住宅厨房卫生间变压式Ⅱ型排气道》03ZJ903。其排气道位置、尺寸详见施工标准图集，要求内壁平整、密实、不透风，以利烟气排放通畅。风帽参照相关节点施工安装。

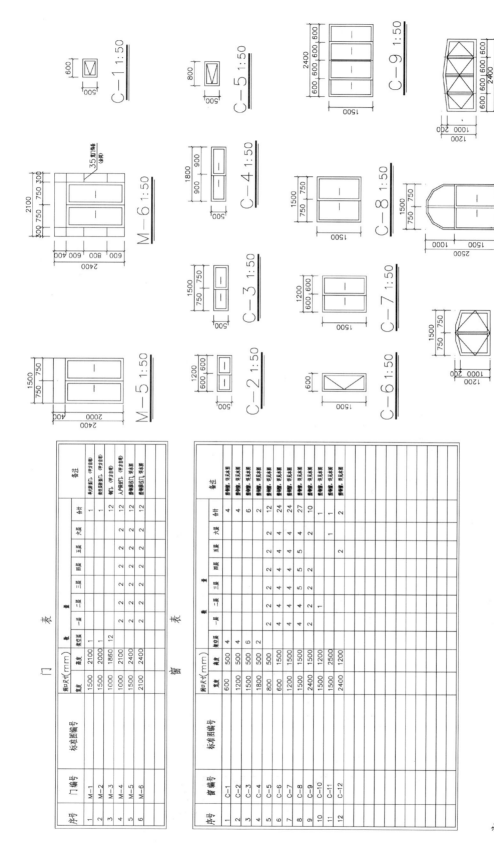

门 表

序号	门编号	洞口尺寸(mm) 宽度	洞口尺寸(mm) 高度	楼型层	一层	二层	三层	四层	五层	水层	合计	备注
1	M-1	1500	2100	1							1	木质装饰门（平开自制）
2	M-2	1500	2000	1							1	夹板装饰门（甲方自制）
3	M-3	1000	1860	12							12	塑门、（平开自制）
4	M-4	1000	2100		2	2	2	2	2	2	12	入户装饰门、（平开自制）
5	M-5	1500	2400		2	2	2	2	2	2	12	塑钢推拉门、半水璃
6	M-6	2100	2400		2	2	2	2	2	2	12	塑钢推拉门、半水璃

窗 表

序号	窗编号	洞口尺寸(mm) 宽度	洞口尺寸(mm) 高度	楼型层	一层	二层	三层	四层	五层	水层	合计	备注
1	C-1	600	500	4							4	塑钢窗、有玻水璃
2	C-2	1200	500	4							4	塑钢窗、有玻水璃
3	C-3	1500	500	6							6	塑钢窗、有玻水璃
4	C-4	1800	500	2							2	塑钢窗、有玻水璃
5	C-5	800	1500		2	2	2	2	2	2	12	塑钢窗、有玻水璃
6	C-6	600	1500		4	4	4	4	4	4	24	塑钢窗、有玻水璃
7	C-7	1200	1500		4	4	5	5	5	4	27	塑钢窗、有玻水璃
8	C-8	1500	1500		2	2	2	2			10	塑钢窗、有玻水璃
9	C-9	2400	1500		1						1	塑钢窗、有玻水璃
10	C-10	1500	1200						2		2	塑钢窗、有玻水璃
11	C-11	1500	2500							1	1	塑钢窗、有玻水璃
12	C-12	2400	1200							2	2	塑钢窗、有玻水璃

注：
1. 门窗为洞口尺寸，门窗框尺寸经未测后应作相应调整。
2. 所有外（塑钢）门窗玻璃均为蓝绿色，内（塑钢）门窗框均为白色，门窗饰条本材质、颜色同门窗。
3. 某至层外窗均设护窗栏。

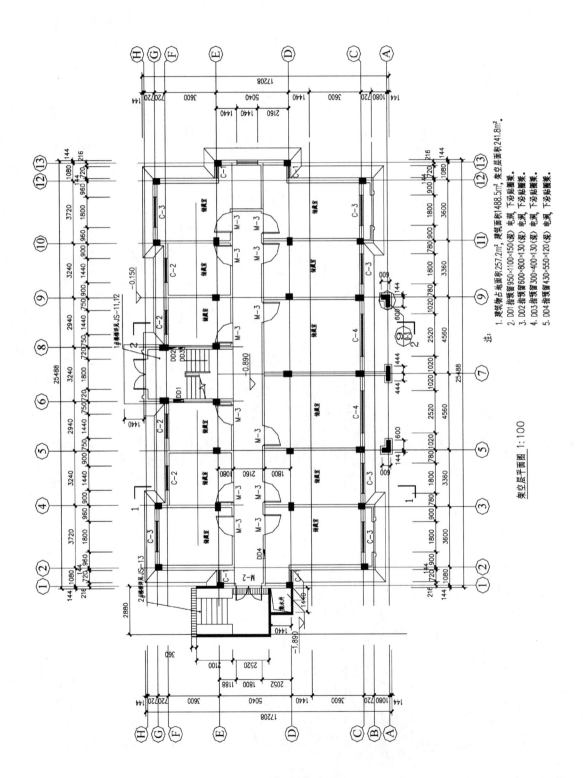

架空层平面图 1:100

注:
1. 建筑物占地面积257.2㎡, 建筑面积1488.5㎡, 架空层面积241.8㎡.
2. DD1指预留950×1100×150(深)电洞, 下泛贴圈梁.
3. DD2指预留600×800×130(深)电洞, 下泛贴圈梁.
4. DD3指预留300×400×130(深)电洞, 下泛贴圈梁.
5. DD4指预留430×550×120(深)电洞, 下泛贴圈梁.

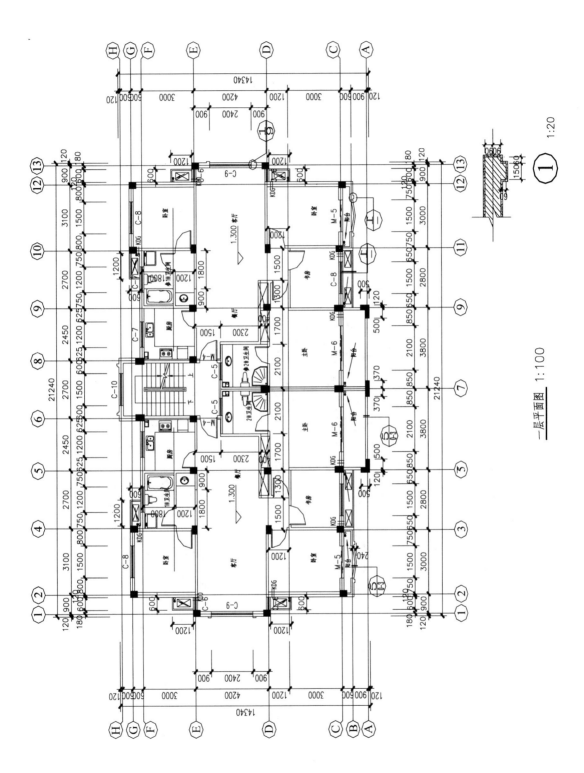

一层平面图 1:100

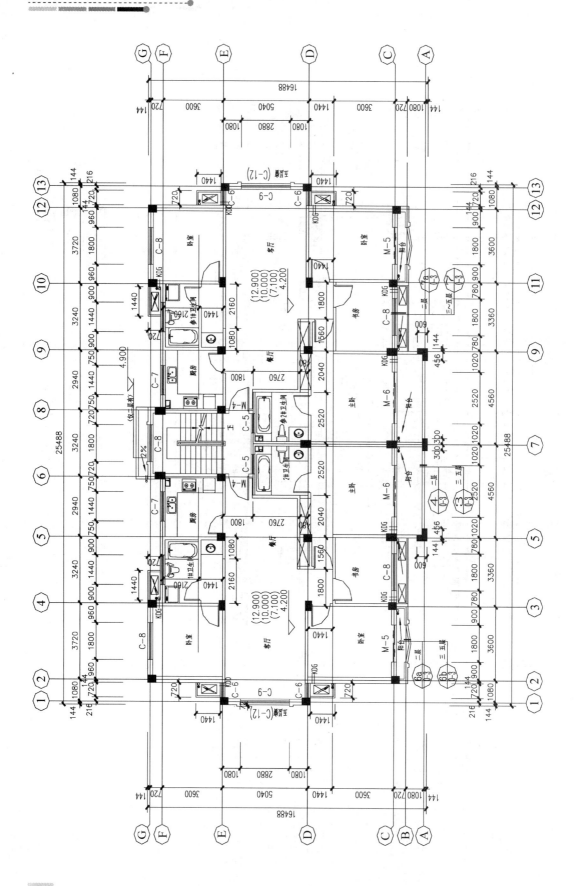

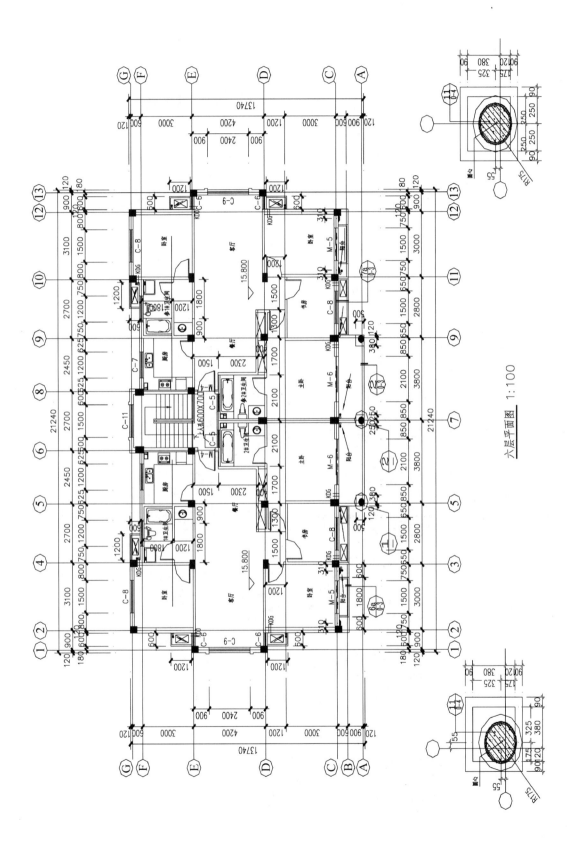

六层平面图 1:100

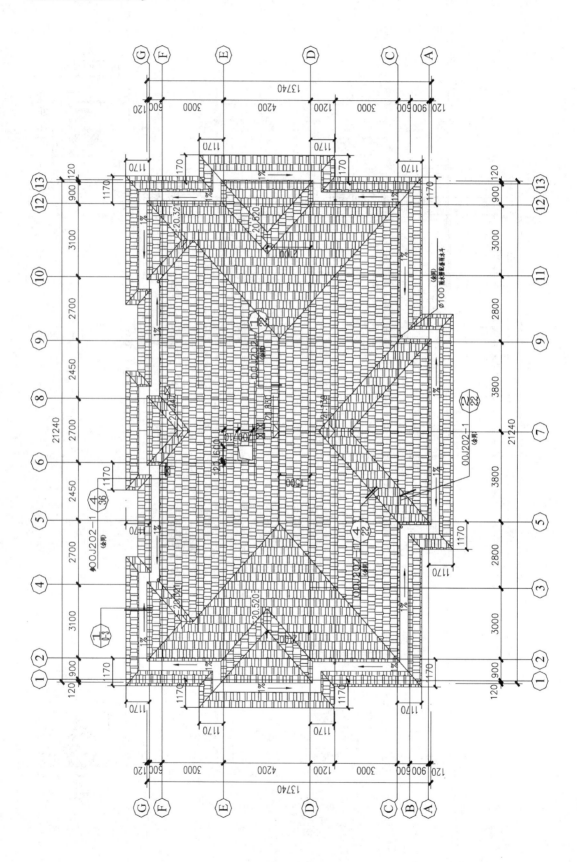

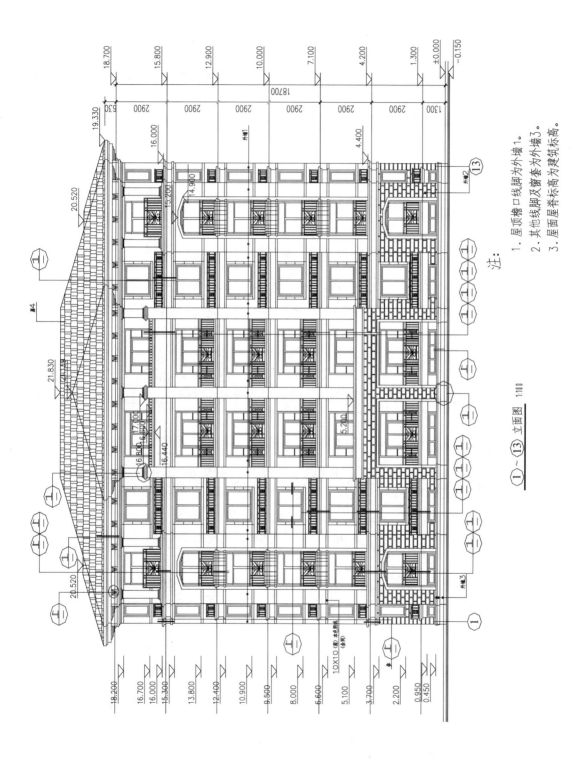

① ~ ⑬ 立面图 1:100

注:
1. 屋顶檐口线脚为外墙1。
2. 其他线脚及窗套为外墙3。
3. 屋面屋脊标高为建筑标高。

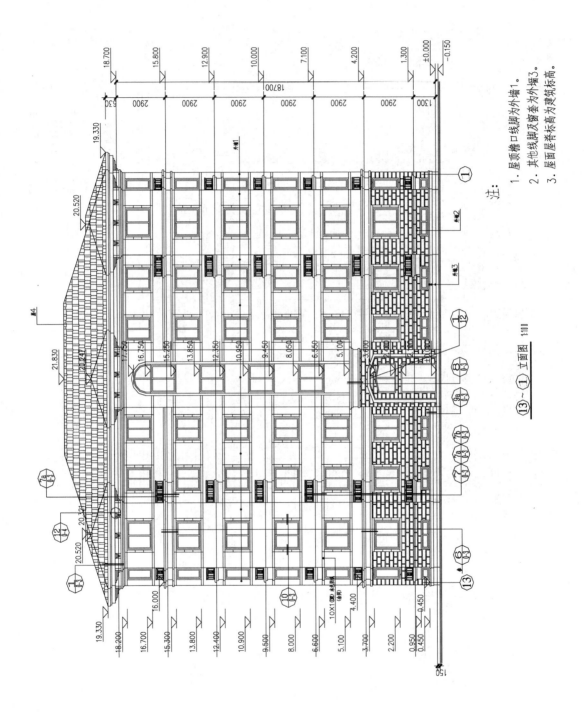

注：

1. 屋顶檐口线脚为外墙1。
2. 其他线脚及窗套为外墙3。
3. 屋面屋脊标高为建筑标高。

⑬～① 立面图 1:100

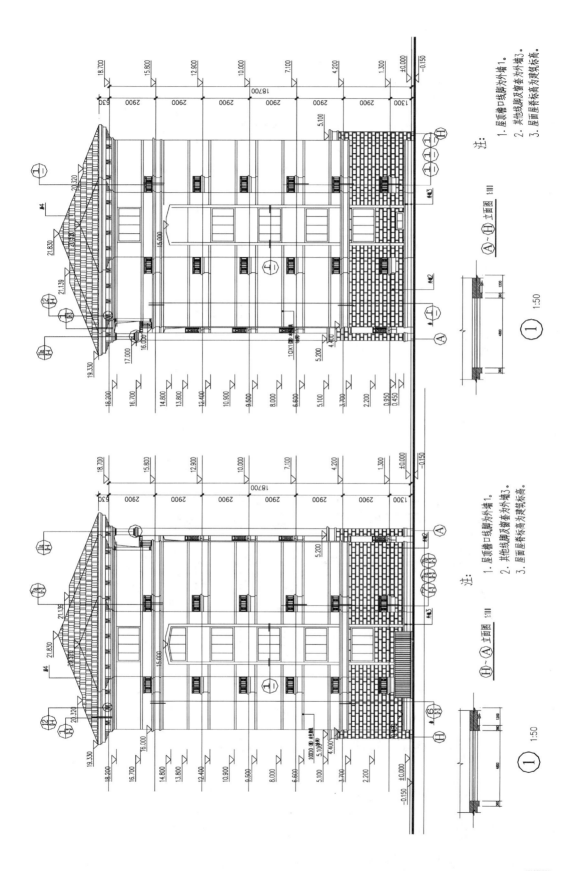

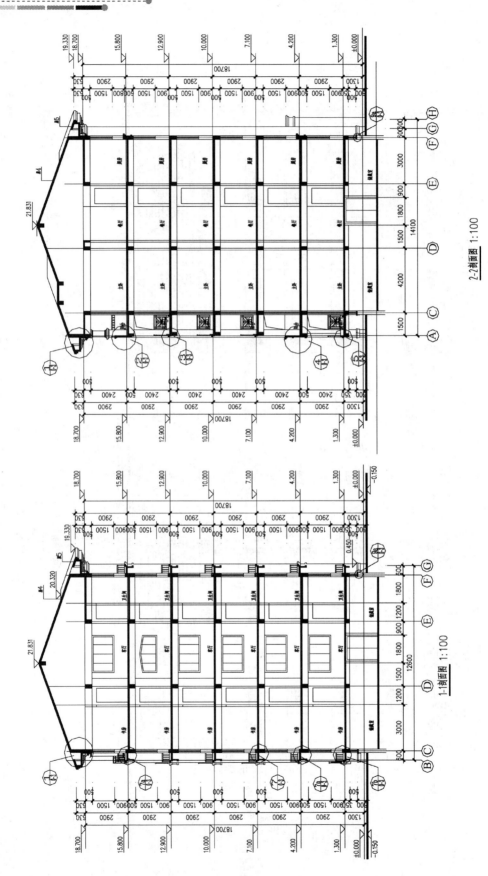

1-1剖面图 1:100

2-2剖面图 1:100

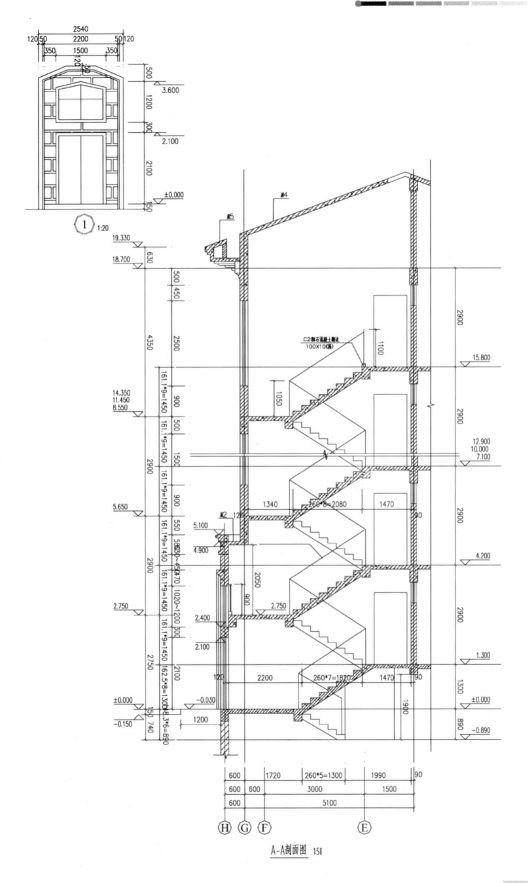

A-A剖面图 1:50

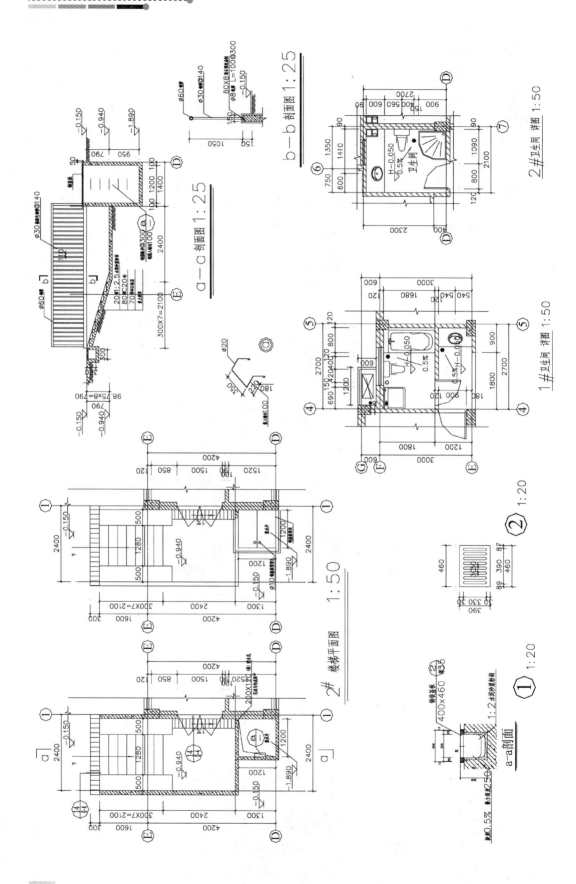

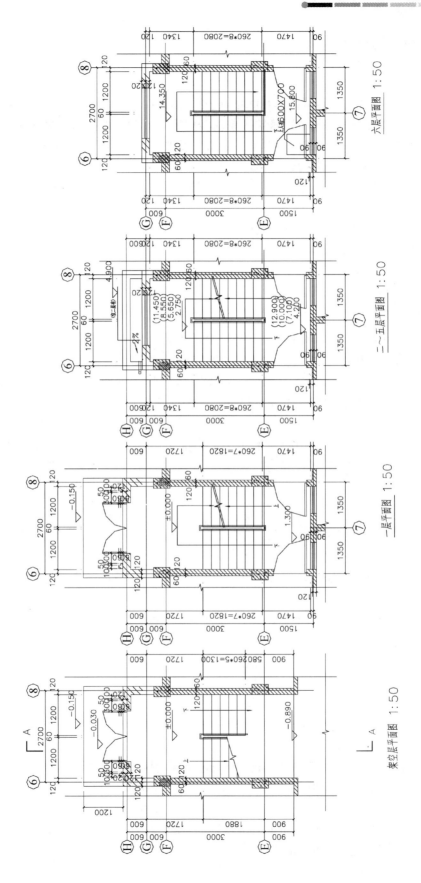

六层平面图 1:50

二~五层平面图 1:50

一层平面图 1:50

架空层平面图 1:50

二、结构设计说明

1. 一般说明

（1）本工程室内设计标高 ±0.000 相当于绝对标高，见总平面图。

（2）本工程图中所注尺寸以毫米（mm）为单位，标高以米（m）为单位。

（3）本工程依据《混凝土结构施工图平面整体表示方法制图规则和构造详图 03G101》，总说明中未详部分按 03G101-1 图集施工。

（4）施工时应严格按图施工，不得擅自更改，如发现问题及时与设计院联系共同商榷解决。

（5）本说明未尽之处按现行规范执行。

（6）本工程为框架结构。

（7）本工程结构设计年限为 50 年，建筑结构安全等级为二级。

（8）本工程按 6 级抗震设防。

2. 材料

（1）混凝土强度等级为 C25（文中注明的除外）。

（2）钢筋：ϕ 表示 HPB235、HRB335；型钢采用 Q235 钢材。

（3）焊条：HPB235 之间，HPB235 与 HRB335 之间采用 E43 型电焊条（E4301、4303 等），HRB335 之间焊接采用 E50 型电焊条（E5001、E5003、E5011 等）。

（4）砌体材料：±0.000 以下除单独说明外均采用蒸压灰砂砖，M10 水泥砂浆砌筑，同等级砂浆双面粉刷 20 厚（多孔砖需用水泥砂浆灌实），±0.000 以上砌体除单独设计标明外，外墙均用多孔砖，M5 混合砂浆砌筑，内墙均用加气混凝土砌块，M5 混合砂浆砌筑，砌体等级为 B 级。

3. 结构构件基本规定

1）现浇钢筋混凝土板构造

（1）板跨度时模板起拱 1/400 L。

（2）板上开洞时钢筋绕洞穿过，300 mm ＜ 洞口 ＜ 800 mm 时需配置加强筋，洞口 ≥ 800 mm 时洞口设边梁。

（3）双向板板底钢筋短向放在下面，长向放在上面。板面钢筋长向放在下面，短向放在上面。

（4）单向板的分布筋须满足单位宽度上受力钢筋截面积的 15% 及该方向板截面面积 0.15%，取两者较大值并大于 $\phi 6@250$。

（5）钢筋接头位置：板底钢筋在支座处，板面钢筋在 1/3～1/2 板跨处。

（6）悬挑板转角处须附加板面放射筋。

2）现浇钢筋混凝土梁构造

（1）梁跨度 $L > 6$ m（悬挑梁跨度 $L \geq 2$ m）时模板起拱 1/500 L。

（2）梁截面高度 $h \geq 800$ mm 时，箍筋直径 $d_{min} \geq 8$ mm；$h < 800$ mm 时，箍筋直径 $d_{min} \geq 6$ mm（注明者除外）。

（3）梁腹板高度 $h_w \geq 450$ mm 时必须在梁两侧设置腰筋，除注明外腰筋面积 $A_s \geq 0.1\%$ $b \times h_w$ 且 $\geq 2 \phi 12$，间距 ≤ 200 mm。

3）现浇混凝土柱构造

（1）柱中纵向受力钢筋除注明外直径 $d_{min} \geqslant 12\,mm$，净间距 $\geqslant 500\,mm$，中间距非震区 $\leqslant 300\,mm$，抗震区 $\leqslant 200\,mm$。

（2）箍筋最小直径 $\geqslant 1/4\,d_{min}$ 且 $\geqslant 6\,mm$，柱中全部纵向受力筋的配筋率 $\geqslant 3\%$，箍筋最小直径 $\geqslant 8\,mm$，间距 $a \leqslant 10\,d_{min}$ 且 $\leqslant 200\,mm$。

（3）柱截面短边尺寸 $>400\,mm$ 且各向纵向钢筋多于 3 根或截面短边尺寸 $<400\,mm$ 且各边纵向钢筋多于 4 根时，应设置复合筋。

（4）抗震区，抗震等级为一、二级角柱箍筋沿全高加密，当层净高与柱截面最大边之比 $H_o/h_{max} \leqslant 4$ 时，箍筋全长加密。

4. 其他规定

（1）荷载：卧室、客厅、厨房、餐厅、露台 $2.0\,kN/m^2$，阳台 $2.5\,kN/m^2$，不上人屋面 $0.5\,kN/m^2$，上人屋面 $2.0\,kN/m^2$。

（2）施工中如需修改设计，必须经设计单位同意，由设计单位发出修改通知书，以此为依据进行施工。

（3）本设计图应同有关各专业图纸密切配合。施工单位须组织技术交底，按国家有关验收规范进行施工。

（4）凡本工程说明及图纸未详之处，均按国家有关规程、规范及规定和工程建设标准强制性条文执行。

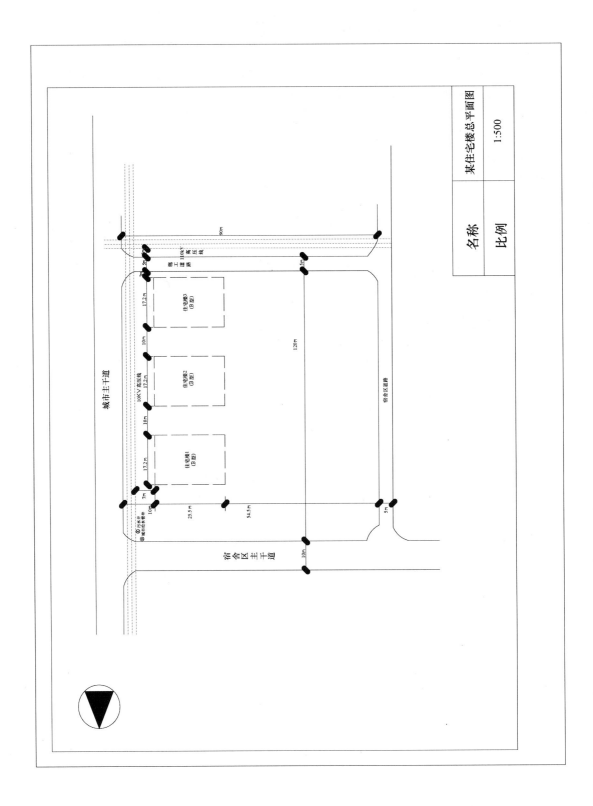

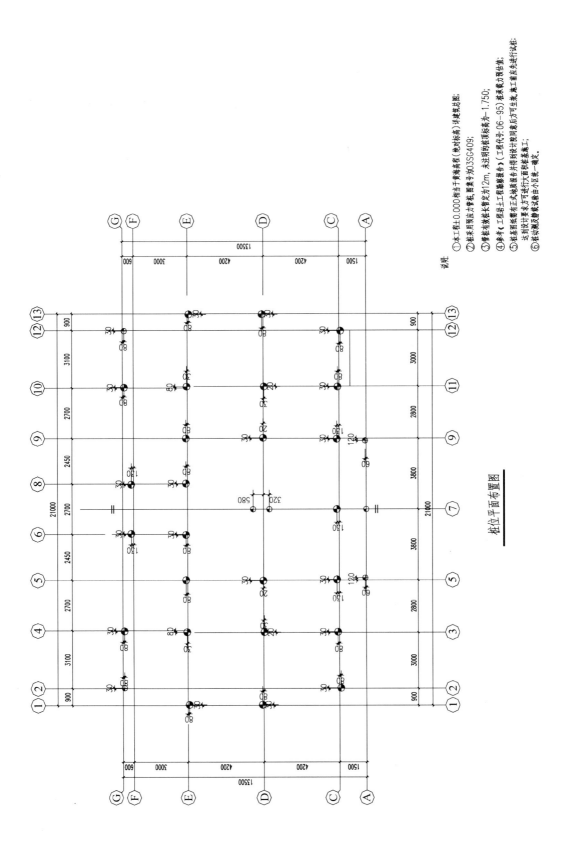

桩位平面布置图

说明：
①本工程±0.000相当于黄海高程（绝对标高）详建筑总图；
②桩采用预应力管桩，图集号为03SG409；
③管桩有效桩长暂定为12m，未注明的桩顶标高为-1.750；
④参考《工程地质勘察报告》（工程代号：06-95）桩承载力初步估值；
⑤若基图纸有与本工程地质勘察报告不得相对院同意后方可生发施工，基工前应先进行仪桩：
达到设计要求方可进行大面积施工桩基施工；
⑥桩动测及静载试验由小区统一确定。

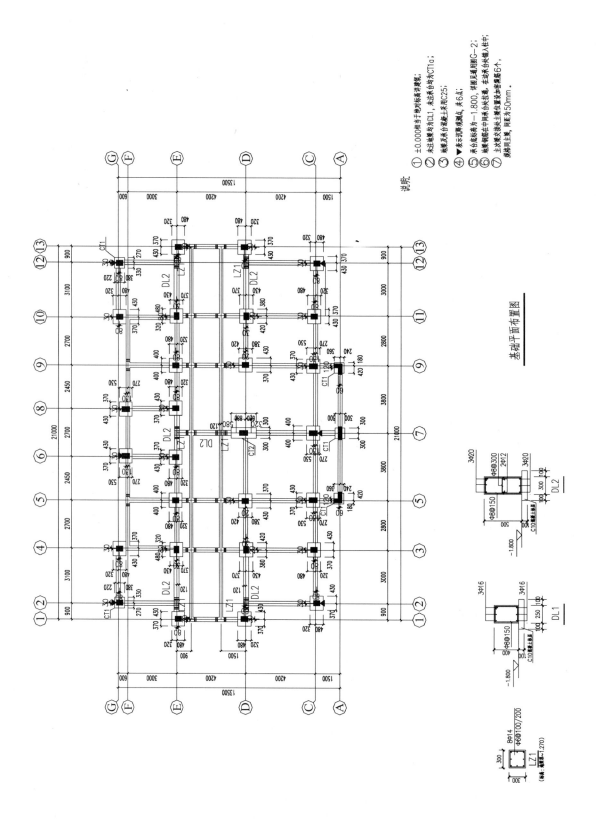

基础平面布置图

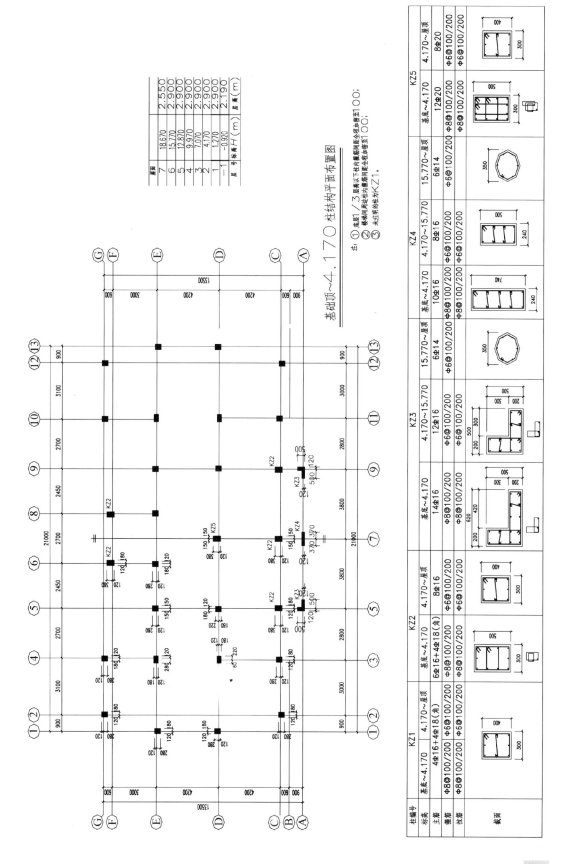

层面	标高 H(m)	层高 H(m)
7	18.670	2.550
6	15.770	2.900
5	12.870	2.900
4	9.970	2.900
3	7.070	2.900
2	4.170	2.900
1	1.270	2.900
-1	-0.920	2.190

基础顶~4.170 柱结构平面布置图

注：① 底层 / 3 层柱子以下柱内箍筋间距全部加密至 100；
　　② 楼梯间四处地柱内箍筋间距全柱加密至 100；
　　③ 未注明的柱均为 KZ1。

柱编号	KZ1		KZ2			KZ3			KZ4			KZ5		
标高	基底~4.170	4.170~屋顶	基底~4.170	4.170~屋顶		基底~4.170	4.170~15.770	15.770~15.770	基底~4.170	4.170~15.770	15.770~屋顶	基底~4.170	4.170~屋顶	
主筋	4⏀16+4⏀18(角)	4⏀16	6⏀16+4⏀18(角)	8⏀16		14⏀16	12⏀16	6⏀14	10⏀16	8⏀16	6⏀14	12⏀20	8⏀20	
箍筋	Φ6@100/200	Φ6@100/200	Φ6@100/200	Φ6@100/200		Φ6@100/200	Φ6@100/200	Φ6@100/200	Φ6@100/200	Φ6@100/200	Φ6@100/200	Φ6@100/200	Φ6@100/200	
拉筋	Φ8@100/200	Φ8@100/200	Φ8@100/200	Φ8@100/200		Φ8@100/200	Φ8@100/200	Φ6@100/200	Φ8@100/200	Φ6@100/200	Φ6@100/200	Φ8@100/200	Φ6@100/200	
截面														

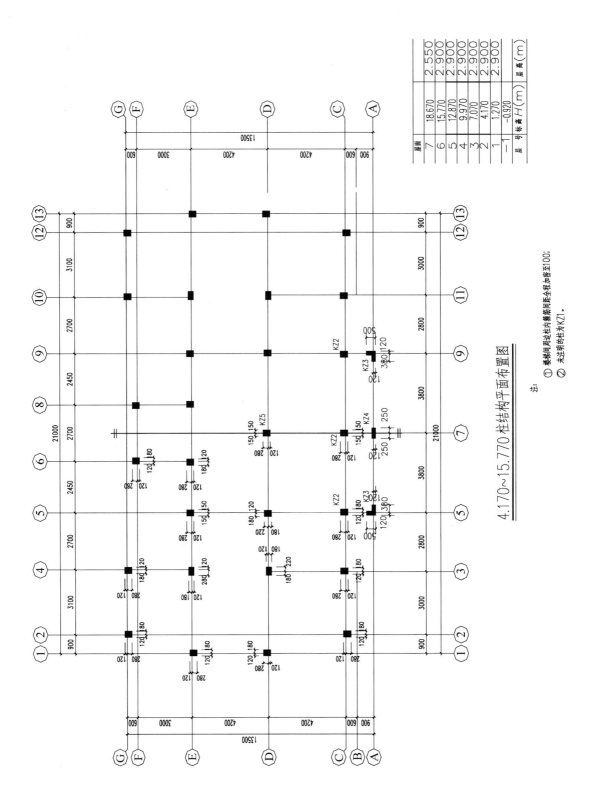

4.170~15.770柱结构平面布置图

注：

① 楼梯间周边柱内箍筋间配全程加密至100；

② 未注明的柱为KZ1。

层号	标高 H(m)	层高(m)
7	18.670	2.550
6	15.770	2.900
5	12.870	2.900
4	9.970	2.900
3	7.070	2.900
2	4.170	2.900
1	1.270	2.900
一	−0.920	

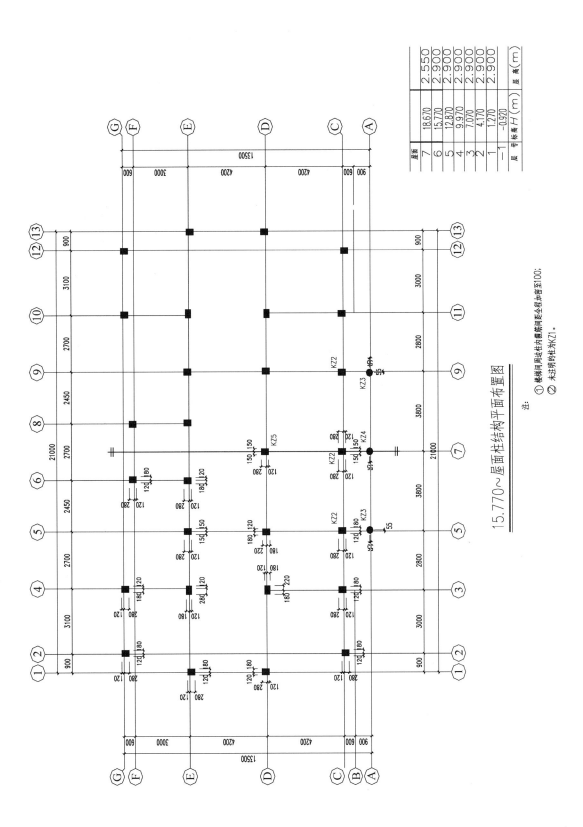

15.770~屋面柱结构平面布置图

屋面	7	18.670	2.550
	6	15.770	2.900
	5	12.870	2.900
	4	9.970	2.900
	3	7.070	2.900
	2	4.170	2.900
	1	1.270	2.900
	−1	−0.920	
层号	标高 H(m)	层高(m)

注：
① 楼梯间周边柱内箍筋间距全程加密至100；
② 未注明的柱为KZ1。

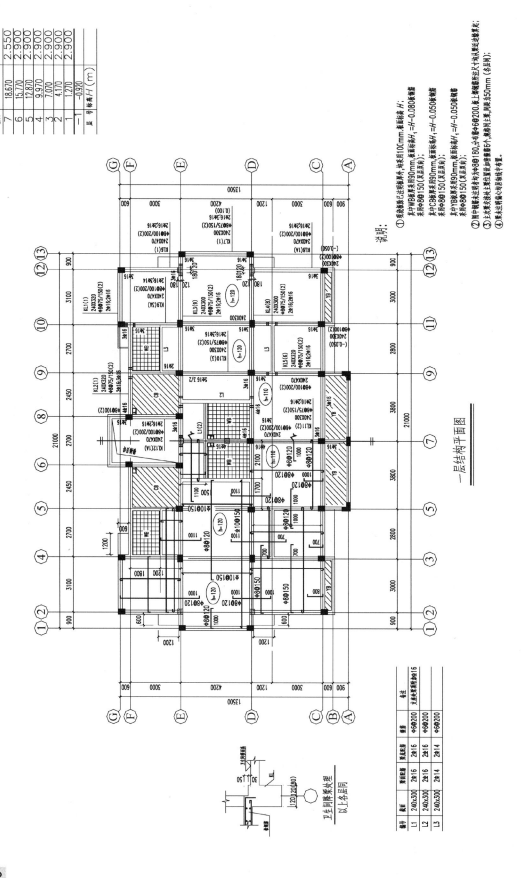

一层结构平面图

二~五层结构平面图

层号	标高	层高
7	18.670	2.550
6	15.770	2.900
5	12.870	2.900
4	9.970	2.900
3	7.070	2.900
2	4.170	2.900
1	1.270	2.900
-1	-0.920	
层号	标高 H (m)	

说明：

① 现浇板除已注明者外，均采用100mm，表面标高 H；
　其中 WB 板厚系采用90mm，表面标高 H₁=H-0.080 双层双向；
　未标 φ8@150（无层双向）；
　其中 CB 板厚系采用90mm，表面标高 H₁=H-0.050 双层双向；
　未标 φ8@150（无层双向）；
　其中 YB 板厚系采用90mm，表面标高 H₁=H-0.050 双层双向；
　未标 φ8@150（无层双向）。

② 图中钢筋未注者为 φ8@180，分布筋φ6@200，表上其锚固长度尺寸均从某边线算起界尺；

③ 主次梁支座上其锚固置于加密钢筋为6个，起始间距主要，间距约50mm（各层同）。

编号	截面	架立钢筋	梁底钢筋	箍筋	支座
L1	200×400	2Φ16	2Φ16	Φ6@200	
L2	240×400	2Φ16	2Φ16	Φ6@200	
L3	150×350	2Φ14	2Φ14	Φ6@200	
L4	180×350	2Φ14	2Φ14	Φ6@200	支座处需附加1φ16

AL

六层结构平面图

层面	7	18.670	2.550
	6	15.770	2.900
	5	12.870	2.900
	4	9.970	2.900
	3	7.070	2.900
	2	4.170	2.900
	1	1.270	2.900
	−1	−0.920	
层号		标高 H(m)	

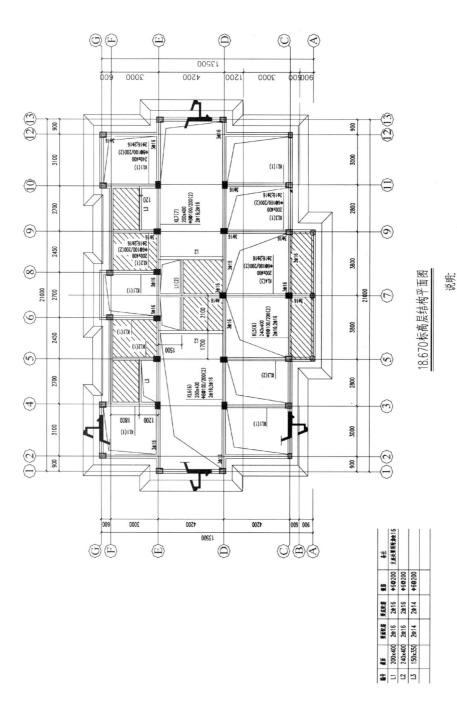

18.670标高层结构平面图

说明:
①本层楼板板面标高为90mm,底板中89180(灵层双向),板面标高 H;
②注处要求接头上布位置设置加密箍筋6个,是标明主筋,间距为50mm(各层同).

编号	断面	左端配筋	右端配筋	箍筋	下部
L1	200×400	2Φ16	2Φ16	Φ6@200	支座处预留筋Φ16
L2	240×400	2Φ16	2Φ16	Φ6@200	
L3	150×350	2Φ14	2Φ14	Φ6@200	

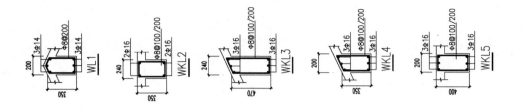

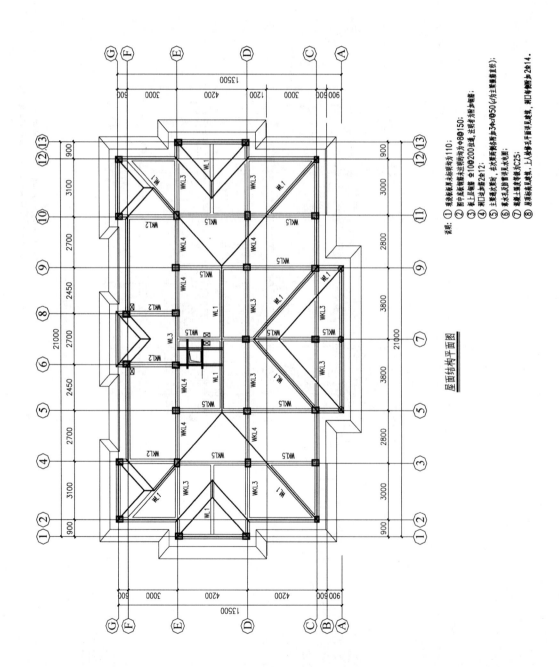

屋面结构平面图

说明：
① 现浇板厚度未标明均为110；
② 图中底部钢筋未注明均为φ8@150；
③ 未上层钢筋 φ100@200拉通，主筋者为附加钢筋；
④ 洞口边加筋2φ12；
⑤ 主梁超次部时，在交点两侧梁加3个φ50（d为主梁箍筋直径）；
⑥ 未水孔及防雷见本地图；
⑦ 混凝土强度等级为C25；
⑧ 屋顶标高见度柱，上人楼梯孔平面详见及梁，洞口每侧加2φ14。

某住宅楼工程施工组织设计实训指导书

一、实训教学的目的

通过对某住宅楼施工组织设计的编制，使学生掌握单位工程施工组织设计的基本原理和编制方法。通过实训达到能独立编制单位工程施工组织设计的目的。

二、实训指导书

1. 教学方法

采用"能力迁移训练模式"进行实训教学，即教师分章节讲解职工宿舍（JB 型）施工组织设计的编制方法，学生按施工组织设计八部分内容以某住宅楼工程为对象，同步进行训练，从而达到学生能独立编制单位工程施工组织设计的目的。

2. 职工宿舍（JB 型）工程施工组织设计讲授要点

详见职工宿舍（JB 型）工程施工组织设计，应重点讲解施工方案、施工进度计划编制、施工平面图设计等内容。

3. 某住宅楼工程施工组织设计实训指导

1）工程概况的编写

可参考项目四相关表格，结合工程实际情况，进行删减编制成表格。然后根据施工图纸填写表格。用列表方式来说明拟建工程名称、性质、规模、地点特征、建筑面积、建筑及结构特点，施工工期、自然条件、施工条件等。

2）施工部署的编写

（1）根据施工合同、招标文件以及本单位要求，确定工期目标、质量目标、安全目标及其他管理目标。

（2）根据本工程的实际情况，确定施工顺序、划分流水施工段。

（3）根据本工程的实际情况，确定工程管理的组织机构形式及其职责。

（4）拟定本工程使用的新技术、新工艺。

3）施工方案的编写

（1）选择土方工程施工方案。

① 确定土方开挖方案。

② 如选用机械挖土，应选择土方开挖和运输机械类型、型号和数量。

③ 计算土方工程量（包括预留回填土土方量和运出土方量）。

④ 在平面图上标出土方开挖方向，画出土方开口图。

⑤ 本工程地下水位低，因此不必编写降水方案。

（2）选择基础工程施工方案。

① 选择预应力管桩的施工方法（锤击法还是静压法）。

② 按照选择的施工方法，确定施工机械型号、数量以及施工工艺、质量标准、安全要求。

③ 桩承台、基础梁施工工艺及质量要求。

（3）选择主体工程施工方案。

① 确定主体结构工程施工顺序和施工方法，其中，应重点阐述模板工程、钢筋工程、混凝土工程的施工顺序和施工方法。

② 选择一根主梁进行模板设计并进行强度和稳定性验算。

③ 填充墙砌筑应根据不同性质的材料，选择砌筑方法、组砌形式、留槎形式及要求；以及与框架柱的拉接措施。

④ 选择装饰工程施工方案。确定装饰工程施工顺序、施工方法、工艺要求和质量标准。

⑤ 脚手架工程施工方案。外墙脚手架选用扣件式钢管双排落地式脚手架；内墙采用门式脚手架。

在确定以上工程施工方案时，可以采用两种或两种以上可行的施工方案，进行技术经济比较，从中优选技术上可行、经济上合理的最优方案。

4）编写施工进度计划

（1）根据施工合同确定甲方给定的工期；根据合同工期、结合自身的施工实践经验，确定控制性工期，并使控制工期小于合同工期。

（2）按各流水段的工程量，通过施工定额计算，确定各项施工过程的作业时间。

（3）在确定的控制工期和开竣工日期条件下，初步编排单位工程施工进度计划（横道图）和标准层主体结构施工进度计划（网络图）。

（4）对横道图和网络图优化，形成正式的单位工程施工进度计划（横道图）和标准层主体结构施工进度计划（网络图）。

（5）在横道图上绘制劳动力动态曲线图。

（6）按拟订的施工进度计划为依据，编制各项资源需要量计划表（含劳动力需要量计划、主要材料需要量计划、施工机具需要量计划，其中劳动力需要量计划应分工种进行统计汇总）。

5）设计施工平面布置图

（1）按使用功能划分区域：施工区、办公区、生活区。

（2）设计围墙、大门。

① 围墙选用压型钢板围挡、高度 $h \geqslant 1.8\,m$；钢管柱、间距 3 m；围墙应沿道路周边布置。

② 大门选用钢板大门、宽 6 m、双扇密闭门，门头上设企业标志，门上书写企业名称；大门可设一处也可设二处或三处，由设计者自定。但是，从安全角度应尽可能少设大门，同时，可减少门卫人数及设施数量。

③ 设置门卫值班室。门卫、值班室按 $6 \sim 8\,m^2/$人考虑。

（3）施工区平面图设计。

① 设计内容：垂直运输设施、混凝土搅拌站、砂浆搅拌站、钢筋加工棚、木工房、仓库、砂石堆放场。

② 垂直运输设施布置。

a. 如选用塔吊，位置应尽量靠近墙面，距离不宜超过 6 m；塔吊臂长的选择，应覆盖范围大，尽可能减少建筑物"死角"；同时，要能覆盖钢筋加工场和砂浆搅拌站。在选择塔吊臂长和安装位置时，要特别注意与 110 kV 高压线保持一定的安全距离；与 10 kV 高压线最好能保持安全距离，如有困难时，也可以采取绝缘保护措施。

b. 选用井架时，方位宜与墙面平行并尽量布置在建筑物长边方向；卷扬机棚与井架距离应大于 10 m；井架搭设高度以高出屋面 3～5 m 为宜。

③ 混凝土搅拌站、砂浆搅拌站。因工程使用商品混凝土，因此现场混凝土搅拌量较少。据此可以确定混凝土搅拌站 25 m²；砂浆搅拌站 15 m²；养护室 15 m²。

（4）临时生产性用房。

① 钢筋加工场、木工房等临时生产性用房按表 8-5 计算面积。

② 生产性用房采用敞开式轻钢结构、石棉瓦屋面。

（5）办公区平面设计。

① 设计内容：会议室、办公室、医务室、档案资料室、食堂、厕所。

② 设计标准：根据项目经理部组织机构来进行设计，原则上：项目经理、技术负责人、副经理应设置单间办公室；其他机构以部门为单位来划分办公室，按 3～4 m²/人计算面积；档案资料室、医务室应设置单独房间；会议室应设置单间，且不小于 30 m²，面积视开会人数确定；办公室选用活动板房（二层）；位置宜设在工地出入口附近、远离塔吊的安全范围内选址。办公室附近宜设置"五牌一图"并布置宣传栏，地面应硬地化。同时应适当布置绿化区。

（6）生活区平面设计。

① 本工程不设宿舍区，职工及民工中午休息，甲方安排在附近已建的家属宿舍休息。

② 食堂：本工程因不设生活区，职工及民工均回家居住，仅中午在工地吃饭，因此，工地应设置食堂。食堂面积按 0.5～0.8 m²/人乘以工地高峰期职工及民工人数计算。采用轻钢结构、压型瓦屋面，跨度按 4～9 m 选用。选址宜在下风侧，且距厕所、垃圾站最少 15 m 距离。

③ 厕所：设男女厕所。标准：男厕每 50 人设 1 个蹲位；设 1 m 长小便槽。女厕每 25 人设 1 个蹲位。厕所内设置简易自动冲便器，以保证清洁。

④ 小卖部：可附设在食堂一侧，宜单间布置。

（7）道路。

① 干道 5～6 m，支线 ≥3.5 m。

② 采用碾压砂土的简易做法，修简易土明沟排水。

（8）施工用水及污水排放。

① 水源：选用城市供水，现场已有水源接驳点。

② 用水量：按施工用水、施工机械用水、工地生活用水和工地消防用水，计算总用水量及选择管径。

③ 管线采用统一干管从水源接并安装水表，然后，按枝状管网布置管线；选用钢管

暗铺方式。

④ 消防用水及消防栓应按规范要求布置。其中，木工房附近应设置一个消火栓。

⑤ 污水应引入污水井，再排入市污水管网。厕所应设置化粪池处理后，再排入污水井。

（9）施工用电。

① 电源：从 10 kV 高压线引入，设变压器。

② 用电量计算：根据施工需用设备，查表计算。

③ 选择变压器及导线截面：根据用电量经计算确定。

④ 按枝状布置线路，25 m 设置一根木杆。

⑤ 按 TN-S 系统布置导线，设置三级配电系统（变电所总配电箱—分配电箱—开关箱），按每台设备配备一台开关箱，开关箱内设置闸刀开关和漏电开关。

（10）施工平面图设计参考资料。

① 常用施工机械台班产量。

塔吊：120 次/台班（综合）；井架：84 次/台班。

混凝土搅拌机：J-250-20 m^3/台班；J-350-36 m^3/台班。

砂浆搅拌机：10 m^3/台班。

② 一次提升材料数量。

红砖：0.5 m^3；砂浆：0.325 m^3；混凝土：0.5 m^3

③ 材料数量计算数据。

每 m^3 砌体需要红砖 535 块，砂浆 0.23 m^3；每 100 m^2 抹灰面积需要砂浆 2.2 m^3；

④ 建筑工地道路与构筑物最小距离，如表 E-1 所示。

表 E-1　建筑工地道路与构筑物最小距离

构筑物名称	至行车道边最小距离/m
建筑物墙壁（无汽车入口）外墙表面	1.5
建筑物墙壁（有汽车入口）外墙表面	7.0
围墙	1.5
铁路轨道外侧缘	3.0

6）主要施工管理计划的编写

（1）编写内容。本工程施工组织设计应编写：进度管理计划、质量管理计划、安全管理计划、环境管理计划、文明施工管理计划。

（2）编写要求。

① 进度管理计划：总进度计划逐级分解的阶段性目标（含桩基工程、±0.000 以下基础工程、主体结构封项日期、外架拆除日期、装饰工程完成日期以及工程竣工验收日期）；针对不同施工阶段的特点，制订进度管理的相应措施（包括施工组织措施、技术措施和合同措施）。

② 安全管理计划：确定项目重要危险源，制订安全管理目标；建立安全管理组织机构并明确职责；针对项目重要危险源，制定安全技术措施；制定雨季施工安全措施。

③ 环境管理计划：制定环境管理目标；制定现场环境保护的控制措施。

④ 文明施工管理计划：制订文明施工管理目标；制定文明施工管理措施。

7）计算技术经济指标

单位工程施工组织设计技术经济指标主要包括施工场地占地面积、施工工期、劳动量、劳动力不均衡系数，采用合理施工方案和先进技术的成本节约指标等。

三、实施性施工组织设计的设计成果

（1）施工组织设计说明书 1 份（包括封面、会签评语页、设计任务书、目录、正文）。

（2）单位工程施工进度计划（横道图）。

（3）标准层主体结构进度计划（网络图）。

（4）施工现场平面布置图（主体工程施工阶段）。

四、实施性施工组织设计的书写要求

（1）施工组织设计说明书要求文字表达清楚，章节安排合理，排版规范；文本的具体格式、字体、排版应符合《课程设计书写规范》的要求打印并装订。

（2）设计说明书要求 3 000～5 000 字，其中必须有施工方案选择的理由、模板设计分析计算过程，单位工程施工进度表和施工平面图的说明，并附有必要的简图。

（3）图纸必须按国家制图标准绘制，且图面整洁、比例合适、尺寸正确、图框、图标、字体应符合要求，线条粗细分明，并附有必要的图注和说明。图标位于图纸右下角，图标中应有图纸名称、签名。其中施工进度表采用 2# 或 2# 加长图纸；施工平面图采用 2# 图纸，比例 1∶300。

（4）装订顺序为：封面、设计任务书、目录、施工组织设计正文部分、附图表；装订时，图纸按标准方式折叠装订后放入课程设计资料中。

五、设计参考资料

（1）建筑施工组织设计规范（GB/T 50502—2009）。

（2）施工现场临时建筑物技术规范（JGJ/T 188—2009）。

（3）现行施工及验收规范。

（4）建筑施工手册。

（5）广东省建筑工程预算定额。

（6）全国建筑安装统一劳动定额。

（7）建筑施工工程师手册。

六、课程设计时间分配表

总课时：40 课时

具体分配表如表 E-2 所示。

表 E-2　课程设计时间分配表

序号		工作内容	学时
1		布置设计任务书，熟悉和审核施工图纸、编写工程概况	2
		学生编写某住宅楼工程概况	(2)
2	A	基础工程施工方案	4
		教师讲述职工宿舍土方及桩基施工方案	(2)
		学生编写某住宅楼土方及桩基施工方案	(2)
	B	主体工程施工方案	6
		教师讲述职工宿舍主体工程施工方案	(2)
		学生编写某住宅楼主体工程施工方案	(4)
	C	屋面工程施工方案及脚手架工程施工方案	4
		教师讲述屋面工程防水施工方法及扣件式脚手架方案	(2)
		学生编写某住宅楼屋面工程施工方案	(2)
	D	装饰工程施工方案	4
		教师讲述职工宿舍装饰工程施工方案	(1)
		学生编写某住宅楼装饰工程施工方案	(3)
3		施工进度计划的编写	4
		教师讲解施工定额及施工进度计划编写方法	(2)
		学生编写某住宅楼施工进度计划	(2)
4		设计布置施工平面图	6
		教师讲解施工平面图设计要点	(2)
		学生进行某住宅楼施工平面图设计	(4)
5		主要管理计划编写、计算技术经济指标	4
		学生编写主要管理计划及计算技术经济指标	(4)
6		整理施工组织设计文稿、打印、装订并提交	2
7		答辩	4

七、投标施工组织设计实训的组织与实施（建议）

为了提高学生学习的兴趣，建议采用模拟企业"技术标"竞标方式组织实训，具体办法如下。

（1）教师代表建设单位发布"招标书"。招标文件包括招标书及附件，可将实训任务书修改为附件。

（2）学生以每5～8人为一组分别代表××公司参与投标。

① 按实训内容编制"技术标"。

②"技术标"以学生为主编制，教师指导"技术标"的编制。

（3）评标答辩。

① 要求每组参与竞标单位采用PPT简单做汇报（时间不超过10分钟；重点内容为施工方案选择、施工进度安排、施工平面图设计、单位工程施工组织设计技术经济指标）。

② 答辩：由建设方（教师）和评委进行提问。

③ 评委由五名随机抽取的学生组长代表组成（有条件时，可聘请企业专家和非任课教师）。

④ 答辩评分以百分制记分。评分标准由教师制定，去掉最高分、最低分，取平均分记分。

（4）实训总结：由教师宣布中标单位并针对实训情况总结经验。

八、施工组织设计实训评分标准

（1）施工组织设计卷面评分占 50%，由教师负责评定；设计答辩评分占 30%，以学生评分为准；实训期间学习态度及表现占 20%；最后，将综合评分百分制，再折算为"五级记分"。

（2）评语：由教师根据学生的实训考勤、实训表现、实训分数作出评语。

某职工宿舍施工总平面图

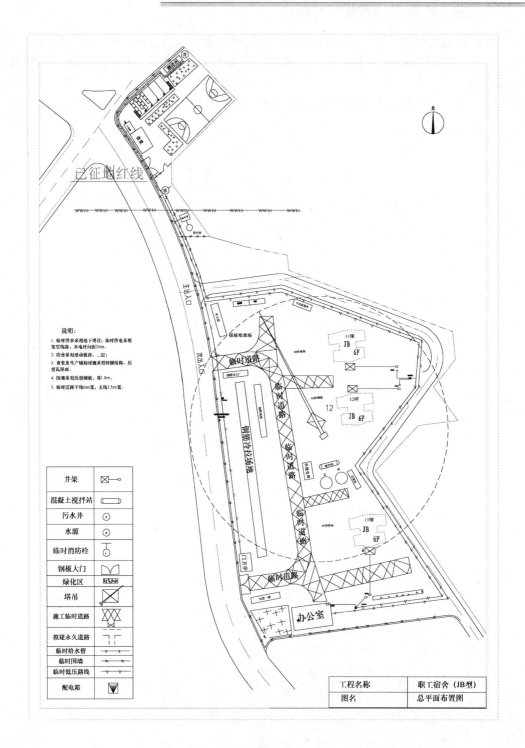

说明：
1. 临时供水采用地下埋设；临时供电采用架空线路，木电杆间距20m。
2. 宿舍采用活动板房，二层。
3. 食堂及生产辅助设施采用轻钢结构，压型瓦屋面。
4. 围墙采用压型钢板，高1.8m。
5. 临时道路干线6m宽，支线3.5m宽。

图例	
井架	
混凝土搅拌站	
污水井	
水源	
临时消防栓	
钢板大门	
绿化区	
塔吊	
施工临时道路	
拟建永久道路	
临时给水管	
临时围墙	
临时低压线	
配电箱	

工程名称	职工宿舍（JB型）
图名	总平面布置图

某职工宿舍主体工程施工进度表

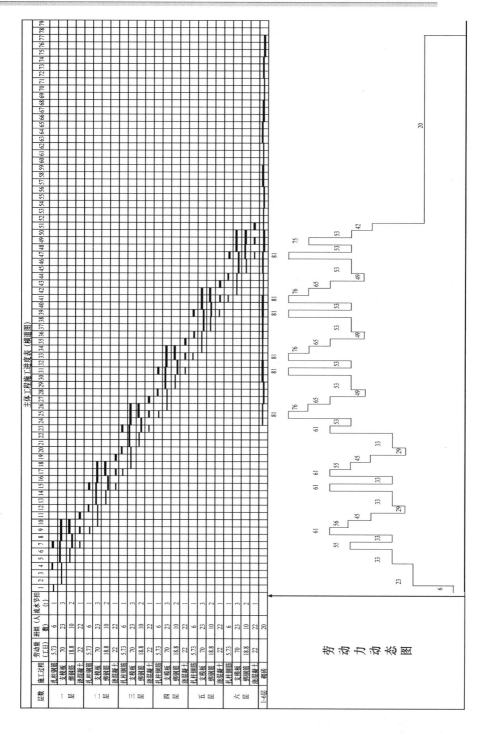

参 考 文 献

[1] 中华人民共和国国家标准 .GB/T50502 — 2009，建筑施工组织设计规范［S］.北京：中国建筑工业出版社，2009.

[2] 中华人民共和国行业标准 .JGJ/T188 — 2009，施工现场临时建筑物技术规范［S］.北京：中国建筑工业出版社，2009.

[3] 中华人民共和国行业标准 .JGJ/T121 — 1999，工程网络计划技术规程［S］.北京：中国建筑工业出版社，1999.

[4] 郁超 .实施性施工组织设计及施工方案编制技巧［M］.北京：中国建筑工业出版社，2009.

[5] 武佩平 .建筑施工组织与进度控制（工程监理专业）［M］.北京：中国建筑工业出版社，2006.

[6] 李源清 .建筑工程施工组织设计［M］.北京：北京大学出版社，2011.

[7] 李源清 .建筑工程施工组织实训［M］.北京：北京大学出版社，2011.

[8] 张献奇，胡玉梅 .建筑施工组织与管理［M］.北京：冶金工业出版社 .2010.

[9] 易斌 .建筑工程施工组织与实训［M］.武汉：武汉理工大学出版社 .2011.

[10] 祁顺彬 .建筑施工组织设计［M］.青岛：中国海洋大学出版社 .2012.

[11] 林立 .建筑施工组织［M］.北京：中国建材工业出版社 .2010.

[12] 唐忠平，符德军 .建筑施工组织设计［M］.北京：中国水利水电出版社 .2012.